第2版

イラストでそこそこわかる Linux

リナックス

コマンド入力からネットワークのきほんのきまで

河野 寿
Kotobuki Kawano

本書内容に関するお問い合わせについて

このたびは翔泳社の書籍をお買い上げいただき、誠にありがとうございます。弊社では、読者の皆様からのお問い合わせに適切に対応させていただくため、以下のガイドラインへのご協力をお願い致しております。下記項目をお読みいただき、手順に従ってお問い合わせください。

ご質問される前に

弊社Webサイトの「正誤表」をご参照ください。これまでに判明した正誤や追加情報を掲載しています。

正誤表　https://www.shoeisha.co.jp/book/errata/

ご質問方法

弊社Webサイトの「書籍に関するお問い合わせ」をご利用ください。

書籍に関するお問い合わせ　https://www.shoeisha.co.jp/book/qa/

インターネットをご利用でない場合は、FAXまたは郵便にて、下記"翔泳社 愛読者サービスセンター"までお問い合わせください。
電話でのご質問は、お受けしておりません。

回答について

回答は、ご質問いただいた手段によってご返事申し上げます。ご質問の内容によっては、回答に数日ないしはそれ以上の期間を要する場合があります。

ご質問に際してのご注意

本書の対象を超えるもの、記述個所を特定されないもの、また読者固有の環境に起因するご質問等にはお答えできませんので、予めご了承ください。

郵便物送付先およびFAX番号

送付先住所　〒160-0006　東京都新宿区舟町5
FAX番号　03-5362-3818
宛先　(株) 翔泳社 愛読者サービスセンター

※本書に記載されたURL等は予告なく変更される場合があります。
※本書の対象に関する詳細は4～5ページをご参照ください。
※本書は、本書執筆時点（2024年1月～5月）における情報をもとに執筆しています。
※本書の出版にあたっては正確な記述につとめましたが、著者や出版社などのいずれも、本書の内容に対してなんらかの保証をするものではなく、内容やサンプルに基づくいかなる運用結果に関してもいっさいの責任を負いません。
※本書に掲載されているサンプルプログラムやスクリプト、および実行結果を記した画面イメージなどは、特定の設定に基づいた環境にて再現される一例です。

はじめに

UNIXが作られてから、そろそろ50年が経とうとしています。

動作環境やカーネルが変化しつつも、基本的には同じ（系統の）OSが使われ続けているというのは、まさに驚異といえるでしょう。

本書でも触れているようにUNIX自体の変遷はいろいろありましたが、そのなかでも大きな出来事といえば、「Linux」の登場と普及でしょう。

Linuxはさまざまな形（ディストリビューション）で配布されており、特にDebian系のUbuntuとRed Hat系のCentOSおよび、その流れをくむAlmaLinuxやRocky Linuxがよく使われています。サーバーやインフラの世界ではRed Hat系のOSがよく使われているため、本書では、CentOSの流れを受け継いだAlmaLinuxを使用しています（CentOSはバージョン8で開発が終了しています）。

筆者が最初にLinuxに触れたのは、Slackwareというディストリビューションでした。このSlackware、インストーラーはありましたが、現在のもののように使いやすいものではなく、周辺機器ひとつひとつについても質問に答えてインストールしていく形式のものでした。インストールするだけでもかなり大変だった記憶があります。

その後、自宅に光回線を導入したところ固定的IPアドレスがついていたので、「サーバーを建てる」、いわゆる「自宅サーバー」で遊ぶことをはじめました。このときはRed Hatでサーバーを構築したのですが、思い返すと、このときの経験がとてもいい勉強になりました。

本書では、Oracle社が提供しているVirtualBoxという仮想化アプリケーションを使い、そのなかで本書用に用意したAlmaLinuxを動かしていきます。この学習環境を通じて、Linuxの操作を実体験できるように構成しています。

Linuxを学ぶには、とにかく「手を動かす」ことが最善の手段です。仮想環境なので、何度でも再インストールできます。失敗を恐れず、どんどん手を動かして、基本的な知識を身につけていってください。

2024年5月 河野 寿

本書の使い方

本書は、「見るだけでLinuxの操作がある程度わかる」というコンセプトのもとにつくられています。マンガや図解イラスト、Pointをチラッと見れば、何が行われているのか、どういう動作をするのかを把握できます。

VirtualBoxの仮想環境上でLinuxを動かしてコマンドを入力すれば、さらに理解が深まります。VirtualBoxや本書付属の学習用の仮想マシン（AlmaLinux）のダウンロード方法とインストール方法については、第1章の『06』をご覧ください。

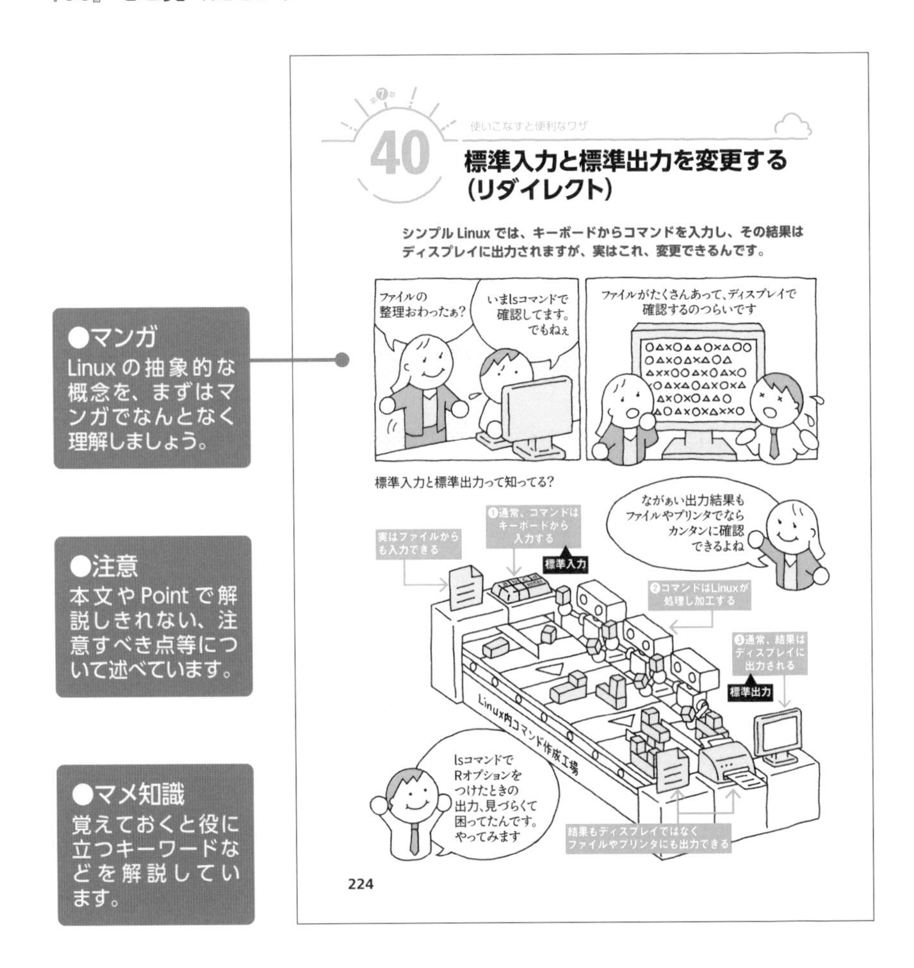

● 本書の主な読者対象

- いままで Linux を使ったことがない人
- Linux を使ったことはあるけれど、コマンドでの操作経験はない人

● 本書の執筆環境

<マシンスペック>

- OS：Windows 11 Pro 64bit
- メモリー：32GB
- ハードディスク：8TB
- SSD：1TB
- CPU：Intel CPU Core i7 2.8GHz

< Oracle VM VirtualBox >

- VirtualBox のバージョン：VirtualBox 7.0.14

<学習に使用している Linux >

- 本書付属の AlmaLinux 9.3 Minimal

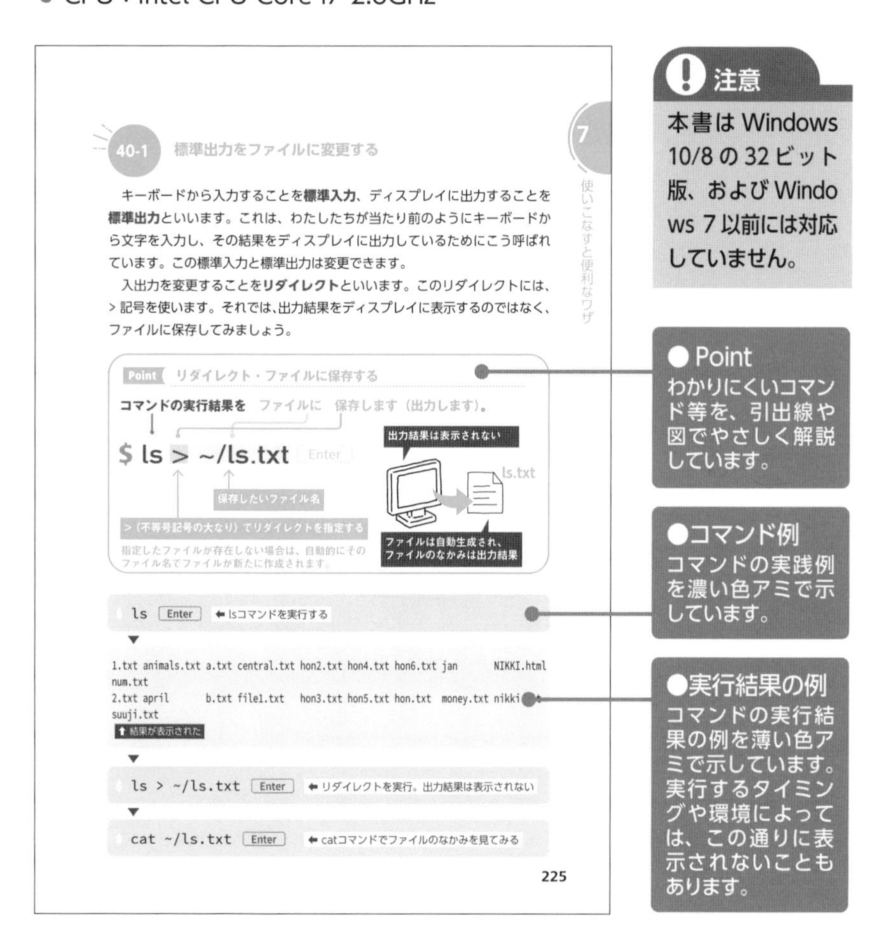

もくじ

第2章 Linux にさわってみよう

第 3 章 ファイルとディレクトリ操作のきほん

第4章 はじめてのエディター

第5章 ユーザーの役割とグループのきほん

第6章 シェルの便利な機能を使おう

第7章 使いこなすと便利なワザ

第8章 ソフトウェアとパッケージのきほん

第9章 ファイルシステムのきほん

第10章 プロセスとユニット、ジョブのきほん

第11章 ネットワークのきほん

付属データのご案内

本書で使用している学習用の仮想マシン（AlmaLinux）は、本書の付属データとしてダウンロード提供しています。

付属データは、以下のサイトからダウンロードできます。

https://www.shoeisha.co.jp/book/download/9784798181974

※ 学習用の仮想マシン（AlmaLinux）は容量が大きいため、ダウンロードが完了するまでに時間がかかることがあります。

※ 付属データは zip 形式で圧縮しています。必ず、ご利用の PC の任意の場所に解凍してからご利用ください。

※ 仮想マシンの具体的なインストールおよび利用方法については、第 1 章の『06』以降を御覧ください。

◆注意

※ 付属データの提供は予告なく終了することがあります。あらかじめご了承ください。

※ 図書館利用者の方もダウンロード可能です。

◆免責事項

※ 付属データの記載内容は、2024 年 5 月現在の情報に基づいています。

※ 付属データに記載された URL 等は予告なく変更される場合があります。

※ 付属データの提供にあたっては正確な記述につとめましたが、著者や出版社などのいずれも、その内容に対してなんらかの保証をするものではなく、内容やサンプルに基づくいかなる運用結果に関してもいっさいの責任を負いません。

※ 付属データに記載されている会社名、製品名はそれぞれ各社の商標および登録商標です。

※ 本書では、™ 、©、®は割愛させていただいております。

※ 本書の執筆環境と付属データの動作確認ついては、4 ～ 5 ページをご覧ください。その他の環境やご利用の PC によっては、記載どおりに動作しないことがあります。

会員特典データのご案内

本書では、紙面の都合上、書籍本体で掲載できなかった演習問題を会員特典としてPDFで提供しています。

会員特典データは、以下のサイトからダウンロードして入手いただけます。

https://www.shoeisha.co.jp/book/present/9784798181974

◆注意

※ 会員特典データのダウンロードには、SHOEISHA iD（翔泳社が運営する無料の会員制度）への会員登録が必要です。詳しくは、Webサイトをご覧ください。

※ 会員特典データに関する権利は著者および株式会社翔泳社が所有しています。許可なく配布したり、Webサイトに転載することはできません。

※ 会員特典データの提供は予告なく終了することがあります。あらかじめご了承ください。

※ 図書館利用者の方もダウンロード可能です。

◆免責事項

※ 会員特典データの記載内容は、2024年5月現在の情報に基づいています。

※ 会員特典データに記載されたURL等は予告なく変更される場合があります。

※ 会員特典データの提供にあたっては正確な記述につとめましたが、著者や出版社などのいずれも、その内容に対してなんらかの保証をするものではなく、内容やサンプルに基づくいかなる運用結果に関してもいっさいの責任を負いません。

※ 会員特典データに記載されている会社名、製品名はそれぞれ各社の商標および登録商標です。

※ 本書では、™、©、®は割愛させていただいております。

※ 会員特典の執筆環境と動作確認については、4～5ページをご覧ください。その他の環境やご利用のPCによっては、記載どおりに動作しないことがあります。

学習をはじめる前に

学習をはじめる前に

縁の下の力もち、それがOS、それがLinux（リナックス）だ

ソフトウェアには基本ソフトウェアと応用ソフトウェアがあります。応用ソフトウェアはアプリケーションソフト、基本ソフトウェアはOSと呼ばれることもあります。

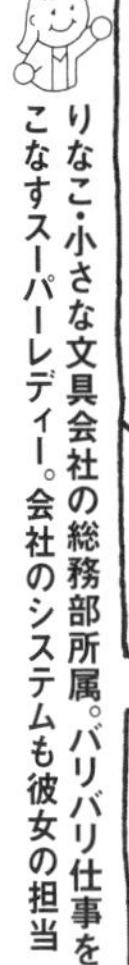

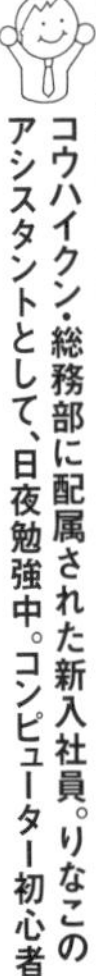

01-1 ソフトウェア＝応用ソフトウェア＋基本ソフトウェア

コンピューターの**ソフトウェア**というと、頭にすぐ浮かぶのがWordやExcel、あるいはゲームなどの**応用ソフトウェア**です。この応用ソフトウェアが華麗に活躍するためには、その裏で**基本ソフトウェア**が地味にきっちり働く必要があります。

スポーツの試合でこの2つをたとえると、応用ソフトウェアは花形選手、基本ソフトウェアは審判や運営・整備などの裏方さんにあたります。どちらが欠けても、試合はうまく進行していきません。もちろん、

Windows や macOS、Linux はすべて裏方の基本ソフトウェアです

さて、この応用ソフトウェアと基本ソフトウェアですが、別名がたくさんあります。応用ソフトウェアは**応用ソフト**、**アプリケーションソフト**、**アプリケーション**、あるいはもっと略して、**アプリ**や**ソフト**と呼ばれることもあります。一方、基本ソフトウェアは、**基本ソフト**、**オペレーティングシステム**（Operating System）と呼ばれることもあります。言いにくいので、オペレーティングシステムの頭文字を取って簡単に**OS**（オーエス）と呼ばれることが多いようです。

01-2 Linux は OS です。サーバー関係のアプリケーションで実績あり

LinuxはOSです。LinuxにもWordやExcelのようなアプリケーションがありますが、その多くは、不特定多数の人がインターネット上で使うネットワーク関係のものです。たとえば、パソコンやスマートフォンでWebブラウザやメールは頻繁に使われていますが、その後ろではインターネット上でデータをやり取りするために、Linux上で動くアプリケーションが活躍しています。

学習をはじめる前に

02 Linuxに歴史あり

日進月歩のコンピューターの世界で50年以上生き続けるUNIX。UNIXを父にもつLinuxの誕生の歴史を、少しだけのぞいてみましょう。

Linuxへの道のり

①基本ソフトウェアであるUNIX（ユニックス）は、1960年代終わりにアメリカのAT&Tベル研究所で生まれました。

開発者のひとり デニス・リッチー

②その後、法律上の問題からAT&TはUNIXのソースコード（プログラム）を社外に配布することになりました。

③1970年代、大学や研究機関を中心にUNIXはどんどん広まっていきます。

④この頃、学生のビル・ジョイが中心になってUNIXの改良版「BSD」を生み出します。BSD版のUNIXでネットワーク環境を実現しました。

ビル・ジョイ

⑤1980年代、カーネギーメロン大学で改良されたUNIXは、その後、AppleのmacOSの原型となります。

リーナス・トーバルズ

⑥1990年代、UNIXと互換性のあるOS（Linux）を、フィンランドの学生リーナス・トーバルズが独力でつくりはじめます。

⑦その後、インターネットを利用して、多くの人がLinuxの開発に参加し、Linuxは急速に発展していきます。

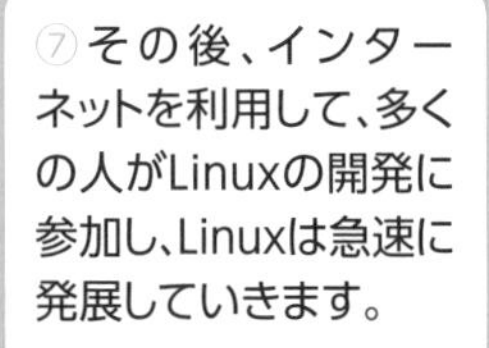

⑧現在では大学や研究機関だけでなく、企業や学校、官公庁などでも広く採用されています。

02-1 LinuxはUNIXをベースにつくられた

Linuxは、**UNIX**（ユニックス）を参考につくられています。Linuxだけでなく、OpenBSD（オープンビーエスディー）などのOSもそうです（次の表参照）。そのため、これらのOSはUNIX系OSと呼ばれています。ちなみに、macOSもFreeBSDなどのBSD系と同じ流れをくむUNIX系OSです。

OS	説明
macOS	Apple社がチューンナップしたUNIX系OS
Linux	オープンソースのUNIX系OS
OpenBSD	オープンソースのUNIX系OS
Android	Google社がスマートフォン用にLinuxを改良してつくったOS
iOS	Apple社がiPhone用にmacOSを改良してつくったOS
Solaris	Oracle社がチューンナップしたUNIX

02-2 オープンソースのLinuxは急速に発展した

LinuxがMicrosoft社のWindows、あるいはApple社のmacOSなどと決定的に違うのは、**オープンソース**でつくられているということです。

オープンソースは、アプリケーションやOSのプログラム（ソースコード）をすべてインターネット上で公開し、世界中の人々が、自由にチェックし、チューンナップ（改良）できます。そのため、比較的短期間でバージョンアップが行われ、バグの少ない状態で提供されています。

マメ知識

カーネル

コンピューターのハードウェアを制御するOSの心臓部分。厳密にいうと、リーナス・トーバルズはLinuxのカーネルをつくりました。

Linux はサーバー OS として その力を発揮する

なぜ、Linux はネットワーク関連のアプリケーションが充実しているのでしょうか？ 具体的にどんなアプリケーションがあるのでしょうか？

03-1 サーバーとクライアント

パソコンやスマートフォンは、ネットワークにつながることで Web やメール、あるいは音楽やムービーなど、さまざまなデータを受け取ります。このとき、データを提供する側を**サーバー**、サーバーに対してデータを要求する側を**クライアント**といいます。たとえば、Web ページにアクセスして閲覧する Web ブラウザはクライアント、Web ブラウザに対して Web ページのデータを提供するのが（Web）サーバーです。

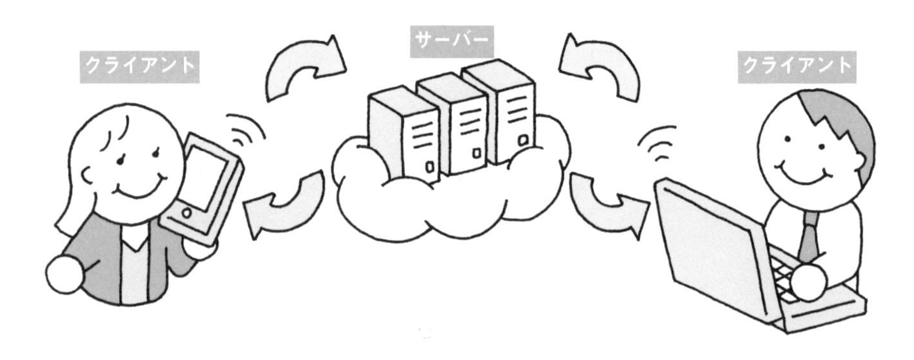

マメ知識

クライアント・サーバー型

データを提供するサーバーと受け取るクライアントというふうに、その役割をきっちり分けるしくみをクライアント・サーバー型と呼ぶ。インターネットで提供されているサービスの多くは、クライアント・サーバー型である。

03-2 サーバーOSとして定評のあるLinux

サーバーOSとは、さまざまなサーバー関連のアプリケーションを使うのに適したOSのことをいいます。サーバーOSの特徴を具体的にあげると、

- インターネット上で、多くのアクセスに対応できる
- しかも速い
- 安定していて信頼性がある
- ライセンス問題（たとえば「最大同時接続数10台まで」などの制約）をクリアしている
- プライスパフォーマンスが高い（たとえば1台でなるべくたくさんのサーバーを動かせる）
- メンテナンスが容易

などがあります。Linuxは、上の条件をみたしたサーバーOSであり、しかも原則無償で利用できるため、個人や企業、研究機関など、世界中で普及してきました。

マメ知識

サービスとは

クライアントからのリクエストに応じて、レスポンスというかたちで応答を返すしくみのこと。

03-3 サーバーの代表的なアプリケーション

サーバーを動かすサーバーアプリケーションはたくさんあります。ここではLinuxに標準装備されているサーバー関係のアプリケーションを、機能別に紹介していきましょう。

サーバーの種類	代表的なアプリケーション	説明
Webサーバー	**Apache** （アパッチ） **Nginx** （エンジンエックス）	Webブラウザでコンテンツを表示するのに必要なアプリケーション（サービス、サーバー、デーモン）。現在では、PHPやPerlなどのプログラミング言語、MySQLやPostgreSQLなどのデータベースを併用して、複雑なWebページをつくることが主流となっています。 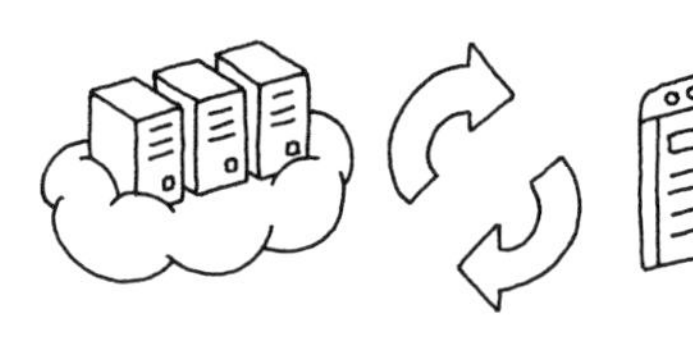
メールサーバー	**Postfix** （ポストフィックス） **Sendmail** （センドメール） **Dovecot** （ダブコット） **POP/POP3** （ポップ） **IMAP** （アイマップ）	メールをやり取りするのに必要なアプリケーション。メールを送信するためのSMTPサーバー、受信するためのPOPサーバー、IMAPサーバーなどの複数のサーバーが必要になります。 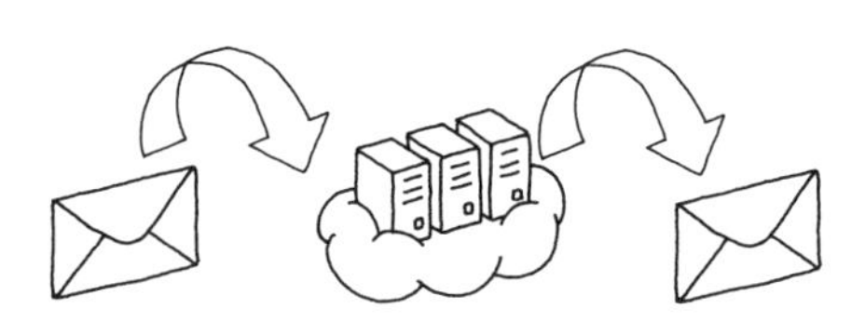
ファイルサーバー	**Samba** （サンバ）	ネットワーク上でファイルをやり取りするのに必要なアプリケーション。SambaはWindows用のファイルサーバーとして利用できます。 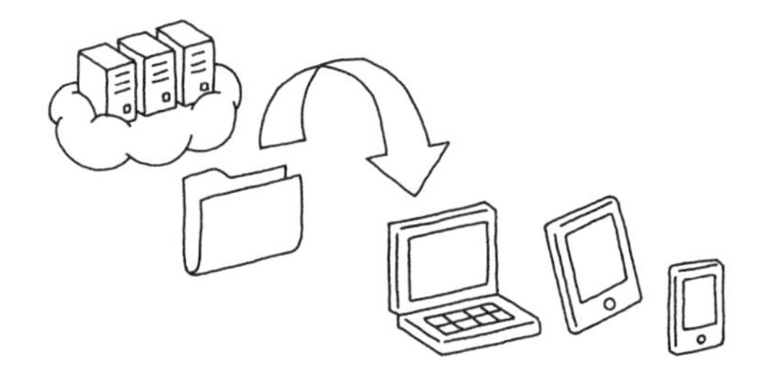

サーバーの種類	代表的なアプリケーション	説明
DNS サーバー	**BIND** (バインド)	ドメイン名をIPアドレス（第11章の『54』参照）に変換するアプリケーション。 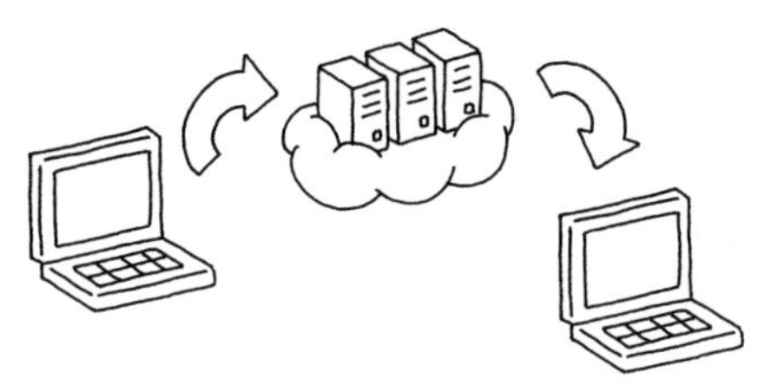
FTP サーバー	**vsftpd** (ブイエス エフティピーディー) **ProFTPD** (プロエフティピーディー)	主にWebサーバーなどにデータをアップロード、もしくはダウンロードするためのアプリケーション。
データベース サーバー	**MySQL** (マイエスキューエル) **PostgreSQL** (ポストグレスキューエル) **MariaDB** (マリアディービー) **Oracle 社の Oracle Database**	データベースを運用・管理するアプリケーションをデータベース管理システムといいます。データベースとデータベース管理システムを備え、Webサーバーなどにデータを提供するサーバーをデータベースサーバーといいます。 
プロキシサーバー	**Squid** (スクウィッド)	特定のWebサイトへのアクセス制限やWebページの閲覧履歴の保存などの機能、さらにはセキュリティ上のメリットなどから、企業内でWebサーバーの代わりとして利用されることが多いようです。

04 Linux はゴージャスとシンプルの2つの操作方法をもつ

今度は、アプリケーションを操作するためのインターフェースを見てみましょう。Linux にはゴージャスとシンプルの 2 つの操作方法が用意されています。

04-1 Windows やスマートフォンのようなゴージャスな Linux

現在、パソコンやスマートフォンで一般的なのが **GUI**（Graphical User Interface）という方式です。ディスプレイにアイコンやウィンドウが並び、マウスを使ったり指でタッチしたりして、アプリケーションを動かしていきます。

Linux でもこの GUI が使えます。画面に並ぶアイコンをマウスで操作する、ゴージャスな Linux です。試しに、Linux の画面（画像は AlmaLinux のもの）を見てみましょう。

04-2 文字しか扱えないシンプルなLinux

一方、**CUI** を使ったシンプルな操作方法の Linux もあります。華やかな GUI が普及するずっと前から、CUI（Character User Interface）は使われてきました。CUIの画面は文字だけです。入力に使えるのも、基本的にキーボードだけ。ひたすら文字を入力して操作していきます。

```
AlmaLinux 9.3 (Shamrock Pampas Cat)
Kernel 5.14.0-362.8.1.el9_3.x86_64 on an x86_64

localhost login: rinako
Password:
Last login: Sat Apr 13 23:48:31 on tty1
[rinako@localhost ~]$ ip addr show
1: lo: <LOOPBACK,UP,LOWER_UP> mtu 65536 qdisc noqueue state UNKNOWN group default qlen 1000
    link/loopback 00:00:00:00:00:00 brd 00:00:00:00:00:00
    inet 127.0.0.1/8 scope host lo
       valid_lft forever preferred_lft forever
    inet6 ::1/128 scope host
       valid_lft forever preferred_lft forever
2: enp0s3: <BROADCAST,MULTICAST,UP,LOWER_UP> mtu 1500 qdisc fq_codel state UP group default qlen 1000
    link/ether 08:00:27:81:dd:62 brd ff:ff:ff:ff:ff:ff
    inet 10.0.2.15/24 brd 10.0.2.255 scope global dynamic noprefixroute enp0s3
       valid_lft 86352sec preferred_lft 86352sec
    inet6 fe80::a00:27ff:fe81:dd62/64 scope link noprefixroute
       valid_lft forever preferred_lft forever
[rinako@localhost ~]$
Display all 1157 possibilities? (y or n)
```

名称	操作方法	表示されるもの	説明
GUI	マウスと キーボード	テキスト・アイコン・ 画像	ジーユーアイと読む。 Graphical User Interface の略
CUI	キーボードのみ	テキストのみ	シーユーアイと読む。 Character User Interface の略

04-3 実はシンプルLinuxが主流なのです！

シンプル Linux はゴージャス Linux に比べてぶっきらぼうですが、

- 慣れると手が覚えて操作スピードが速く、効率的
- 遠隔操作の多いサーバー関係のアプリケーションでは、GUI は使えないときが多い
- 定型業務などを自動化しやすい

などのメリットも多いため、こちらが主流となっています。本書も第２章以降、シンプル Linux、すなわち CUI による Linux の操作を説明していきます。

05 ディストリビューションから最適なLinuxを選択しよう

Linux をインストールするためには、たくさんあるディストリビューションから最適なものを選択する必要があります。ポイントになるのは、コストとサポート期間です。

05-1 Linux のインストールはディストリビューション選びから

Linux はオープンソースなので、自力でカーネルをインストールして、アプリケーションも自らピックアップし、快適な環境をつくりあげることもできますが、それには時間もスキルも必要です。それよりも、たくさんある**ディストリビューション**のなかから最適なものを選ぶ方法が一般的です。

ちょうど、マイホームを建てるとき、資金も時間もふんだんに使ってイメージ通りの豪邸を建てるより、価格や間取りを考え、最適な建売住宅を絞り込んでいくほうが現実的なのと似ています。

ディストリビューションは、日本語で配布や頒布という意味です。OS である Linux だけでなく、ユーザーの使用目的を考え、あらかじめ、

- 必要なアプリケーションも Linux といっしょにインストールしてくれる
- すぐに使えるように、インストール時に Linux やアプリケーションの環境を設定してくれる

ものをいいます。まさに、「即入居可の建売住宅」ですね。インストールすれば、すぐに使えるようになります。

マメ知識

インストール
OS やアプリケーションをコンピューターに入れて使えるようにすること。セットアップ（する）ともいいます。

05-2 ディストリビューションはネットや量販店でゲット

ディストリビューションはインターネットから直接ダウンロードできます。多くは無料ですが、有料のものもあります。ネットショップや量販店で購入することもできます。

05-3 ディストリビューションの種類

ディストリビューションは、市販品もあれば、インターネット・コミュニティや個人がつくっているものまで、実にさまざまです。ざっと数えただけで数百種類はあるでしょうか。その使い方も、

- 大規模なサーバー用（公共機関や大企業向け）
- 小規模なサーバー用（小企業・個人向け）
- 最新スペックのコンピューター用（Web サーバー等で大量のアクセスに備える）
- 一世代前のパソコン用（ホビー・あるいは勉強用）
- ネットワークのテスト用（開発者向け）
- 教育用

など、多彩なラインナップが揃っています。このようにたくさんあるディストリビューションですが、大きく分けて 2 つの系統があります。それは、**Red Hat**（レッドハット）系と **Debian**（デビアン）系です。

系列	主なディストリビューション
Red Hat 系	Red Hat Enterprise Linux（レッドハット エンタープライズリナックス） CentOS Linux（セントオーエス リナックス） CentOS Stream（セントオーエス ストリーム） Fedora（フェドーラ） AlmaLinux（アルマリナックス）
Debian 系	DebianGNU/Linux（デビアン・グヌーリナックス） Ubuntu（ウブントゥ）

Red Hat 系と Debian 系のディストリビューションでは、操作体系に若干の違いがあります。ディストリビューションが違えば含まれるアプリケーションも違い、同じアプリケーションでも呼び方や使い方が違うこともあります。

05-4 コストとサポートが選択のポイント

ディストリビューションはたくさんあるので選ぶのに苦労しそうですが、コストとサポートの 2 点に注目すればよいでしょう。

ポイント	注目点
コスト	有料か無料か
サポート期間	なるべく長期間であること

05-5 コストは有料か無料か

まず、有料イコールサポート料だと考えてください。業務用のサーバーなど、トラブルが許されないもの、もし何かあっても速やかに復旧する必要があるのなら、有料ディストリビューションから選択します。

主な有料ディストリビューション	開発企業
Red Hat Enterprise Linux	Red Hat
SUSE Linux Enterprise Server	SUSE

無料のディストリビューションを使うのなら、問題が発生しても自力で解決するしかありません。といってもGoogleで調べたり、コミュニティで聞いたり探したりすれば、必要な情報が必ず見つかるはずです。

CentOS Linuxは、サーバー用の無料のディストリビューションとして非常に人気がありましたが、残念ながら開発が終了してしまいました。この状況に応えるべく、**AlmaLinux**が登場しました。もちろん、AlmaLinuxは誰でも無料で使えます。そのうえ、企業や組織のために有料の商用サポートも提供しています。

主な無料ディストリビューション	開発企業	特徴
AlmaLinux Rocky Linux	CloudLinux社 Rocky Linux Rocky Enterprise Software Foundation社	・Red Hat Enterprise Linuxと互換性がある ・バージョンアップやセキュリティに信頼性がある ・コミュニティが充実。企業向けのサポートもあり

05-6 業務の規模によってはサポート期間が最優先

サポート期間も大切です。たとえばFedora。確かに機能はすばらしいのですが、サポート期間は、2つ先のバージョンがリリースされてから1か月までと決められています。Fedoraのリリースは年2回。結局、サポート期間は13か月ということになります。これでは業務で利用できませんね。

Red Hat Enterprise LinuxやAlmaLinuxのサポート期間は、リリース後10年。コンピューターの世界で10年なら、たとえ企業向けでも文句なく合格です。

Ubuntuならば2年ごとにリリースされる「LTS」を選択してください。「LTS」はLong Term Supportの略です。通常のUbuntuがリリース後9か月しかメンテナンスされないのに対し、LTSのそれはなんとリリース後5年間。Ubuntuも Fedoraと同じく年に2回リリースされますが、通常のUbuntuはリリース後9か月しかメンテナンスされません。

06 ディストリビューションをインストールしよう

独学でLinuxの使い方をマスターするには、VirtualBoxを使ってAlmaLinuxを仮想化して使うのが便利です。

06-1 まず、インストールに必要なハードウェア要件を確認

ディストリビューションのなかには、古いスペックのPCにも簡単にインストールできるものもあります。ただし、サーバーに利用する場合など、その用途や使用する規模によって、高機能なマシンが必要な場合もあります。

AlmaLinux 9のハードウェア要件は、CPU1.1GHz（64ビットのAMD、Intel x64など）、メモリーは最小2GB（推奨4GB）、ストレージは最小20GB（推奨40GB）となっています。これはGUI版のAlmaLinux 9の要件なので、本書で使用しているminimal版ではこれより低い要件で動く可能性もあります。

以降の『06-2』～『06-5』で説明しているのは、ディストリビューションの一般的なインストール方法です。本書の学習用の仮想マシンのインストール方法については、『06-6』以降で説明しています。

06-2 定石はネットからダウンロードあるいはDVD-ROMで

無料のディストリビューションをインストールするなら、次の方法が一般的です。

- インターネットからインストールイメージファイルをダウンロードし、DVD-ROMに焼く（ライティング）。このときダウンロードするマシンはWindowsやMacでかまわない

06-3 USBメモリを使う

DVD-ROMドライブが搭載されていないマシンでは、ディストリビューションをUSBメモリに書き込み、USBメモリから起動してLinuxをインストールすることもできます。

インストール用のUSBメモリを作成するには、UNetbootinなどのツールを利用します。

06-4 DVDで起動する

ハードディスクにLinuxをインストールせずに、DVD-ROMから起動してすぐに使えるディストリビューションもあります。これをライブDVD（CD-ROMの場合はライブCD）といいます。

ライブDVDは比較的簡単にLinux環境を実現できます。ただし、DVDを使うわけですから、データは基本的には保存できず動作も緩慢です。確認やテストなど、一時的な利用と割り切って使いましょう。

06-5 使わなくなったパソコンを復活させる

ディストリビューションのなかには軽量ディストリビューションと呼ばれるものがあります。これは、低スペックのパソコンでも快適に動くように設定されたディストリビューションです。軽量ディストリビューションには、

- Tiny Core Linux（タイニーコアリナックス）
- Puppy Linux（パピーリナックス）
- Lubuntu（ルブントゥ）

などがあります。こうしたディストリビューションは、256Mバイト程度のメモリ、数Gバイトのハードディスクでもインストールできます。

06-6 マシンいらずの仮想化アプリケーションを使う

ここまでの説明では、Linuxを利用するために、必ず専用のパソコンを1台用意する必要がありました。

これに対して、Linuxをインストールしたパソコンをアプリケーションで実現するのが**仮想化アプリケーション**です。誤解を恐れずにいうなら、仮想化アプリケーションは、

いま使っているWindowsマシンにLinuxを追加できる

のです。そのために、Windowsマシンを改めてインストールし直す必要もありません。もちろん、Linuxマシン1台まるごとをWindowsのアプリケーションで実現するわけですから、スピードは本物のマシンに比べ、若干遅くなります。ただし、それを補ってあまりあるほど、仮想化アプリケーションには魅力があります。たとえば、

- Linux用にパソコンを1台用意する必要がない
- Windows上でつくりあげた快適な環境はそのまま。WordやExcel、あるいはWeb閲覧をしながら、Linuxを使うこともできる
- 複数のLinuxのディストリビューションを1台のWindowsマシンにインストールできる
- 失敗しても何度でもやり直せる

といいことがたくさんあります。仮想化アプリケーションは、まさに、Linuxの学習用にはピッタリです。

本書では、Windows 11と仮想化アプリケーションであるOracle VM VirtualBox（以下、VirtualBox）を使い、VirtualBox上に仮想マシンとして用意したAlmaLinuxをインストールして学習を進めます。

06-7 インストール時の注意点

次項から Windows 11 に仮想化アプリケーション VirtualBox をインストールしていきます。その前にインストール時の注意点を確認しておきましょう。

本書で使用している VirtualBox 7.0.14 は 64 ビット対応です。32 ビットのマシンには対応していないので注意してください。64 ビットの OS をホストマシンとして利用できます。

VirtualBox は通常のアプリケーションと同程度のリソース（メモリーおよびハードディスクなどの容量）しか消費しませんが、その状態でゲスト OS が必要とするメモリーやハードディスクに余裕が必要です。

本書では、Windows 11 Pro 64bit、メモリー 32GB、SSD/ ハードディスクをそれぞれ 1TB/8TB、CPU は Intel Core i7 2.8GHz という環境で各種動作を確認しています。巻頭の『本書の使い方』をご覧ください。

VirtualBox がサポートする Windows（2024 年 5 月中旬時点）

本稿執筆時点で VirtualBox 7.0.14 がホストマシンとしてサポートしている主な Windows OS を掲載しておきます。対応しているのは 64 ビットマシンだけです。

- Windows 10
- Windows 11 21H2
- Windows Server 2016
- Windows Server 2019
- Windows Server 2022

06-8 VirtualBox をインストールする

ご利用の Windows 11 に仮想化アプリケーションである **VirtualBox** をインストールします。なお、以下の内容は本書執筆時点でのインストール方法です。

① Web ブラウザで下記 URL にアクセスし、Windows 用の VirtualBox をダウンロードします。

➡ https://www.virtualbox.org/wiki/Download_Old_Builds_7_0

VirtualBox 7.0.14 の下にある「Windows hosts」をクリックすると、ダウンロードがはじまります。

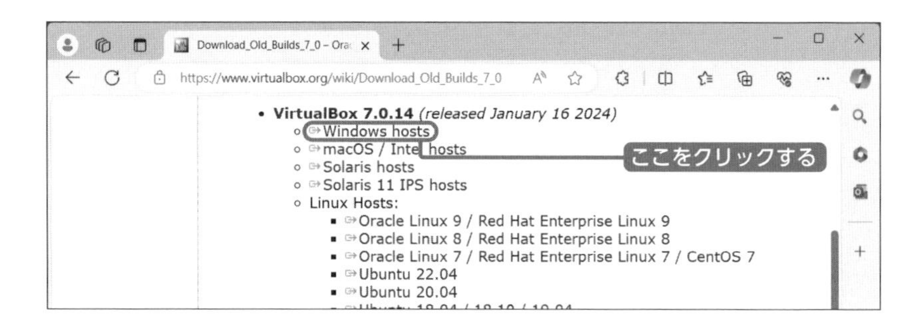

② ダウンロードしたファイルは実行形式です。ファイル（ここでは「VirtualBox-7.0.14-161095-Win.exe」）をダブルクリックすると、インストールがはじまります。

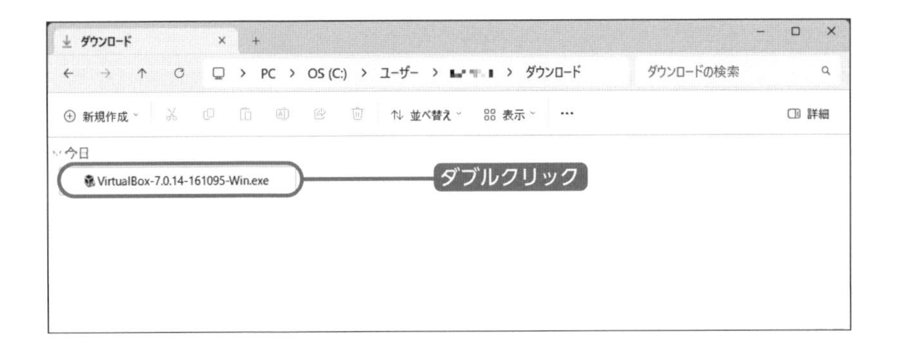

③ ご利用のマシンによっては、次のようなエラーが表示されることがあります。その場合は「OK」をクリックしていったんインストールを中止し、次項の『06-9』を参考に Microsoft Visual C++ Redistributable Version のパッケージをインストールしてください。

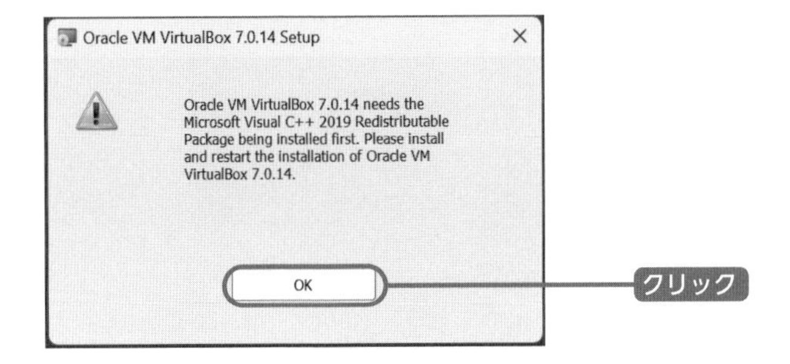

エラーが表示されない場合は④に進みます。

④ VirtualBox のインストーラーはすべて英語で書かれていますが、基本的には画面の指示に従って「Next」をクリックしていけば大丈夫です。

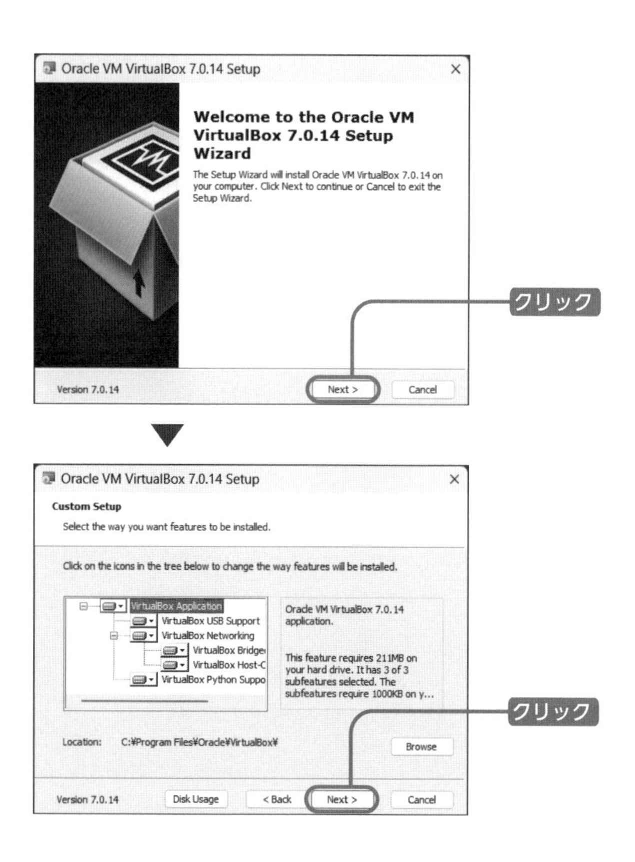

⑤ 使用している環境によっては、次のような警告（Warning）が表示されることがあります。ここは「Yes」をクリックして先に進んでください。

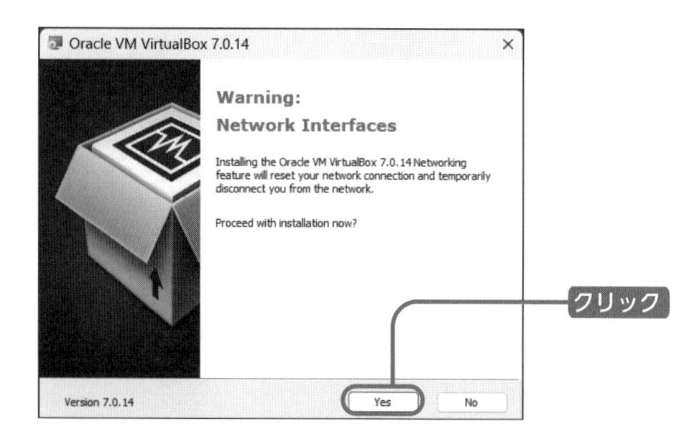

⑥ Python Core と win32api が見つからないというメッセージが表示されることもあります。ここも「Yes」をクリックして先に進んでください。

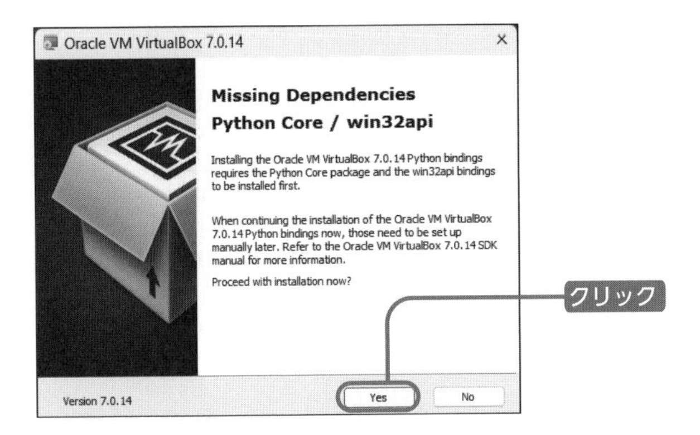

⑦「Install」をクリックすると、インストールがはじまります。

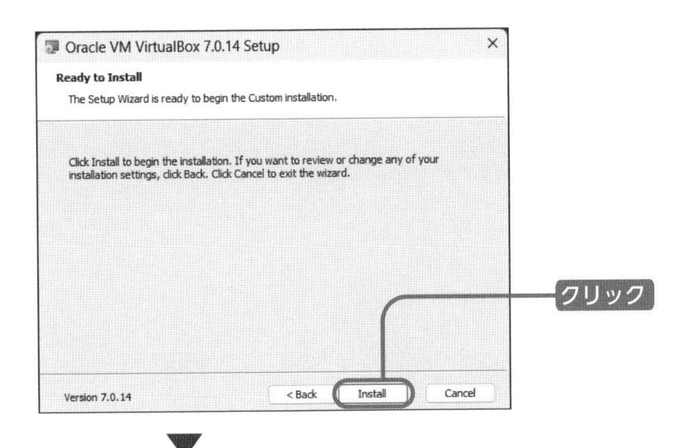

▼

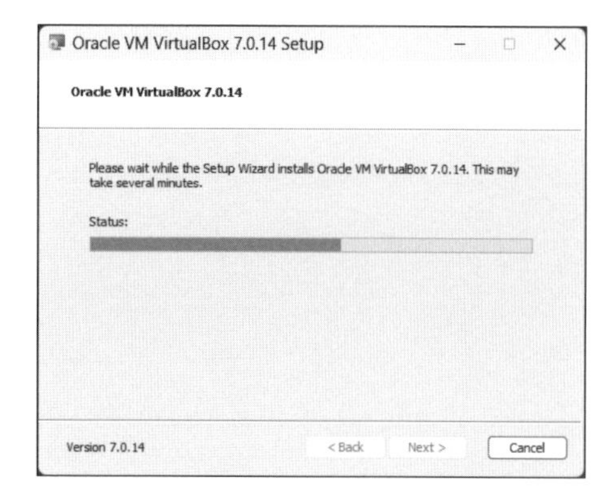

⑧ 最後に「Finish」をクリックすると、インストールが終了します。

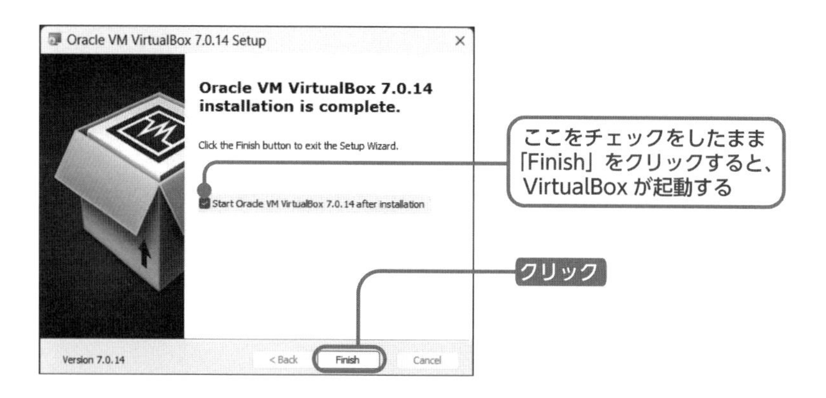

VirtualBox をインストールできたら『06-10』に進み、学習用の仮想マシンを VirtualBox にインストールしてください。

Microsoft Visual C++ Redistributable Versionが必要になったら

『06-8』の③でエラーが表示された場合は、VirtualBoxをインストールする前に「Microsoft Visual C++ Redistributable Version」をインストールする必要があります。

① Webブラウザで下記URLにアクセスし、Microsoft Visual C++ Redistributable Versionのパッケージをダウンロードします。

➡ **https://learn.microsoft.com/en-us/cpp/windows/latest-supported-vc-redist?view=msvc-170**

下にスクロールし、「Latest Microsoft Visual C++ Redistributable Version」にある「X64」の右のリンクをクリックします。

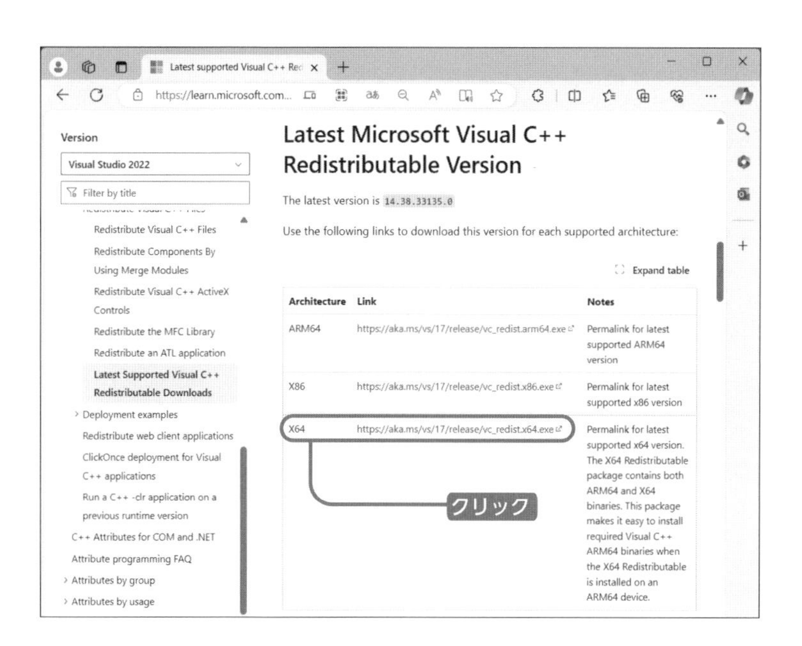

② ダウンロードしたファイルは実行形式です。ファイル（ここでは「VC_redist.x64.exe」）をダブルクリックすると、インストールがはじまります。

③ ライセンス条項および利用条件の内容を確認し、「……同意する」にチェックを入れ、「インストール」をクリックします。

④ インストールが終わったら、Windows を再起動します。

Windows を再起動したら、あらためて VirtualBox をインストールします。『06-8』の②に戻り、インストールを完了させてください。

06-10 学習用仮想マシンをダウンロードし、VirtualBox へインストールする

次に、本書の付属データをダウンロードします。本書のために作成した VirtualBox 用の仮想マシン（AlmaLinux）のデータを翔泳社の Web サイトからダウンロードし、VirtualBox にインポートします。

① ブラウザで下記の URL にアクセスし、VirtualBox 用の仮想マシンのデータをダウンロードします。

➡ https://www.shoeisha.co.jp/book/download/9784798181974

② ダウンロードしたファイル「SokoSoko2_AlmaLinux9.zip」を任意の場所に展開（解凍）します。zip ファイルは Windows の標準機能で解凍できます。SokoSoko2_AlmaLinux9.zip を右クリック＞「すべて展開」をクリックします。

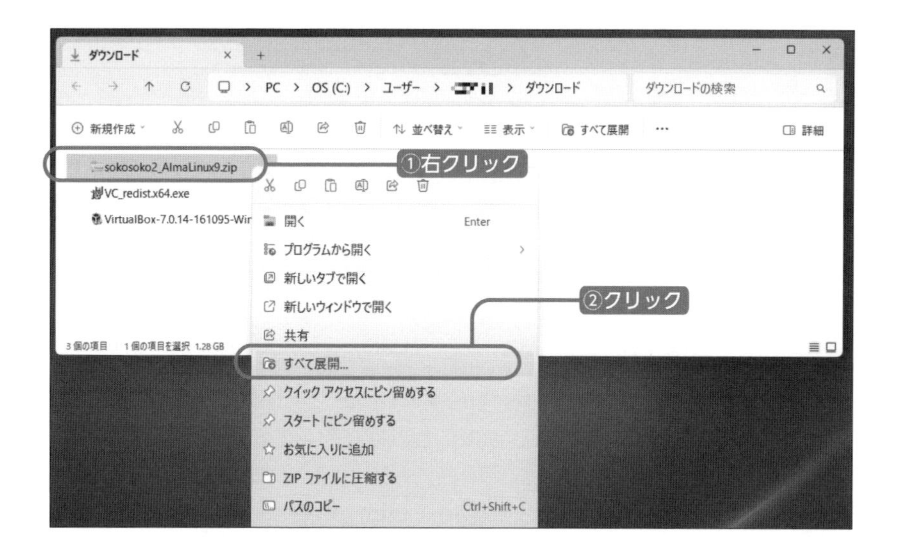

③「展開」をクリックします。

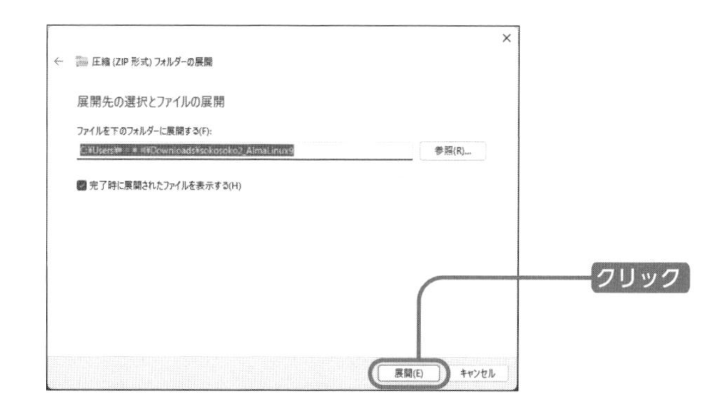

④ 解凍が完了すると、「SokoSoko2_AlmaLinux9.ova」「readme.txt」という2つのファイルがエクスプローラーで表示されます。著作権やライセンスなど、付属データの利用にあたってはreadme.txtをご確認ください。

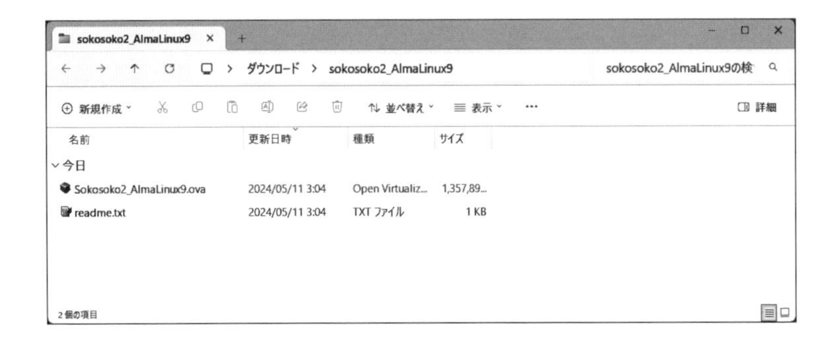

⑤ VitrualBoxを起動します。デスクトップ上のアイコンをダブルクリックするか、「スタート」>（「すべてのアプリ」>）「Oracle VM Vitrual Box」>「Oracle VM VitrualBox」と選択すると起動できます。

⑥ 起動画面が表示されたら、「ファイル」メニューから「仮想アプライアンスのインポート」を選択します。

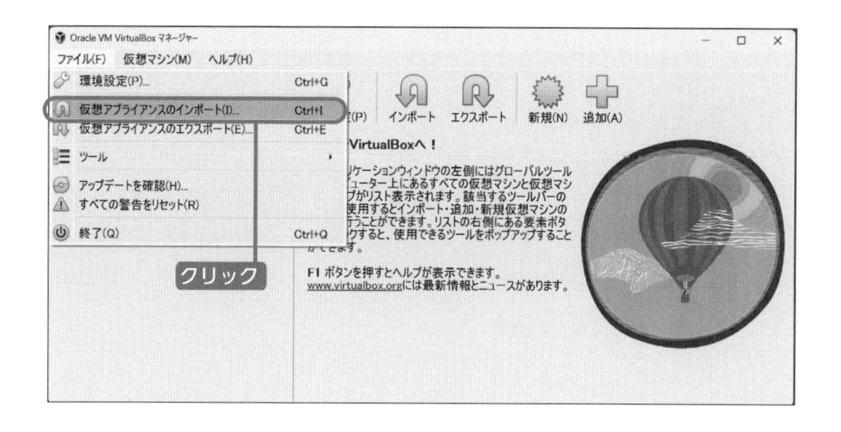

⑦ ファイル名入力欄の右にあるアイコンをクリックします。

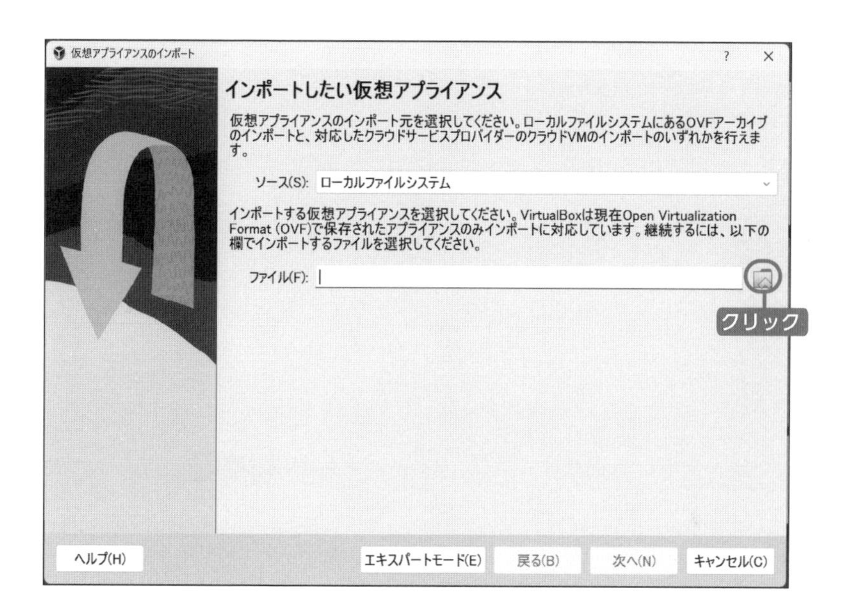

⑧ 解凍した「SokoSoko2_AlmaLinux9.ova」を選択します。

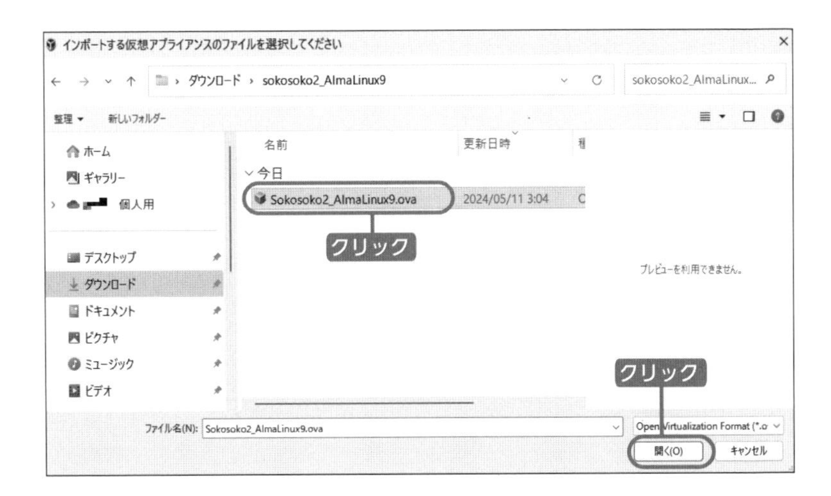

⑨ そのまま「次へ」をクリックします。

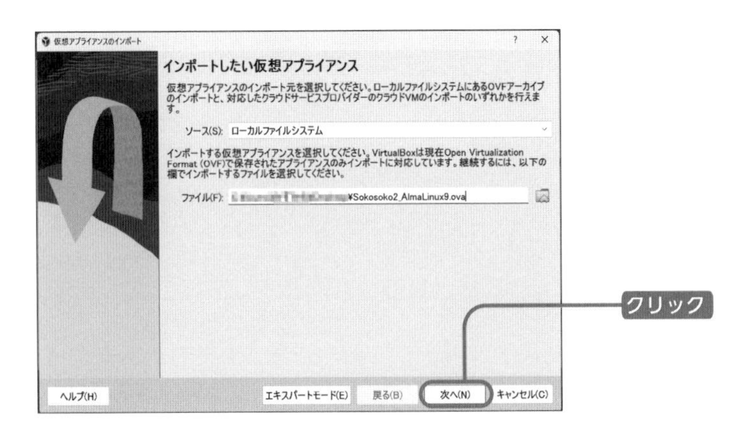

⑩「完了」をクリックすると、インポートがはじまります。インポートが終わるまで時間がかかる場合もあります。

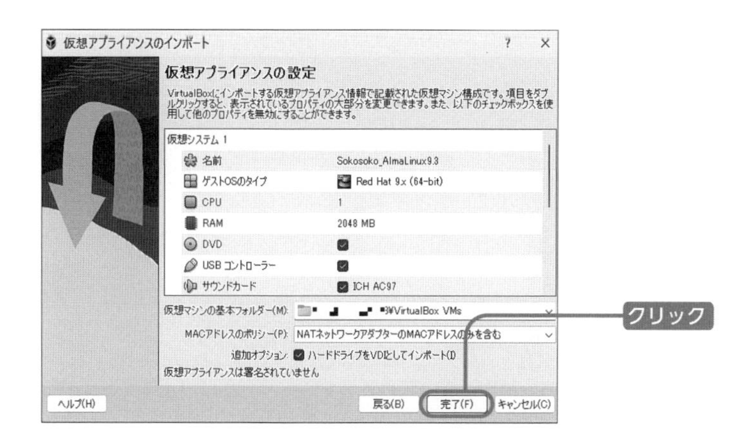

⑪ インポートが成功すると、VirtualBoxの左側にインポートしたAlmaLinux（実際は赤い帽子）のアイコンが登録されます。

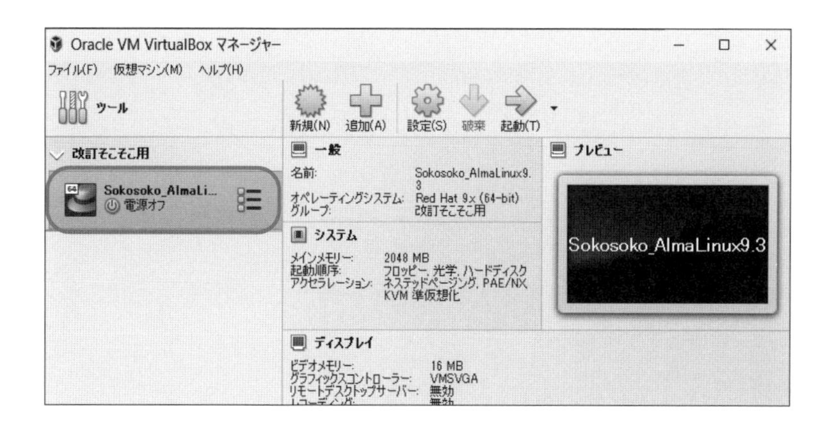

06-11 仮想マシンを起動する

AlmaLiinux の仮想マシンを起動してみましょう。

① 登録された仮想マシンをダブルクリックします。

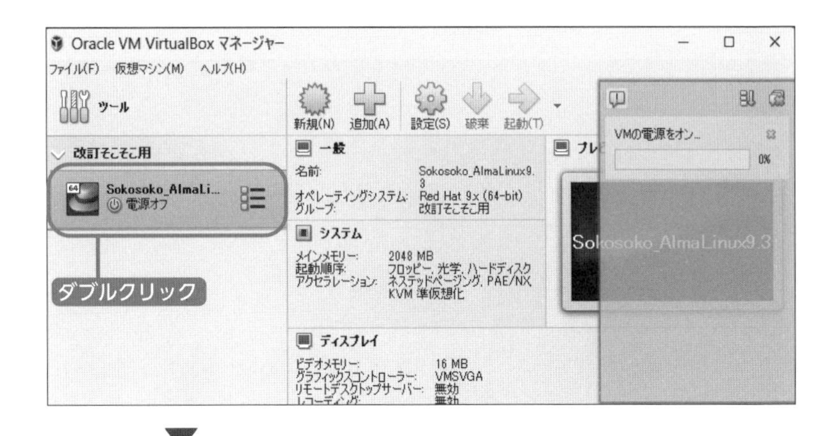

▼

起動中の画面です。画面上にテキストが次々と流れていきます。

注意

内蔵 USB のタイプによっては、手順①を行っても仮想マシンが起動しないことがあります。その場合には仮想マシンをクリックしたあと、メニューにある「設定」で「USB」を選択し、リストから「USB1.1」などに変更すると、うまく起動することがあります。

② 起動すると Windows の警告画面が表示されることがありますが、この場合は「許可」をクリックします。

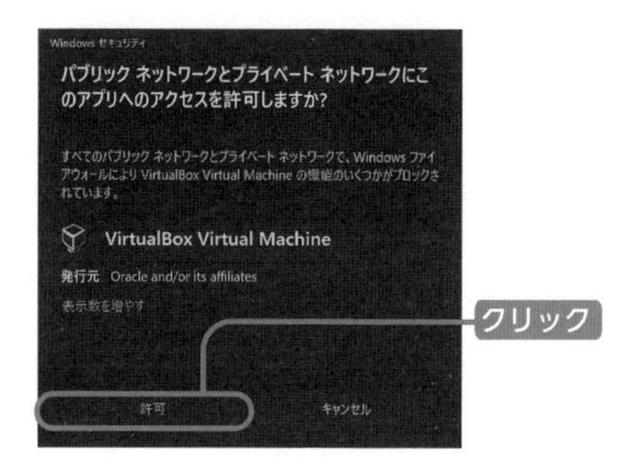

③ AlmaLinux の仮想マシンが起動しました。

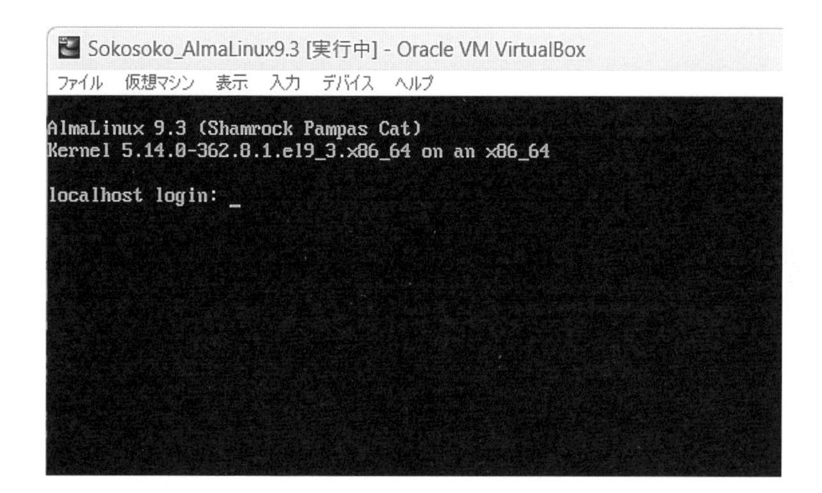

④仮想マシンを起動したらログインします。具体的な方法は第2章で紹介します（第2章の『07-2』参照）。

注意

ダウンロードした仮想環境は、IPアドレスに「NAT」の設定を行っているので、仮想環境内部では「10.0.x.0/24」というIPアドレスがVirtualBoxから与えられます（第11章の『58-2』参照）。

マメ知識

仮想環境（ゲストOS）とホストOSの切り替え

仮想環境のウィンドウをクリックすると、キーボードやマウスの操作が仮想環境に移行します。仮想環境から元のOS（ホストOS）に戻るには、「ホストキー」を押します。デフォルトの状態では、ホストキーは「右の Ctrl キー」に割り当てられています。ホストキーの割り当て状況や操作が仮想環境に移行しているかどうかは画面右下に表示されます。

また、仮想マシンのメインメニューにある「Host +」というショートカットは、このホストキーのことなので、何度も行う作業はこのショートカットを使うと便利です。

06-12 VirtualBoxを終了する

VirtualBoxを終了させるには、「ファイル」メニューから「終了」を選択するか、画面右上にある［×］ボタンをクリックします。なお、仮想マシンを終了させるには `systemctl poweroff` コマンドを使用します（第5章の『29-2』参照）。

第1章 練習問題

問題 1

Linux のようにプログラムのソースコードを誰もが入手して見ることのできるしくみを何といいますか？

ⓐ パブリックドメイン

ⓑ オープンソース

ⓒ バーチャルドメイン

ⓓ ライセンスフリー

問題 2

ユーザーのリクエストに対して返答するコンピューターを何と呼びますか？

ⓐ サーバー

ⓑ ポインター

ⓒ アプリケーション

ⓓ Web システム

問題 3

Linux のディストリビューションは大きく 2 つに分けられ、その 1 つは Debian 系。もう 1 つは何系ですか？

ⓐ Windows

ⓑ VirtualBox

ⓒ macOS

ⓓ Red Hat

解答

問題1解答

正解はⓑのオープンソース

ソースコードを公開し、誰でも見たり加工できるようにして、世界中の多くのエンジニアが力を合わせて優れたソフトウェアを開発するためのしくみです。

問題2解答

正解はⓐのサーバー

ユーザー側のコンピューターを「クライアント」と呼び、クライアントからのリクエストに対して返答するシステムをクライアント・サーバー型コンピューティングと呼びます。またサーバーという場合、利用されるコンピューターそのもの（ハードウェア）とその上で動くソフトウェアのそれぞれを指す場合もあります。

問題3解答

正解はⓓの Red Hat

Red Hat 系には、Red Hat Enterprise Linux、Fedora、MIRACLE LINUX のディストリビューションがあります。Fedora、CentOS Stream は、Red Hat Enterprise Linux から商標や商用アプリケーションなどを取り除いたもので、サポートはありません。

Linuxにさわってみよう

07 スタートはログインから

Windows や macOS と同様、Linux のスタートもログインからはじまります。ただし、ログインするには、あらかじめユーザー名とパスワードをシステム管理者が登録する必要があります。

07-1 起動とログイン

コンピューターの電源をオンして、実際に操作ができる状態になるまでを**起動する**といいます。Linux では起動すると、正規ユーザーかどうかをチェックするために**ユーザー名**と**パスワード**を入力する必要があります。これを**ログイン**といいます。

07-2 インストールしたVirtualBoxを使ってログインする

VirtualBox を起動し、インポートした本書用の AlmaLinux を開きます。起動した AlmaLinux の画面をクリックすると、キーボードやマウスが使えるようになります。ユーザー名とパスワードを使ってログインします。

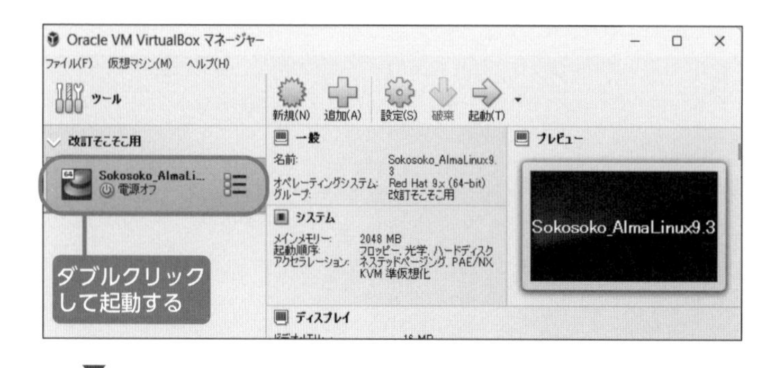

▼

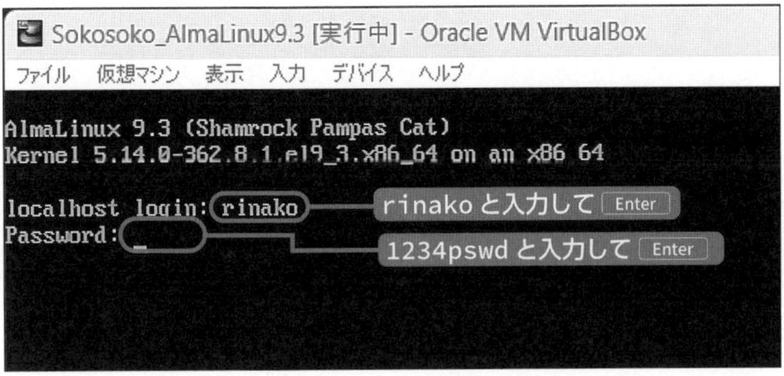

Sokosoko_AlmaLinux9.3 [実行中] - Oracle VM VirtualBox

ファイル　仮想マシン　表示　入力　デバイス　ヘルプ

```
AlmaLinux 9.3 (Shamrock Pampas Cat)
Kernel 5.14.0-362.8.1.el9_3.x86_64 on an x86_64

localhost login: rinako
Password: _
```

rinako と入力して Enter

1234pswd と入力して Enter

本書用のAlmaLinuxはCUIで操作します。使うものはキーボードだけ。ユーザー名を入力し、正しいパスワードを入力すると、ログインできます。

ログインにはユーザー名とパスワードが必要です。ここで使用するユーザー名は「**rinako**」、パスワードは「**1234pswd**」です。入力をまちがえても、もう一度「**login:**」というプロンプトが表示されるので、落ち着いて入れ直しましょう。大文字・小文字も区別されるので注意しましょう。

一般的なログインの方法は次のようになります。

```
localhost login:
```

← カーソルが点滅している。文字が入力できる合図

↑「localhost」はユーザーによって違う

▼

```
localhost login: rinako
```

Enter

↑ ユーザー名を入力して Enter キーを押す

▼

```
Password:
```

↑ユーザー名の次はパスワードを入力して Enter キーを押す。画面にパスワードは出ない

▼

```
$
```

↑ ログインできるとプロンプトが登場する（ここでは$のマークだが、マシンによって違う）

08 プロンプトは準備OKの合図

画面に登場するプロンプトは、いつでもコマンド（次節の『09』参照）を実行できる合図です。

08-1 プロンプトは「いつでも準備OKですよ」の合図

プロンプトは「いつでも準備 OK ですよ」という Linux からの合図です。ここから、Linux のコマンドを実行していきます。**コマンド**とは、Linux に用意されている命令のことで、アプリケーションに相当します。

このプロンプトが表示されている画面を**コマンドライン**などといいます。

08-2 本書のプロンプトの書き方

ユーザーごとに違うプロンプトを表現するために、本書ではプロンプトを「白文字で **$**」として統一します。コマンドの説明のなかで白文字の「$」があれば、頭のなかで、みなさんのプロンプトに置き換えてください。

```
[rinako@localhost ~]$  ← プロンプトはユーザーによってそれぞれ違う
```

```
$  ← 本書では、プロンプトを統一してこう表現する
```

ただし、管理者ユーザーのときは「白文字で #」と表示しています。

```
#  ← 管理者ユーザーのときは、プロンプトをこう表現する
```

コマンドを使ってみよう

まずは簡単なコマンドをいくつか試してみましょう。

09-1 コマンド名を入力したら Enter キーを押す

さっそくコマンドを使ってみましょう。まず、date コマンドを使って、今日の日付と時刻を確認してみます。キーボードからすべて小文字で d a t e とタイプして Enter キーを押します。

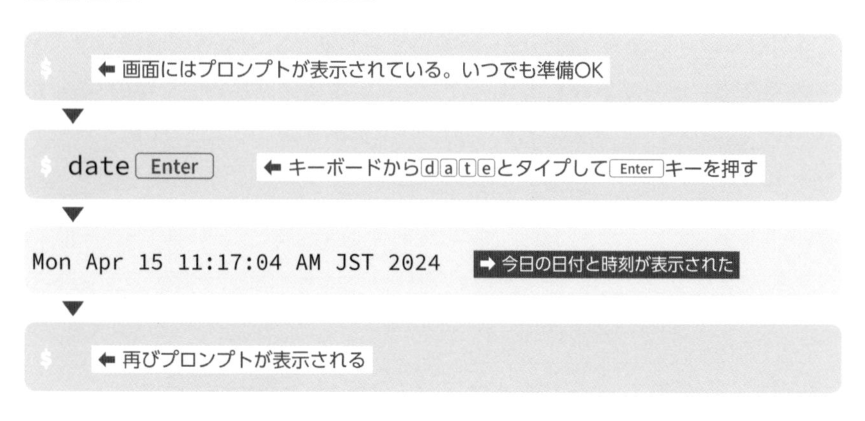

コマンドの実行が終了するとプロンプトが表示されて、再びコマンドを入力できるようになります。

はじめてのコマンド操作なので、ここでは画面の動きをくわしく見てみました。以降は、コマンドと実行結果しか表示しませんが、大丈夫ですね。

今度は cal コマンドを使って、今月のカレンダーを表示してみます。キーボードから c a l とタイプして Enter キーを押します。

```
$ cal Enter
```

← キーボードから c a l とタイプして Enter キーを押す

```
     April 2024
Su Mo Tu We Th Fr Sa
    1  2  3  4  5  6
 7  8  9 10 11 12 13
14 15 16 17 18 19 20
21 22 23 24 25 26 27
28 29 30
```

← 今月のカレンダーが表示された

マメ知識

コマンド名は小文字

先ほど使った date コマンドも cal コマンドも、すべて小文字で入力しました。偶然ではありません。Linux の一般的なコマンド名は大文字をいっさい使わないという暗黙のルールがあるのです。

注意

大文字と小文字は違う

Linux はキーボードから入力するアルファベットの大文字、小文字を区別します。たとえば「A」と「a」なら別物として扱います。

注意

英語表記か日本語表記か

Linux では、コマンドの実行結果として表示されるものが違うことがあります。使用する「言語環境」(これをロケールといいます。第 6 章の『35-4』参照)、あるいは、ログイン方法（GUI ログインまたは CUI ログイン）によって、（標準的なインストールを行った場合）英語表記、日本語表記のどちらかで通常表示されるわけです。この言語環境を切り替えることも可能ですが、本書では、（サーバー運営の際に一般に利用されることも多い）英語表記の例を紹介しています。

09-2 失敗してもあわてない

スペルミスをすると、エラーメッセージが表示されます。もう一度、正しいコマンド名を入力してください。

注意

エラーメッセージは英語のときもある

エラーメッセージの表示が英語のときもあります。英語で表示されるとはじめのうちはとまどうものですが、Linux での操作をマスターするためには慣れておく必要があります。基本的に、やさしい英語です。

09-3 引数を使えば細かい指定ができる

cal コマンドで、2024 年のカレンダーを全部表示しましょう。

```
$ cal 2024 Enter
```

↑ calとタイプし、次にスペースを1つ入れて2024とタイプして、Enterキーを押す

▼

```
                            2024

      January               February                  March
Su Mo Tu We Th Fr Sa   Su Mo Tu We Th Fr Sa   Su Mo Tu We Th Fr Sa
    1  2  3  4  5  6                1  2  3                   1  2
 7  8  9 10 11 12 13    4  5  6  7  8  9 10    3  4  5  6  7  8  9
14 15 16 17 18 19 20   11 12 13 14 15 16 17   10 11 12 13 14 15 16
21 22 23 24 25 26 27   18 19 20 21 22 23 24   17 18 19 20 21 22 23
28 29 30 31            25 26 27 28 29         24 25 26 27 28 29 30
                                              31
       April                  May                    June
Su Mo Tu We Th Fr Sa   Su Mo Tu We Th Fr Sa   Su Mo Tu We Th Fr Sa
```

↑ 実際には、1～12月までのカレンダーが表示されている

このとき指定した、2024 を**引数**（ひきすう）といいます。

指定できる引数の数は 1 つとは限りません。たとえば、2024 年 8 月のカレンダーを表示するときは cal の次に 8、2024 と引数を 2 つ続けて指定します。このとき、各引数のあいだは半角スペースを使って区切ります。

```
$ cal space 8 space 2024 Enter
```

← コマンドや引数のあいだはスペースで区切る

```
    August 2024
Su Mo Tu We Th Fr Sa
             1  2  3
 4  5  6  7  8  9 10
11 12 13 14 15 16 17
18 19 20 21 22 23 24
25 26 27 28 29 30 31
```

← 引数で指定した2024年8月のカレンダーが表示された

09-4 アレンジしたいならオプションをつける

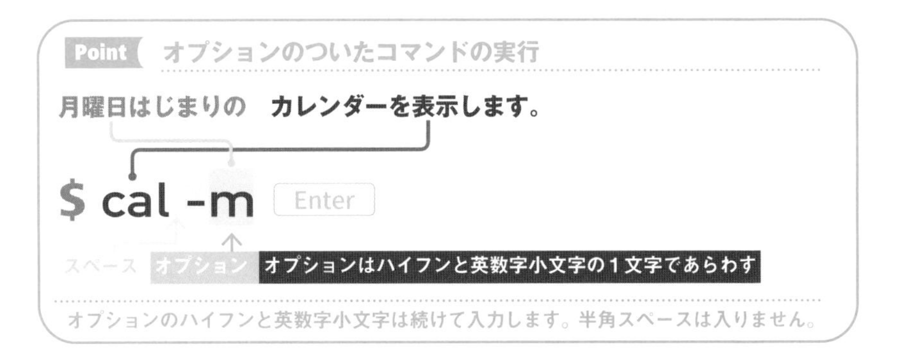

たとえば、`cal` コマンドでカレンダーの表示を日曜ではなく、月曜からはじまるようにするには、オプションの `-m` を指定します。

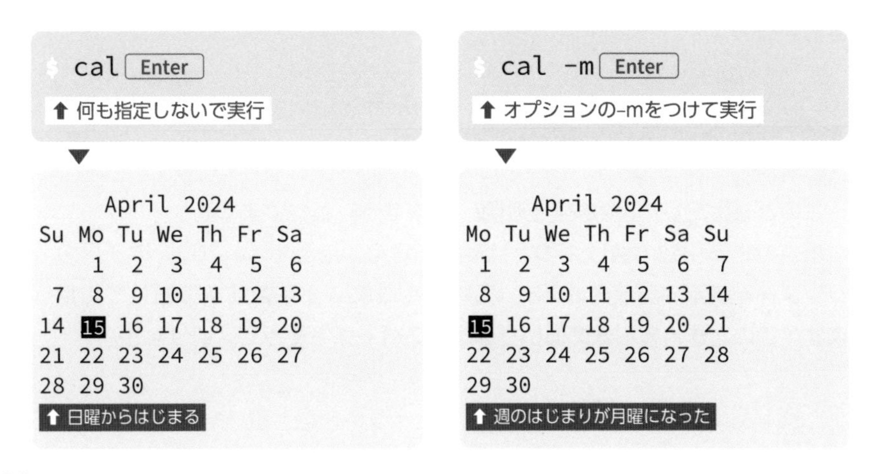

指定しなくてもふつうに動きますが、指定すればちょっと気の利いた仕事をしてくれるのが**オプション**です。「つけてもつけなくてもよい」ということからこの名前がつけられました。

オプションは -（ハイフン）と英数字（1 文字のことが多い）であらわします。スペースで区切らず、たとえば -m とタイプします。

オプションと引数を両方使う

オプションと引数を同時に指定するときは、オプション、引数の順に指定します。たとえば、2024 年 6 月、その前の月（5 月）、その後の月（7 月）の 3 か月分のカレンダーを表示するには、次のように指定します。

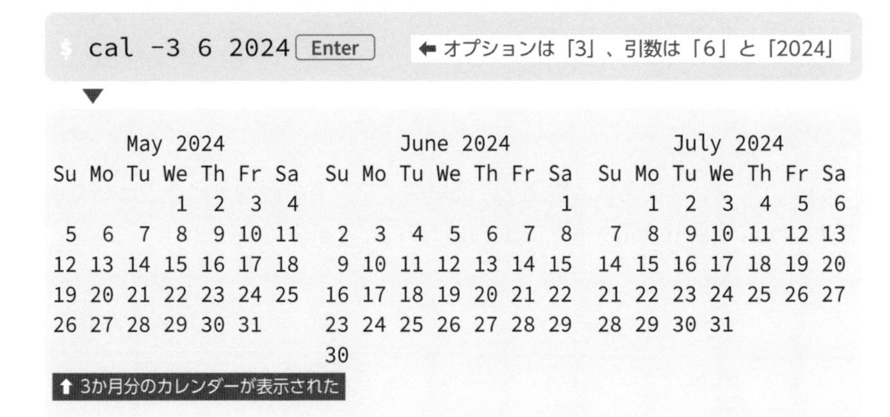

複数のオプションを使うときは、ハイフンの次にオプションを続けて書きます。たとえば、-m3 といった具合です。これはオプションの「m」と「3」の 2 つを使うという意味です。

```
$ cal -m3 6 2024 Enter
```

「m」と「3」のあいだには何も入れない！！

```
       May 2024                  June 2024                 July 2024
Mo Tu We Th Fr Sa Su      Mo Tu We Th Fr Sa Su      Mo Tu We Th Fr Sa Su
       1  2  3  4  5                      1  2       1  2  3  4  5  6  7
 6  7  8  9 10 11 12       3  4  5  6  7  8  9       8  9 10 11 12 13 14
13 14 15 16 17 18 19      10 11 12 13 14 15 16      15 16 17 18 19 20 21
20 21 22 23 24 25 26      17 18 19 20 21 22 23      22 23 24 25 26 27 28
27 28 29 30 31            24 25 26 27 28 29 30      29 30 31
```

マメ知識

コマンドのオプションは使う前に必ず確認する

オプションをつけてコマンドを実行すると、当然、実行結果は変化します。このとき、大文字・小文字の違いで、動作が逆転したり、実行結果が異なったりするオプションもあります。あるいは、同じオプションを、別のコマンドでも利用できる場合もあります。このように、オプションの指定は複雑で、きちんと確認してから実行しないと、期待したような結果は得られません。オプションについては、次で紹介する「man コマンド」で調べることもできます。

09-6 困ったら man コマンドを使う

man コマンドを使えば、画面上で簡単なコマンドの説明を見ることができます。man とは manual（マニュアル）のことです。

```
$ man cal Enter
```
← 知りたいコマンドは引数で指定する。ここではcal

▼

```
CAL(1)                    User Commands                    CAL(1)

NAME
       cal - display a calendar

SYNOPSIS
       cal [options] [[[day] month] year]

       cal [options] [timestamp|monthname]

DESCRIPTION
       cal displays a simple calendar. If no arguments are specified, the
       current month is displayed.

       The month may be specified as a number (1-12), as a month name or as an
       abbreviated month name according to the current locales.

       Two different calendar systems are used, Gregorian and Julian. These
       are nearly identical systems with Gregorian making a small adjustment
       to the frequency of leap years; this facilitates improved
       synchronization with solar events like the equinoxes. The Gregorian
       calendar reform was introduced in 1582, but its adoption continued up
       to 1923. By default cal uses the adoption date of 3 Sept 1752. From

～略～
```

画面は space キーを押すと次に進み、b キーで１画面戻ります。終了するには q キーを押します。

と、紹介しましたが、実は man コマンドの内容は、初心者にはちょっと敷居が高いものです。コマンドのオプションなどをもっとくわしく知りたいなら、インターネットで「Linux コマンド名」として検索するか、主要なコマンドを簡潔にまとめてある書籍を購入するほうが便利です。いまは man コマンドというものがあるということだけ覚えておいてください。上達すれば必要になるときが、自然とやってくるものなのです。

マメ知識

オプションの使い方を簡易的に表示する

--help を使うと、オプションの使い方を調べることができます。

```
$ cal --help
```

▼

```
Usage:
 cal [options] [[[day] month] year]
 cal [options] <timestamp|monthname>

Display a calendar, or some part of it.
～略～
```

09-7 ゴールはログアウト

作業を終えたら、**ログアウト**します。ログアウトはログインの反対で、Linuxの作業を終了することです。作業が終わってもログアウトしないでおくと、誰かがこっそり作業をしてしまうかもしれません。ログインしたまま放置しないようにしましょう。

ログアウトするには、exit コマンドを実行します。

Point ログアウトの方法

ログアウトします。

$ exit Enter

注意

ログアウトと終了は違う

ログアウトしてもLinuxが終了するわけではありません。Linuxを終了するにはシステムの電源を切ります（第5章の『29』参照）。

第2章 練習問題

問題1

Linux で日付と時刻を表示するコマンドは何ですか？

ⓐ `days`
ⓑ `date`
ⓒ `time`
ⓓ `at`

問題2

Linux でコマンドの動作を指定するとき、コマンドの後ろにつける情報を何といいますか？

ⓐ オプション
ⓑ ライン
ⓒ データ
ⓓ オルタナティブ

問題3

Linux で 2024 年 4 ～ 6 月までのカレンダーを表示させるには、どのようなコマンドを使いますか？

ⓐ `cal -532024`
ⓑ `cal -5 3 24`
ⓒ `cal -5 3 2024`
ⓓ `cal -3 5 2024`
ⓔ `cal 4-6 2024`

解答

問題 1 解答

正解はⓑの date

日付だけでなく現在の時間も返します。これらの情報についてはシステム時計を参照して画面に表示されますが、このコマンドで日時を設定することもできます。類似のものとして、`cal` コマンドを使えば、カレンダーを見ることもできます。

問題 2 解答

正解はⓐのオプション

オプションをつけることで、コマンドの動作を細かく指定できます。また読み出すファイル名や設定する数値といったオプションの後ろに指定する補足情報のことを引数といいます。UNIX 系 OS では慣例的に `--help` オプションをつけるとそのコマンドの使い方が表示されることが多いです。

問題 3 解答

正解はⓓの cal -3 5 2024

`cal` コマンドでカレンダーを表示できますが、オプションで開始の曜日を指定したり、表示する月の数を指定できます。ここでは 2024 年 5 月から前後の月を表示し、合計 3 か月表示させるということで、2024 年 5 月を指定し、3 か月表示するオプションである `-3` をつけています。

ファイルとディレクトリ操作のきほん

Linux ではフォルダのことをディレクトリと呼ぶ

ここでは、Linux のディレクトリのしくみと操作のしかたをマスターしていきましょう。

Linux のディレクトリは Windows のフォルダに同じ

Windows や Mac などのパソコンでは、散らばったファイルを 1 箇所にまとめて入れておくとき、フォルダを使います。スマートフォンにもありますね。整理整頓には欠かせません。

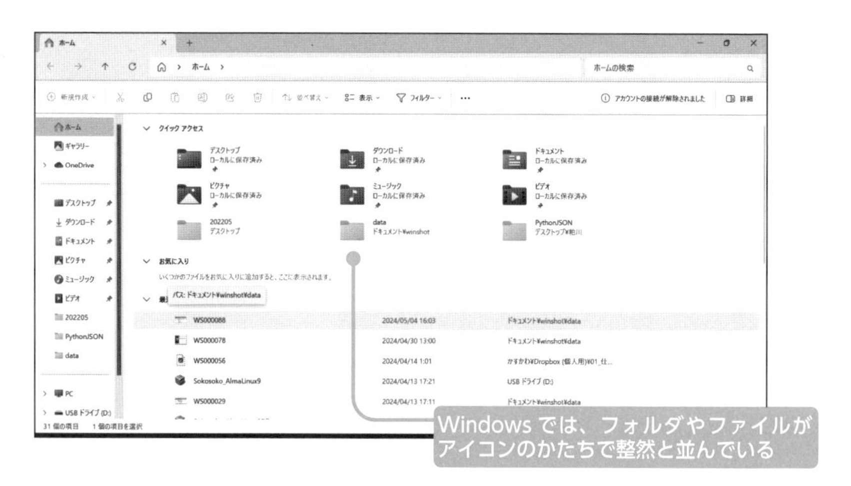

もちろんフォルダは Linux にもあります。ただし、違ったいい方をします。フォルダではなく、**ディレクトリ**といいます。

膨大なファイルを機能別にディレクトリに収納

Linux本体はプログラムファイルや設定ファイルなど、たくさんのファイルで構成され、機能別にディレクトリに収められています。その構成とディレクトリ名はディストリビューションによって多少違いますが、たいがい次のようになっています。

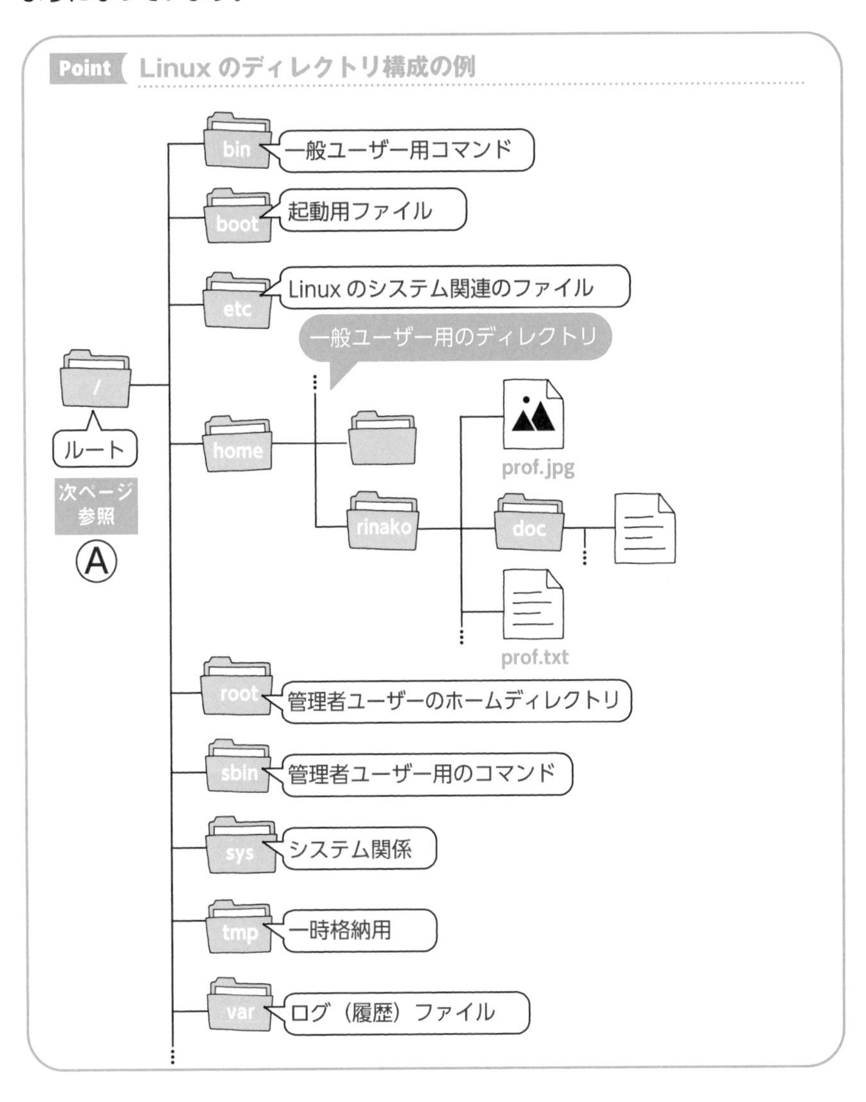

10-3 すべてのはじまりはルートディレクトリ

前ページの図を見てください。すべてのファイルやディレクトリは1つのディレクトリに入っています（Ⓐ）。このディレクトリのことを**ルートディレクトリ**といいます。

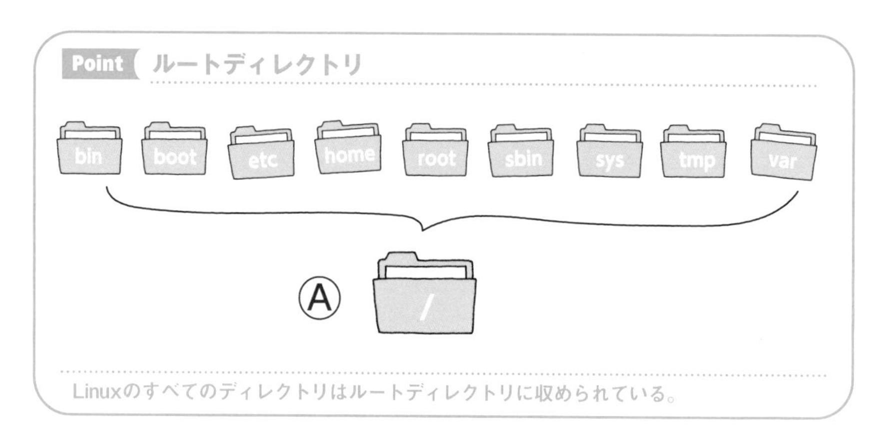

10-4 絶対パスでルートディレクトリを指定する

ルートディレクトリ（Ⓐ）からファイル名をたどっていくと、Ⓑのファイルの位置が決まりそうです。ⒶからⒷまでの道のりは、

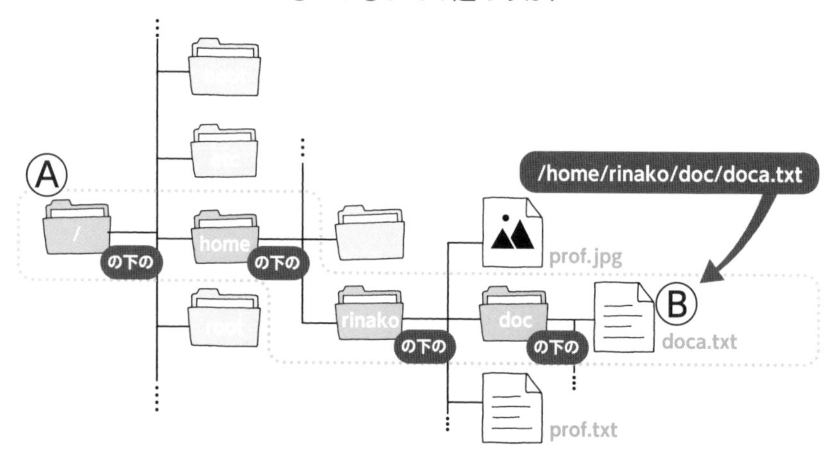

/ の下の home の下の rinako の下の doc の下の doca.txt

と書けます。Linux では「の下の」の代わりに記号 / （スラッシュ）を使って書きます。

このようにルートディレクトリを起点としてファイルやディレクトリの場所をあらわす方法を**絶対パス**といいます。これに対して**相対パス**というのもあります（『11-2』参照）。

10-5 サブディレクトリと親ディレクトリ

今度は©を見てみましょう。このとき©から見て home のような 1 階層上のディレクトリを**親ディレクトリ**、doc のように下にあるディレクトリを**サブディレクトリ**といいます。

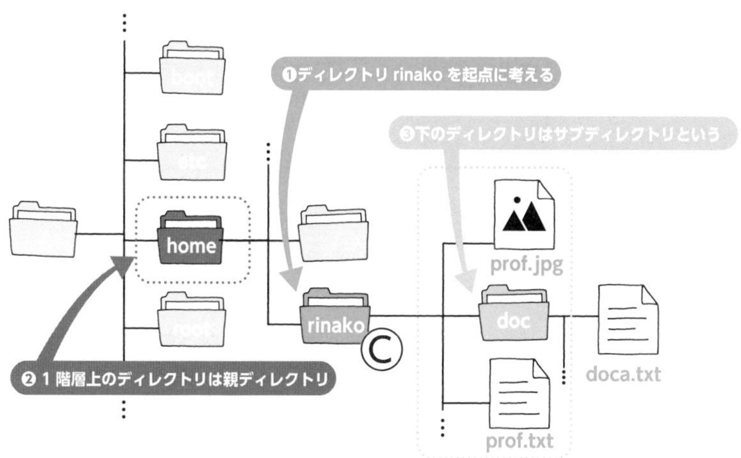

ディレクトリからディレクトリへ移動する

cd コマンドを使ってディレクトリ間を移動してみましょう。どこにいるかを確認するには、pwd コマンドを使います。

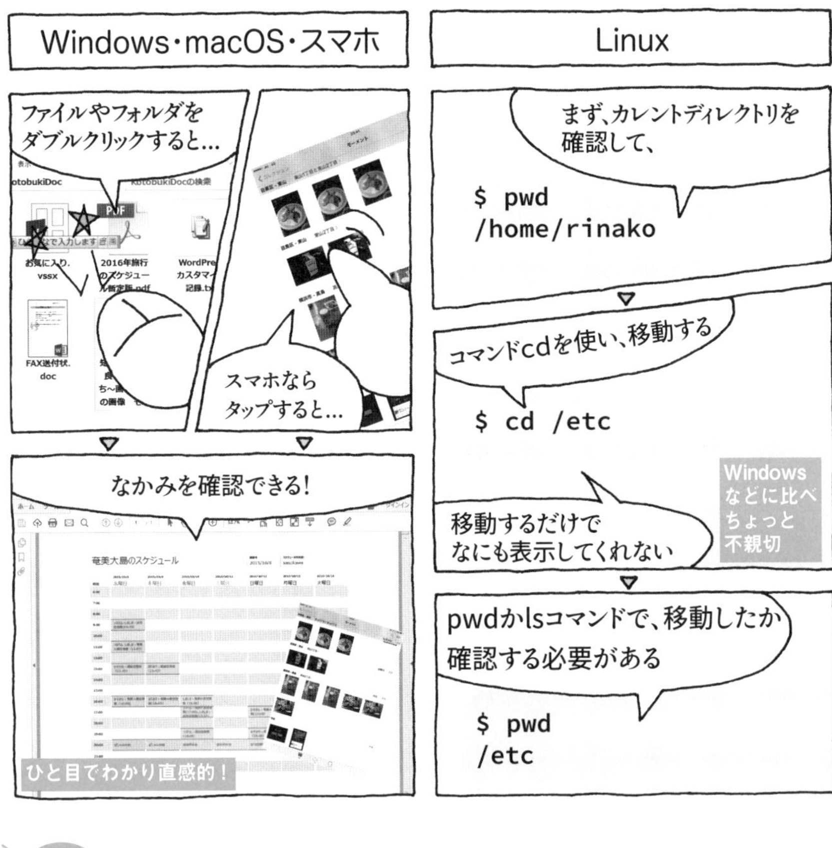

 11-1 ディレクトリを移動し、確認する

Linux のディレクトリと Windows のフォルダは使い道は同じですが、操作方法がかなり違います。

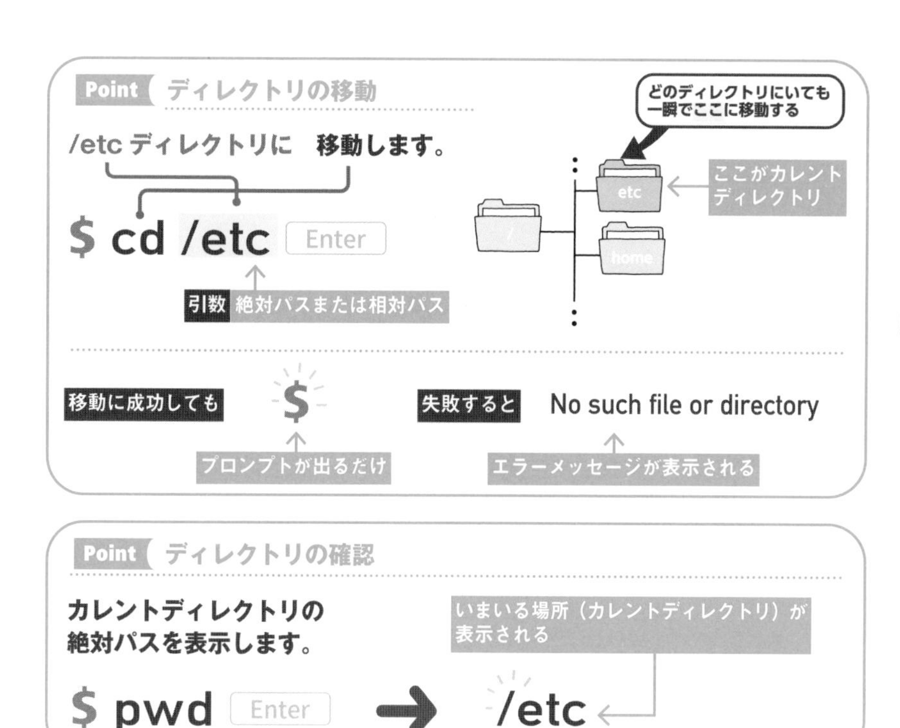

cd コマンドはディレクトリへ移動するコマンドです。移動先を絶対パス、または相対パス（『11-2』参照）で表記し、これが引数になります。

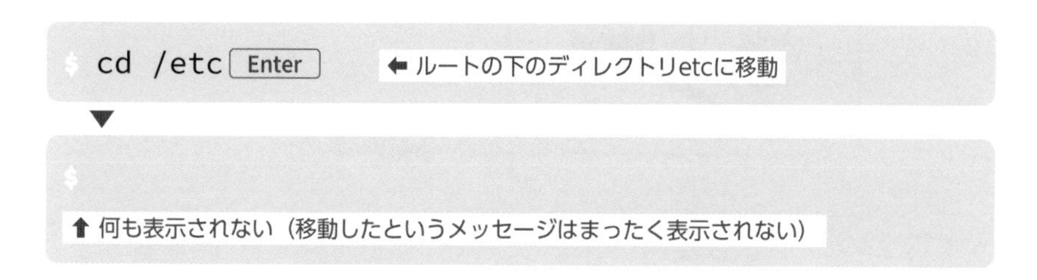

どこに移動したかを確認するには pwd コマンドを使います。現在いるディレクトリのことを、特別に**カレントディレクトリ**と呼びます。カレントディレクトリはワーキングディレクトリと呼ばれることもあります。

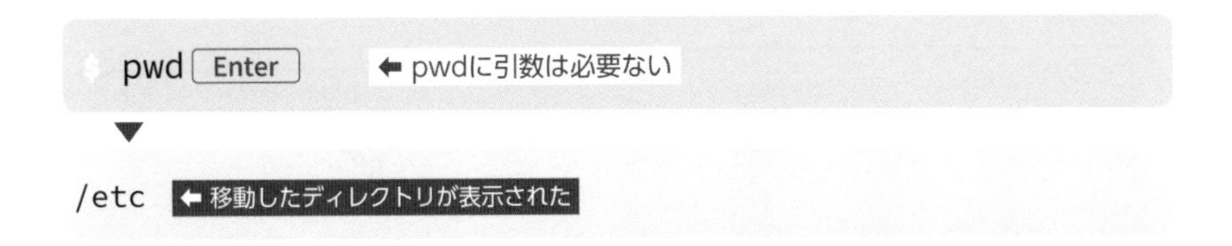

ログインすると、最初のカレントディレクトリは自動的に「/home/ユーザー名」となります。確認してみましょう。必要に応じて exit コマンドでログアウトしてから、ログインし直してください。

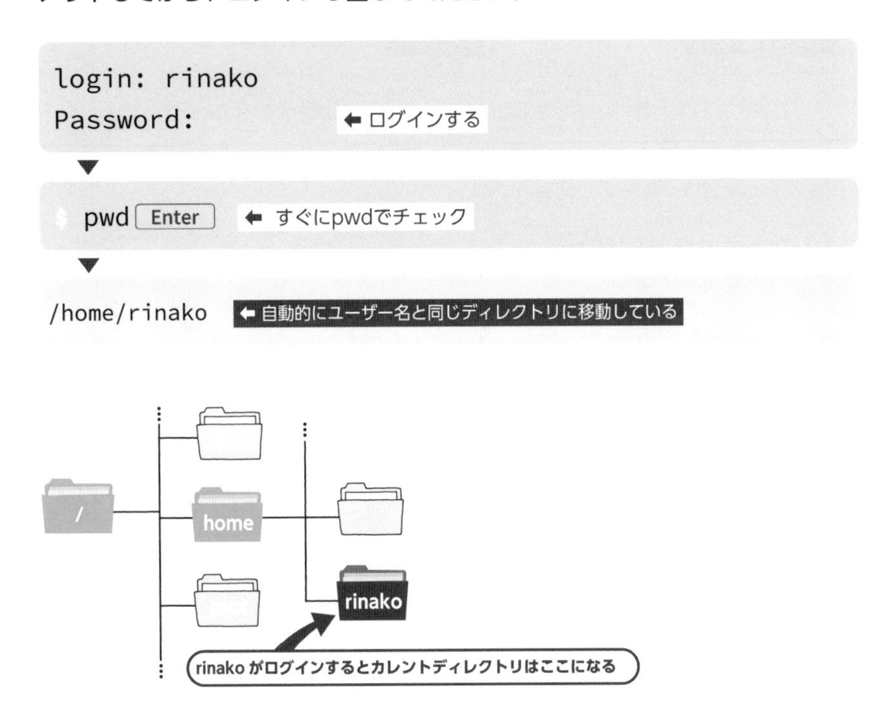

この「/home/ユーザー名」を**ホームディレクトリ**といいます。

ホームディレクトリは、ユーザーが落ち着いて作業できる自分だけの部屋です。ホームディレクトリなら、自由にファイルを保存できますし、ほかのユーザーにファイルのアクセス権（第５章の『26』参照）がない限り、のぞかれる心配はありません。

11-2 相対パスを使って移動する

ルートディレクトリを起点として、ファイルやディレクトリの場所をあらわすのが絶対パスでした（『10-4』参照）。

これとは対照的に、**カレントディレクトリを起点**としてファイルやディレクトリの場所をあらわす方法を**相対パス**といいます。

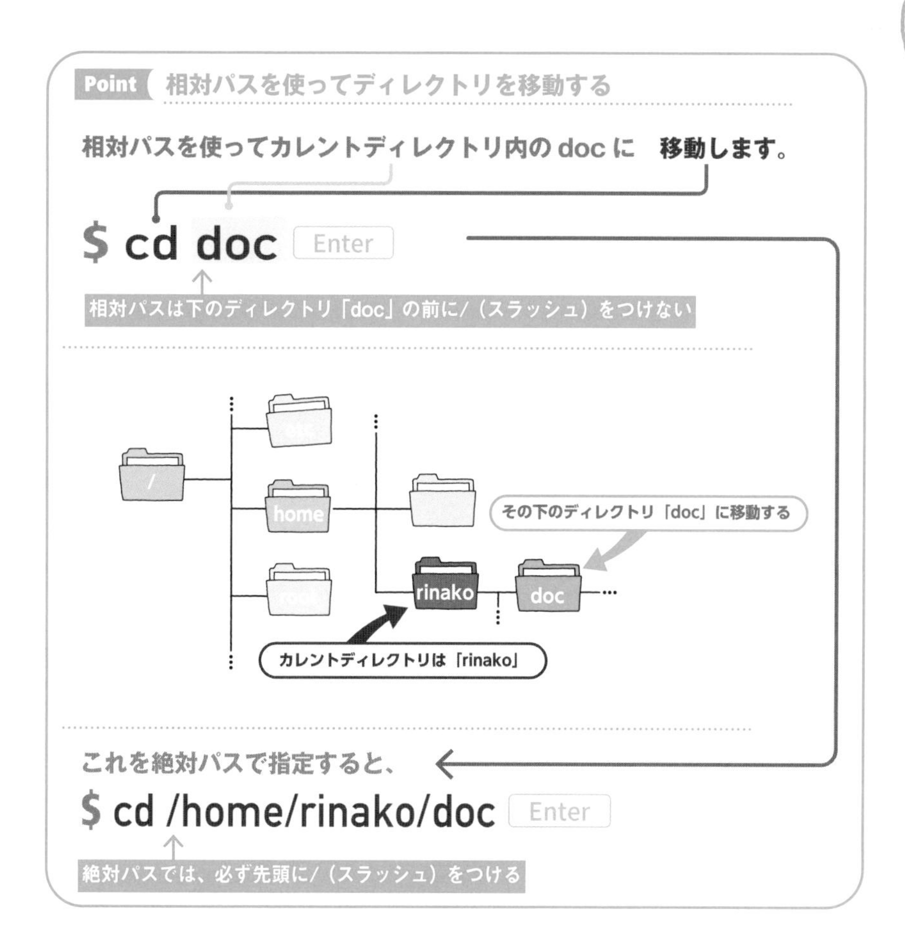

それでは、実際に相対パスを使って cd コマンドを試してみましょう。それには、まず、カレントディレクトリを確認します。

作業を始める前に、ディレクトリを強制的にrinakoのホームディレクトリにしておきましょう。

```
$ cd /home/rinako Enter
```

これで、カレントディレクトリがどこであっても、/home/rinako にカレントディレクトリが移動します。

このとき、相対パスと絶対パスを使って、カレントディレクトリの下にあるディレクトリ「doc」に移動してみましょう。

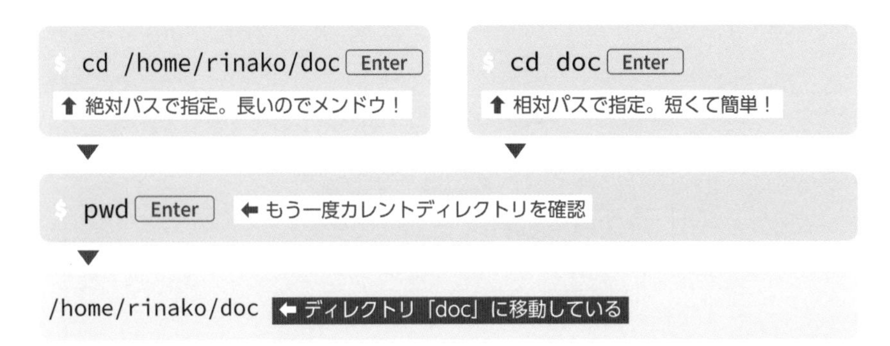

もちろんどちらでも移動できますが、絶対パスよりも相対パスのほうが短く書けます。ただし、相対パスでの指定は、必ずカレントディレクトリの位置を確認してから使うようにしてください。

まちがったディレクトリを指定すると、エラーメッセージが表示されます。

```
$ cd dic Enter
```

← docのつもりでdicと入力してしまった。ディレクトリは存在しない

▼

```
-bash: cd: dic: No such file or directory
```
⬆ エラーメッセージが表示された

11-3 便利な省略記号を使う

下の図を利用して、相対パスと絶対パスを使った **cd** コマンドの練習をしてみましょう。ここでは、カレントディレクトリの位置をⒸとしています。

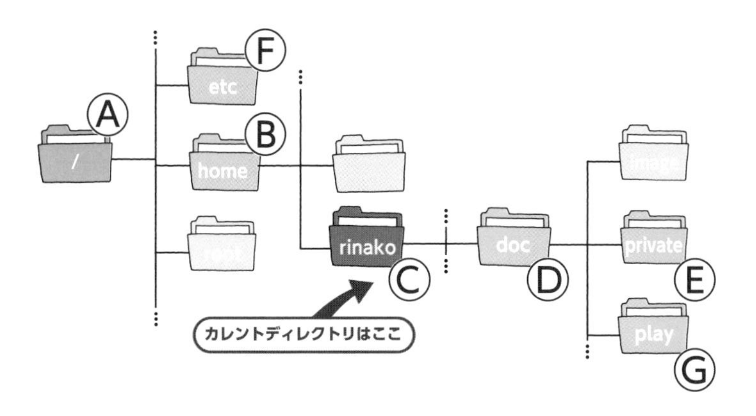

ⒸからⒺに移動する

相対パスを使ってⒸからⒺに移動します。「doc」の前にスラッシュは必要ありません。

```
$ cd doc/private Enter
```

これを、絶対パスを使って移動してみます。絶対パスを使うときは、必ず、先頭にスラッシュ（/）をつけます。

```
$ cd /home/rinako/doc/private Enter
```

どちらにしても、カレントディレクトリはⒺになりました。

Ⓔから©（ホームディレクトリ）に戻る

これには4つの方法があります。1つめは絶対パスを指定する方法です。

```
$ cd /home/rinako Enter
```
← Ⓔから©に移動する

2つめは、..（ドット2つ）を使う方法です。..（ドット2つ）は親ディレクトリの省略記号です。2度同じ作業を繰り返して、©に戻ります。

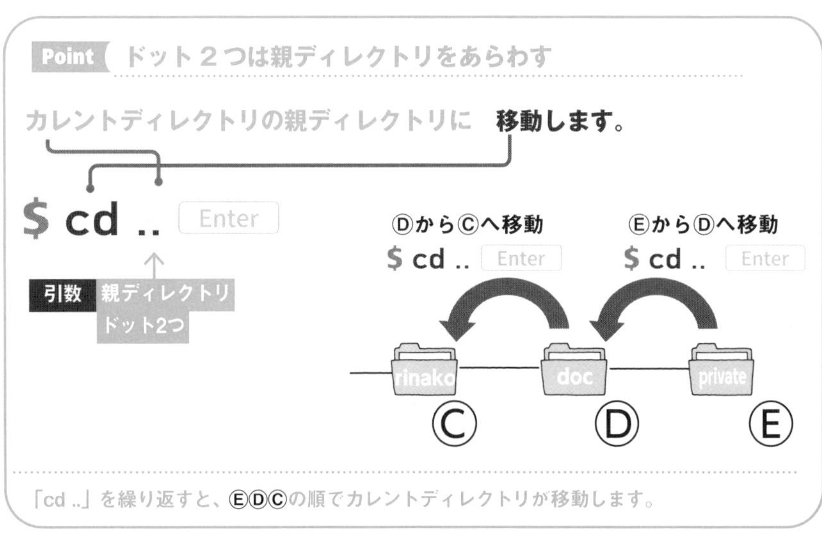


```
$ cd .. Enter
```
← まず、ⒺからⒹに移動する。カレントディレクトリはⒹになった

▼

```
$ cd .. Enter
```
← 続いて、Ⓓから©に移動する。結果、Ⓔから©に移動した

上の2段階作業は..（ドット2つ）と/（スラッシュ）を組み合わせて指定すれば、次のように1回の操作ですますことができます。

```
$ cd ../.. Enter   ← Ⓔから©に移動する
```

3つめは ~（チルダ）を使う方法です。

```
$ cd ~ Enter   ← Ⓔから©に移動する
```

チルダはホームディレクトリの省略記号です。たとえば、ユーザー rinako（ユーザー名 rinako）のホームディレクトリは、`/home/rinako` ですが、これは ~ の1文字に置き換えられます。前ページでⒺから©に移動したときに使った絶対パスの移動は、チルダを使えば次のように書き換えられます。

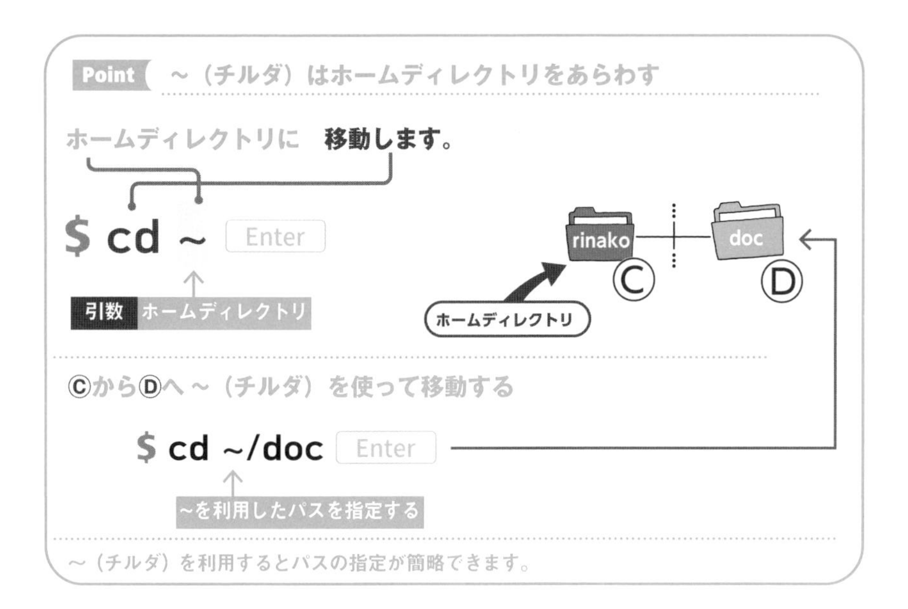

次の2つのコマンドは同じ操作をしていることになります。

```
$ cd /home/rinako/doc/private Enter
```

```
$ cd ~/doc/private Enter
```

4つめは、cdコマンドに引数を指定しないで実行する方法です。このとき、自動的にホームディレクトリに移動します。

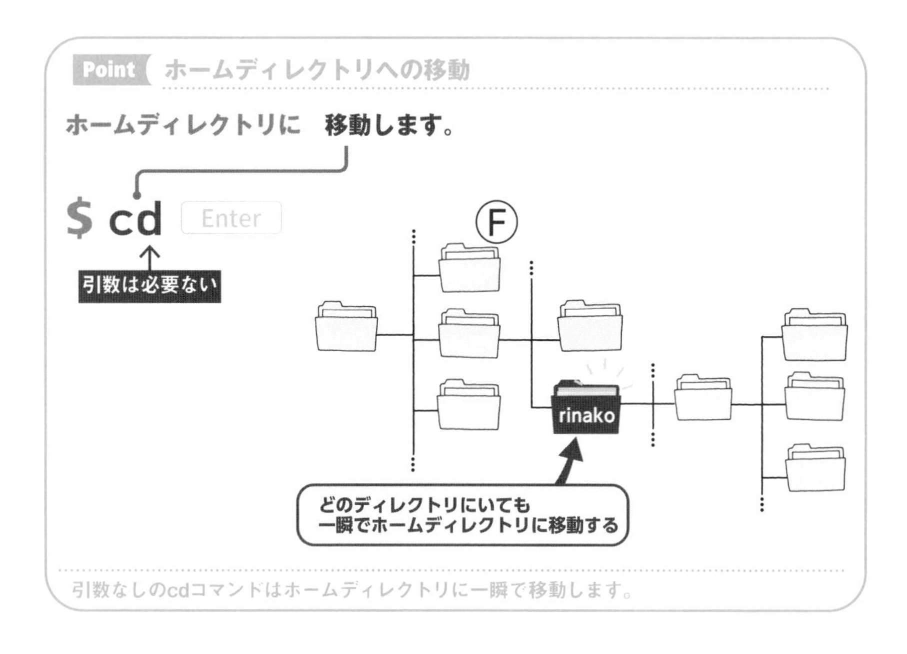

引数なしのcdコマンドはホームディレクトリに一瞬で移動します。

```
$ cd Enter
```

cdコマンドに対して引数なしのこのワザは、カレントディレクトリがどこにあっても通用します。たとえば、カレントディレクトリがⒻのとき、ホームディレクトリに戻るには、次のどちらを使ってもかまいません。

Ⓔから Ⓖに移動する

省略記号をいろいろ見たところで、カレントディレクトリをⒺからⒼに移動する方法をいくつか紹介しましょう。

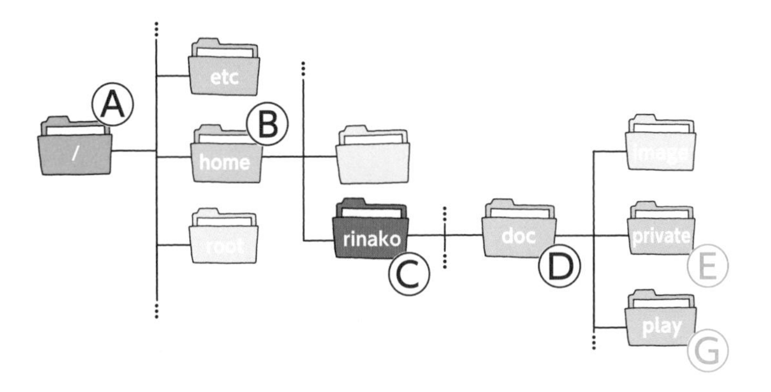

オーソドックスな方法は、親ディレクトリをあらわす、`..`（ドット2つ）を使う方法です。なお、以下のコマンドを試す際は、「`cd doc/private`」であらかじめⒺに移動しておきましょう。

```
$ cd ../play Enter
```

ホームディレクトリに戻ってから移動する2段階方式もよく利用されます。

```
$ cd Enter
```

▼

```
$ cd doc/play Enter
```

もちろん、絶対パスで、ⒶⒷⒸⒹⒼをたどっていくこともできます。

```
$ cd /home/rinako/doc/play Enter
```

12 ファイルを表示する

ディレクトリのなかみを見るには、ls コマンドを使います。シンプルな使い方からはじめて、複雑な指定ができるまでじっくりマスターしていきましょう。

12-1 カレントディレクトリ内のファイルを確認する

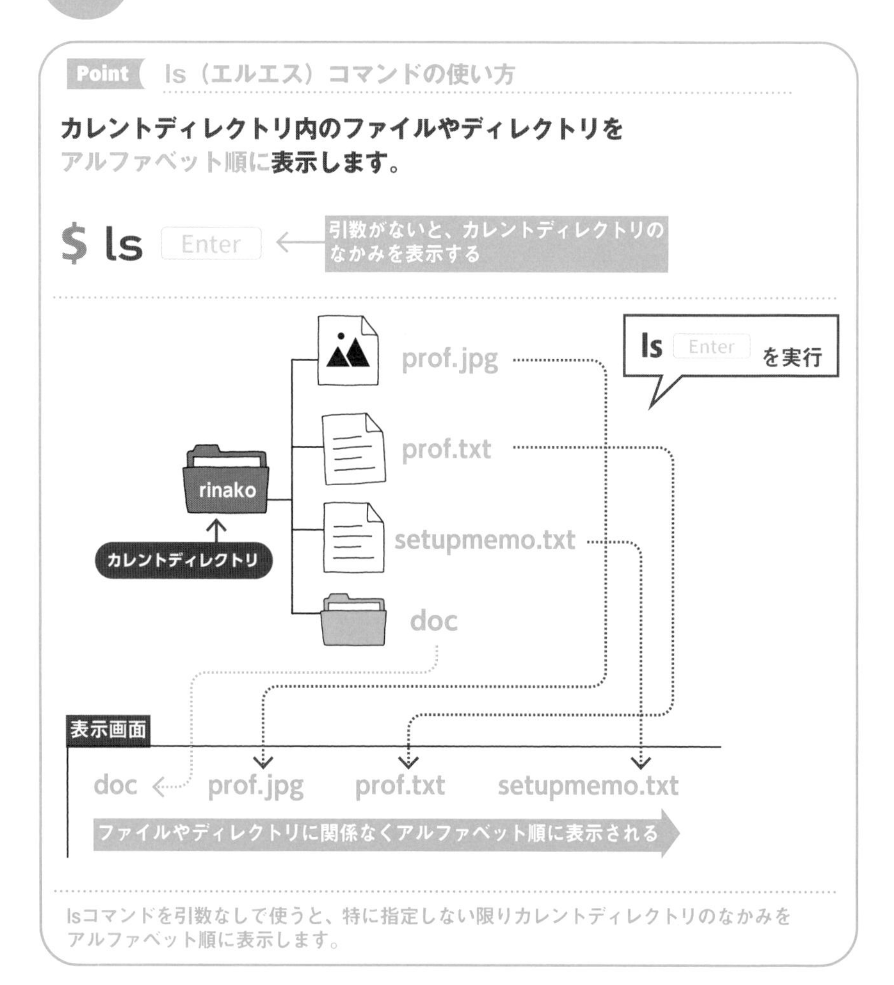

ディレクトリのなかみを表示するには ls コマンドを使います。特に指定しない限り、引数なしだとカレントディレクトリのなかみをアルファベット順に表示します。

なお、本節ではカレントディレクトリを/home/rinakoとしています。

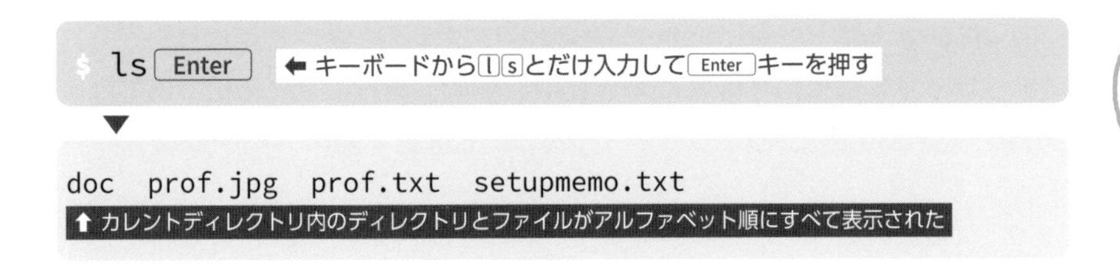

ファイル名をアルファベットの逆順に表示するには、オプションの -r を利用します。

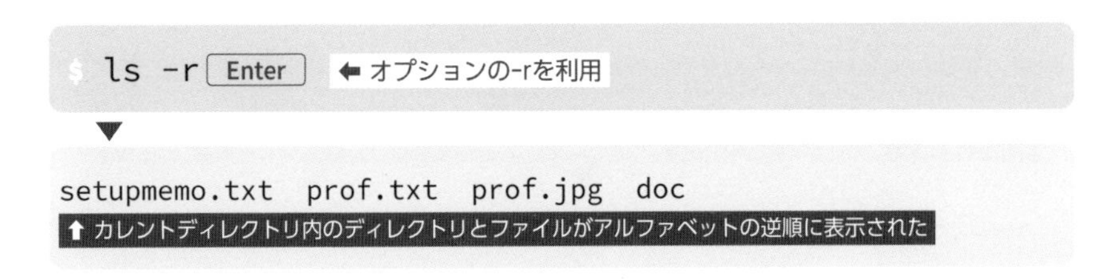

このとき、ファイル名やディレクトリ名はまとめて表示されます。Windows や macOS のようにアイコンが表示されるわけではありません。

下の例で表示されるのはすべてディレクトリですが、このままではファイルなのかフォルダなのかわからないので混乱してしまいます。

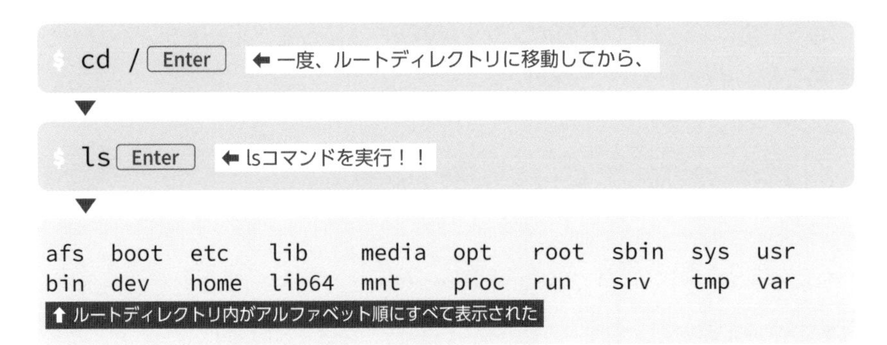

12-2 ファイルの種類をわかりやすくする

AlmaLinuxでは、たとえばディレクトリが青、バイナリファイルがピンク、実行ファイルが緑、シンボリックリンクがシアンというように、ファイルの種類ごとに色を変えて表示しています。これに加えて、lsコマンドでオプションの-Fを使えば、ファイルやディレクトリがさらに見やすくなります（バイナリファイルについては本章の『13-1』参照、実行ファイルについては第5章の『26-3』参照。リンクファイルについては第7章の『43』参照）。

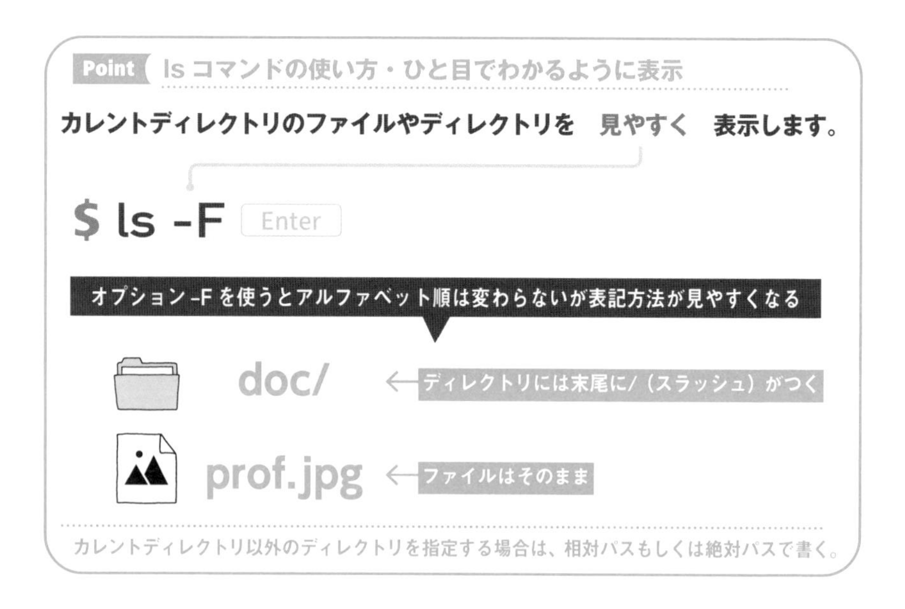

もう一度、lsコマンドのオプションの-Fを使って、ルートディレクトリを見てみます。

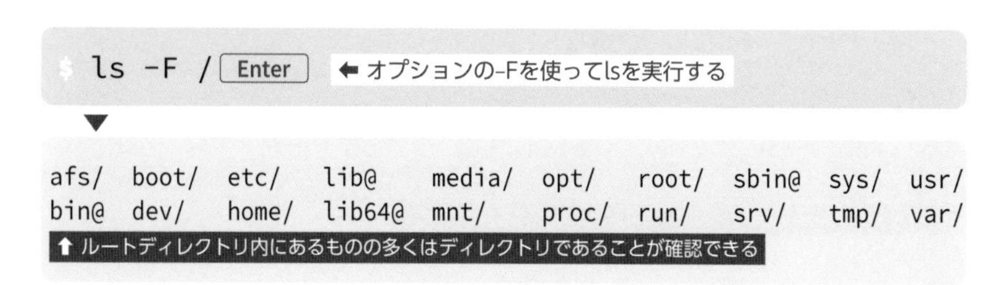

12-3 カレントディレクトリ内をくわしく見る

`ls` コマンドにオプションの `-l`（エル）を指定すると、ファイルやディレクトリのサイズ、更新日時といったくわしい情報を確認できます。1 行あたり 1 ファイルごと、または 1 ディレクトリごとに情報が表示されます。

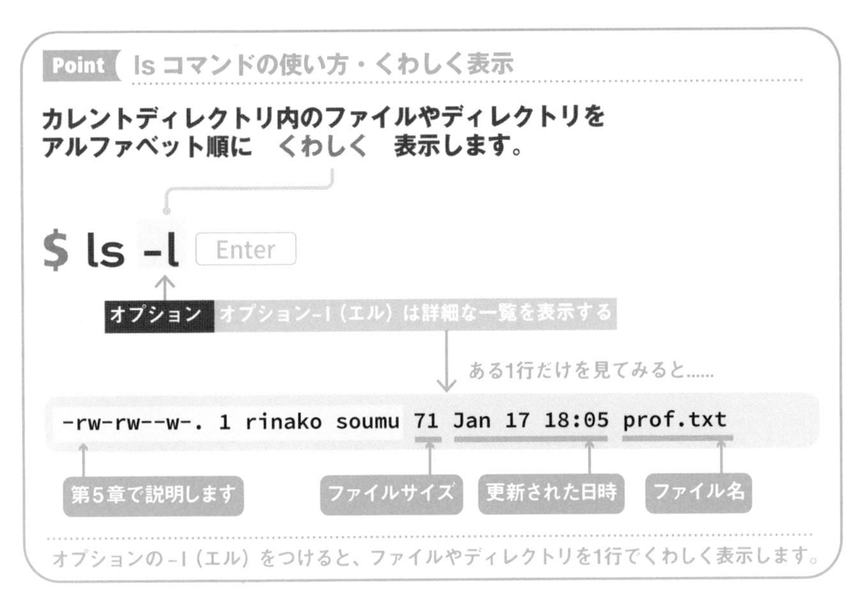

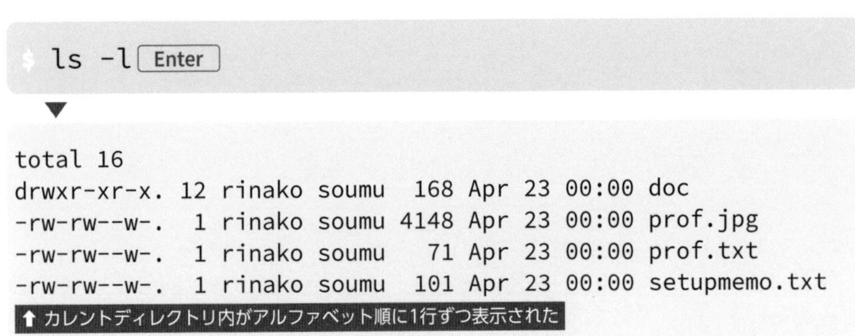

```
$ ls -l
```

```
total 16
drwxr-xr-x. 12 rinako soumu  168 Apr 23 00:00 doc
-rw-rw--w-.  1 rinako soumu 4148 Apr 23 00:00 prof.jpg
-rw-rw--w-.  1 rinako soumu   71 Apr 23 00:00 prof.txt
-rw-rw--w-.  1 rinako soumu  101 Apr 23 00:00 setupmemo.txt
```

↑ カレントディレクトリ内がアルファベット順に1行ずつ表示された

12-4 指定したディレクトリのなかみを確認する

ls コマンドの引数にディレクトリを指定すると、特定のディレクトリの内容を表示します。ディレクトリだけではなく、ファイルでも同じように使えます。

引数にディレクトリ名を指定した場合、そのディレクトリ内のファイルの一覧を表示します。

```
$ ls doc/image Enter
```

▼

```
okinawa_day1.jpg  okinawa_day2.jpg  okinawa_day3.jpg
```
↑ ファイルの一覧が表示される

その際にオプションの -d を使用すると、ディレクトリのなかみを表示せず、そのディレクトリ自体の情報を表示します。

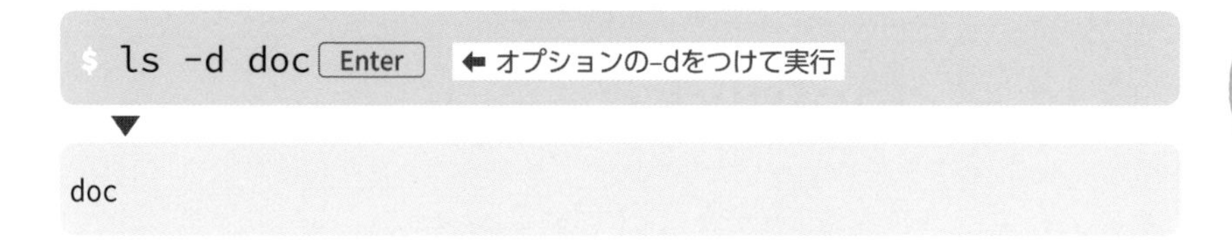

名前のわかっているディレクトリだけを表示しても意味がないように思われるかもしれませんが、-l（エル）オプションを併用すると、「あるディレクトリの情報をくわしく知る」といった使い方ができます。

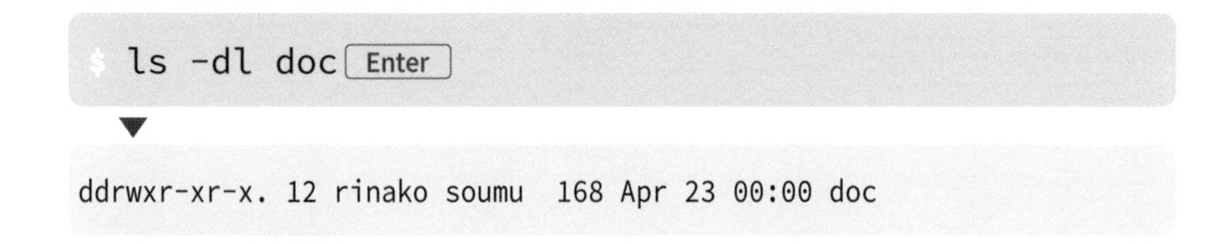

マメ知識

ファイルの種類

Linux の ls コマンドで表示されるファイル（やディレクトリ）にはいくつかの種類があります。
オプションの -l を使った際、左端に「d」がつくのがディレクトリ、「l（エル）」がつくのがシンボリックリンク（第7章の『43』参照）です。
ファイルには大きく分けてデータファイルと実行ファイルがあります。実行ファイルとはプログラムやスクリプトのように、何かの作業を行うものです。ls コマンドでオプションの -F を使うと、末尾に *（アスタリスク）がつくので判別できます。
このほか、画像ファイルや圧縮ファイルなどは色を変えて表示されますが、これは設定ファイルによって表示色を変えているだけで、本質的にはデータファイルと変わりありません。設定ファイルを自分で編集することで、色を好きなように変えることができます。

更新時刻順に表示する

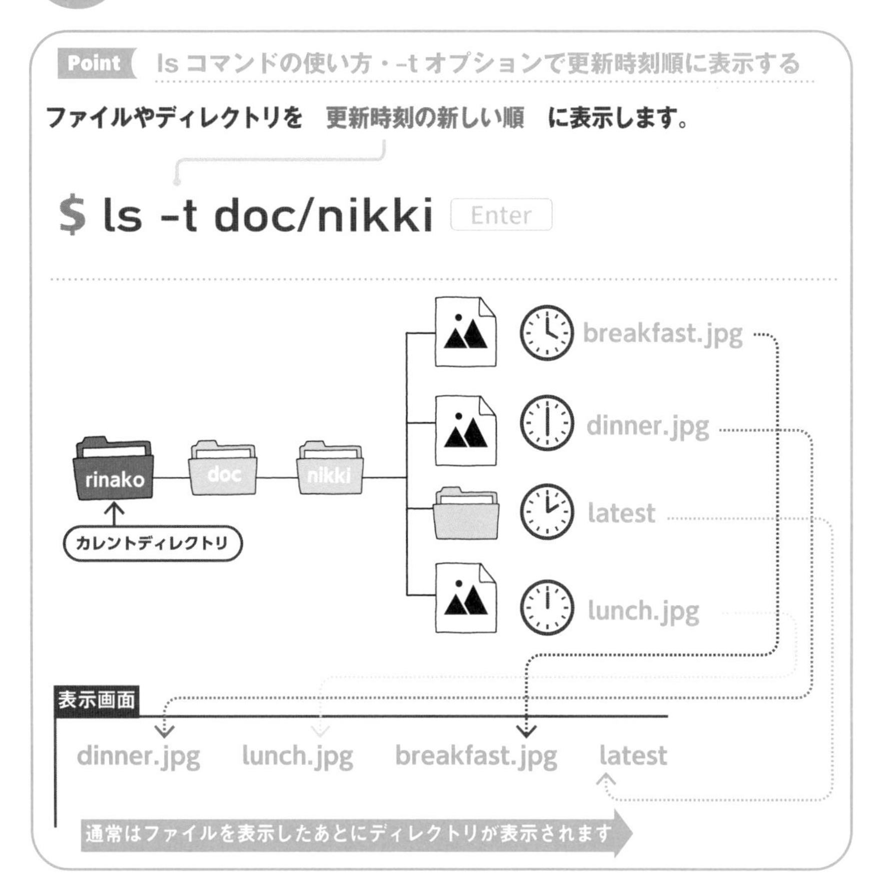

Linux では更新時刻だけでなく、作成時刻やアクセス時刻を区別して扱います（第 7 章の『39-4』参照）。

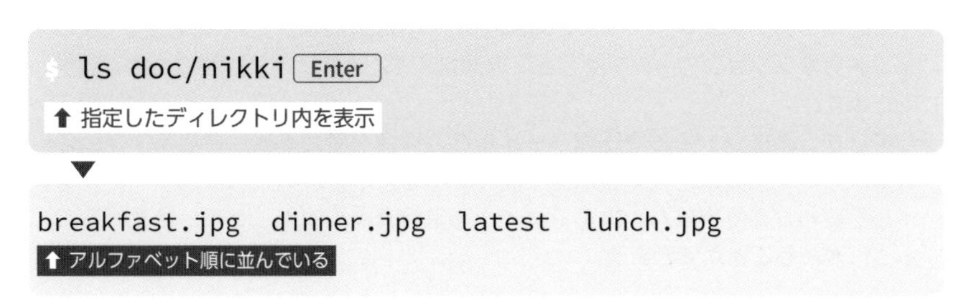

```
$ ls -t doc/nikki [Enter]
```
⬆ オプションの-tをつけて実行

▼

```
dinner.jpg  lunch.jpg  breakfast.jpg  latest
```
⬆ 更新時刻の新しい順に並んでいる。ディレクトリはファイルのあとにくる

`ls` コマンドの `-l` オプションは、ファイルの更新時刻がわかって便利なのですが、古いファイルの場合、更新時刻ではなく西暦年が表示されてしまいます。これは「半年を境にそれ以前のファイルは西暦年を表示する」という仕様になっているためです。

これでは困ることもありますね。そういうときには、`--time-style` オプションを使って、次のようにすれば時刻が表示されます。

```
$ ls -l --time-style=+%c [Enter]
```

12-6 サブディレクトリを表示する

`ls` コマンドでオプションの `-R` を指定すると、指定したディレクトリ内のファイルやサブディレクトリをすべて表示します。

```
$ ls -R doc/tmp [Enter]
```

▼

```
doc/tmp:
0617.rb
0617.rb~
0620.rb
agosto
ar
banner.png
database
～略～
```
⬆一瞬で終わるが、実はディレクトリ内のたくさんのファイルを表示していた

マメ知識

再帰的

ls コマンドに -R オプションをつけると、「指定したディレクトリの下のすべてのファイルやディレクトリ」を表示できます。Linux では、これを「再帰的（recursive）に表示する」といいます。この処理は、表示に限りません。コピーや移動、削除などの処理も「再帰的」に操作できます。

12-7 隠しファイルを表示する

Linux では .ssh や .bashrc のように .(ドット) からはじまるファイルやディレクトリを**隠しファイル**として扱います。これらは通常の ls コマンドでは見ることができません。隠しファイルは設定ファイル、あるいは設定ファイルを集めたディレクトリです。このほかにもカレントディレクトリをあらわす .（ドット)、親ディレクトリをあらわす ..（ドット 2 つ）があります。これらの隠しファイルはまとめて**ドットファイル**と呼ばれています。

```
$ ls Enter
```

⬆ カレントディレクトリ内を表示

▼

```
doc  prof.jpg  prof.txt  setupmemo.txt
```

⬆ ディレクトリ内にファイルは4つ

オプションの -a を指定すると、ドットファイルを含むすべてのファイルを表示します。

```
$ ls -a Enter
```
⬆ オプションの-aをつけて表示

▼

```
.
..
.bash_history
.bash_logout
.bash_profile
.bashrc
doc
.lesshst
prof.jpg
prof.txt
setupmemo.txt
.viminfo
```
⬆ ドットファイルが登場した

12-8 オプションは重ねて使える

複数のオプションを利用するときは別々に書いてもよいですし、ハイフン内にまとめてしまうという手もあります。

```
$ ls -l -F Enter
```
⬆ オプションを別々に指定する

```
$ ls -lF Enter
```
⬆ まとめて指定する。順番は関係ない

▼

```
total 16
drwxr-xr-x. 12 rinako soumu  168 Apr 23 00:00 doc/
-rw-rw--w-.  1 rinako soumu 4148 Apr 23 00:00 prof.jpg
-rw-rw--w-.  1 rinako soumu   71 Apr 23 00:00 prof.txt
-rw-rw--w-.  1 rinako soumu  101 Apr 23 00:00 setupmemo.txt
```
⬆ 結果は同じ

ファイルとディレクトリ操作のきほん

13 ファイルのしくみをマスターする

いままで、ファイルの操作のしかたを中心に説明してきました。ここでは、ファイルのしくみについて改めて解説します。

13-1 テキストファイルは人間用。バイナリファイルはLinux用

Linuxでは、ファイルは大きく分けて2つに分けられます。テキストファイルとバイナリファイルです。

テキストファイルは`cat`コマンドや`less`コマンド（次節の『14』参照）などを使って、われわれが直接なかみを見て確認できるファイルです。さらに、テキストファイルは`vi`や`VIM`などのエディターを使って新規作成・編集することができます（第4章の『20』参照）。

テキストファイルとは違い、コンピューター（Linux）が理解できるファイルが**バイナリファイル**です。いままで使った`ls`コマンドなどは、バイナリファイルとしてLinuxのディレクトリのなかに格納されています。

次に、ユーザーの目線からLinuxのファイルを分類すると、次の3つに分けられます。

ファイルの種類	説明
通常ファイル	コマンドや設定ファイルなどのデータのこと。このなかにはテキストファイルもバイナリファイルも含まれる。
ディレクトリ	通常ファイルや特殊ファイルを管理するためのフォルダ。
特殊ファイル（デバイスファイル）	ハードディスクやキーボード、プリンタなどの入出力装置や外部記憶装置などの周辺機器をファイルとして扱えるようにしたもの。これにより、Linuxは通常ファイルを扱うのと同じ方法で、周辺機器にアクセスできる。

13-2 Linuxのスタンダードはテキストファイル

Linuxが得意とするapacheなどのサーバー関連のコマンドは、その詳細な設定をテキストファイルで記述してあります。設定ファイル、すなわちテキストファイルをきちんとつくることが、Linuxとわれわれをつなぐ掛け橋になるのです。

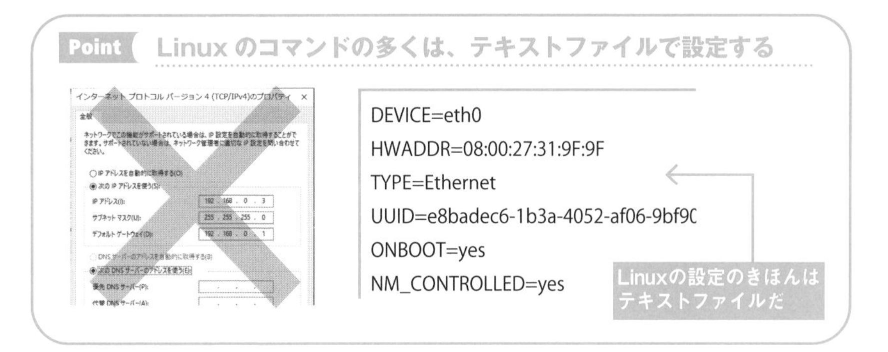

13-3 ファイル名のきほん

ファイルには、簡単に識別できるようにファイル名をつけます。ファイル名には、次のようなルールがあります。

Point ファイル名の命名規則

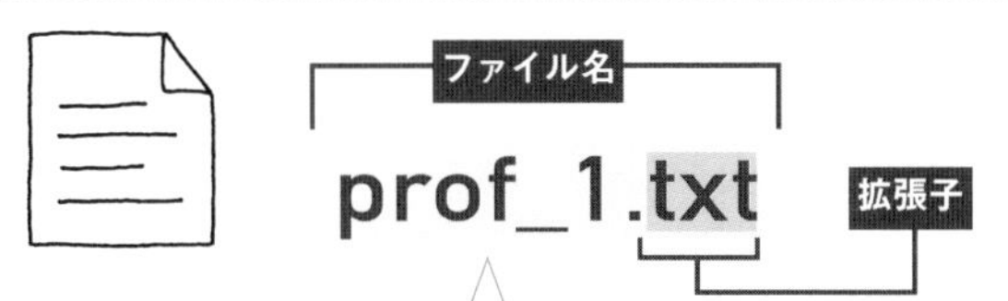

ファイル名に使える文字

アルファベット　大文字の A~Z ＋ 小文字の a~z

数字 0~9 ｜ 記号 _ アンダースコア　- ハイフン　. ドット

ひらがなや漢字は環境によって文字化けすることもあるので、使わないほうが無難

ファイル名に使わない文字

アンダースコア・ハイフン・ドット以外の記号

スペース　コマンド入力でオプションや引数のあいだを区切る記号として使うため

大文字・小文字は区別

prof.txt ≒ PROF.TXT　Prof.txt　prof.TXT　prOF.txt

つづりはいっしょでも大文字・小文字が違えば、Linuxでは別ファイル

拡張子をつける決まりはないが、あったほうがわかりやすい

prof.txt（テキストファイル）　prof.bak（バックアップファイル）　prof.conf（設定ファイル）　doc（拡張子なしはディレクトリ）

ファイルの種類によって拡張子を決めておけば、最強の整理術になる

たとえば、「日記.txt」といった、日本語のファイル名でも問題のないディストリビューションもあるのですが、それでもユーザーの環境や設定によっては正しく表示できないことがあります。そのため、最初からファイル名には日本語を使わないほうが無難です。

また、Linuxではファイル名に**拡張子**をつけることは必須ではありません。それでも、つけておくことをおすすめします。時間がたってから見直すと、何のファイルだったかなんてすっかり忘れてしまうものです。忘れていても、拡張子だけ見れば、`cat`コマンドや`less`コマンド（次節の『14』参照）を使わずになかみを推測できます。

13-4 ファイル名の鉄則

ファイル名には大事な鉄則があります。それは、

ディレクトリ内のファイルのファイル名はユニーク（ただ1つだけ）

ということです。もちろん大文字・小文字は区別されるので、ファイル「prof.txt」と「PROF.txt」が同じディレクトリ上にあることはありますが、「prof.txt」が同じディレクトリ内に2つ存在することはありません。

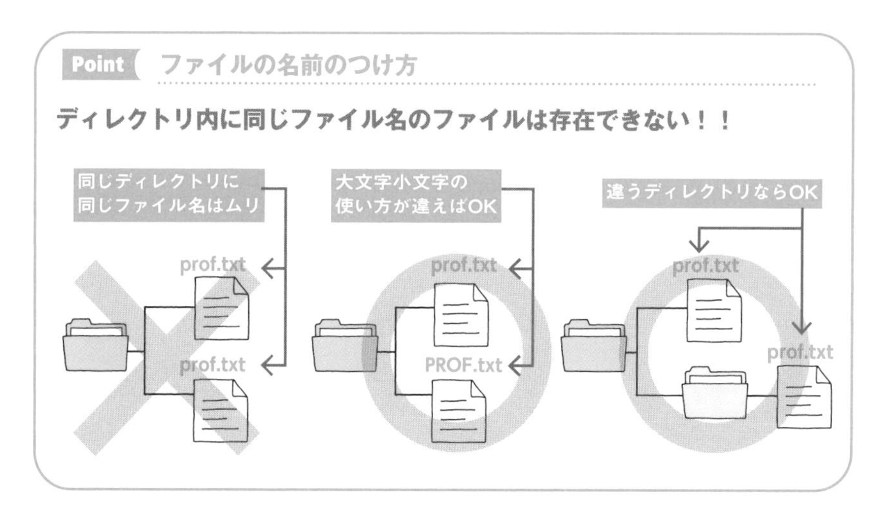

ファイルのなかみを見る

ファイルのなかみを見るとは、要するにユーザーがテキストを読むということです。そのために必要なコマンドが cat と less です。

14-1 cat コマンドを使ってファイルのなかみを表示する

ファイルのなかみを見てみましょう。短いテキストを扱うなら `cat` コマンドを使います。なお、ここでのカレントディレクトリは、これまでと同様に /home/rinako としています。

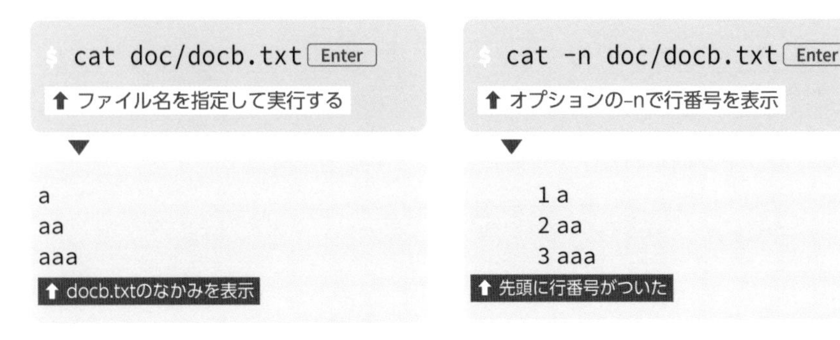

14-2 less コマンドを使ってファイルのなかみを表示する

長いテキストは `less` コマンドを使うとよいでしょう。

less コマンドでは、ディスプレイに収まる範囲に分割されて表示されます。このとき、キーボードの使い方もマスターしておきましょう。

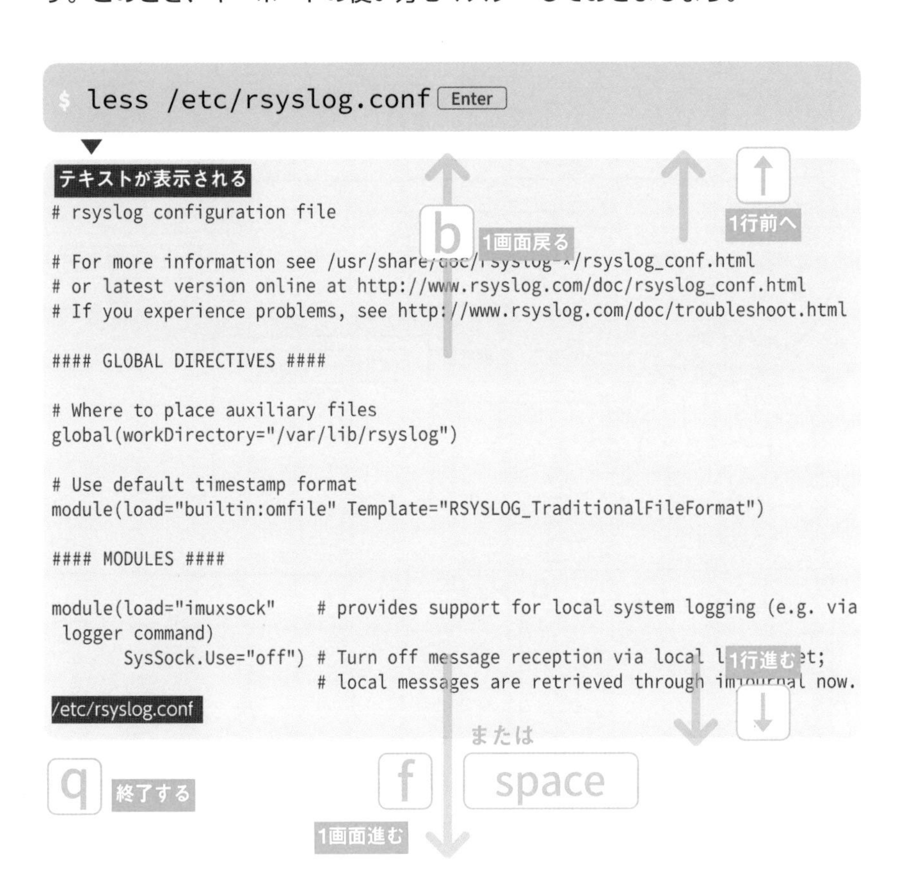

15 ファイルやディレクトリをコピーする

cp コマンドでファイルをコピーします。ファイル操作では最も使用するコマンドです。

15-1 カレントディレクトリ内でコピーする

特に断り書きがない限り、この『15』ではカレントディレクトリを/home/rinako/doc/testとしてすべての作業を行っています。ファイルをコピーしたり削除したりすると初期状態とは変わってしまうため、いつでも元の状態に戻せるようにしているためです。cdコマンドを使って、あらかじめ移動しておきましょう。

```
$ cd /home/rinako/doc/test Enter
```

初期状態への戻し方については、『15-8』を参照してください。

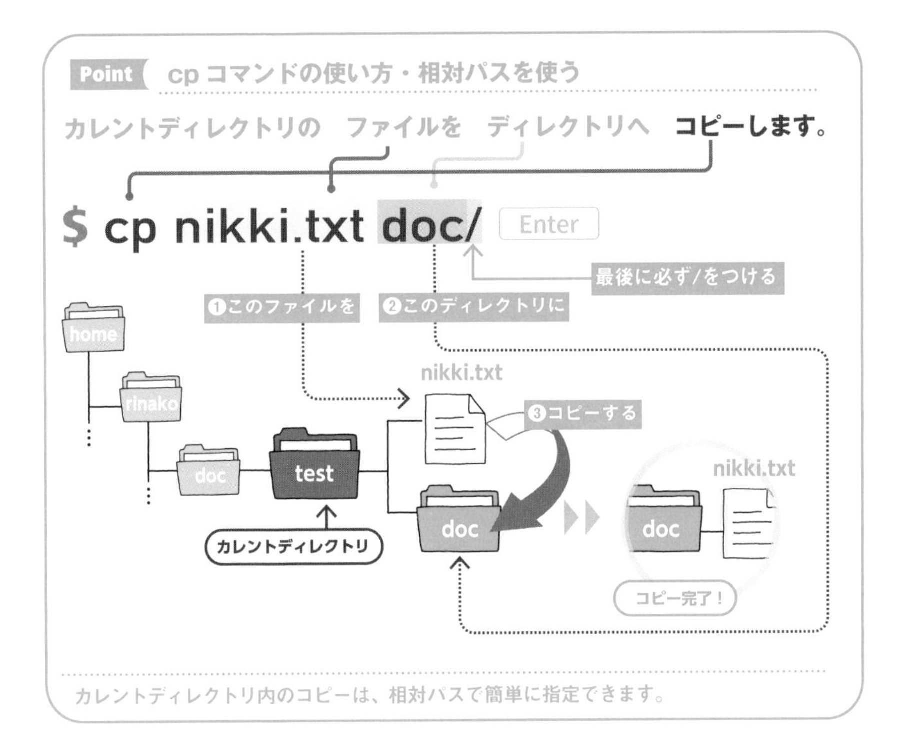

カレントディレクトリ内のコピーは、相対パスで簡単に指定できます。

カレントディレクトリ内で cp コマンドを実行してみましょう。

```
$ cp nikki.txt doc/ Enter
```

⬆ ファイル「nikki.txt」もディレクトリ「doc」も相対パスなので、/をつける必要はないだが、後ろの/は必須

▼

```
$
```

⬆ 実行したが、何も表示されず、次の行にはプロンプトが表示されるだけ

何も表示されずに次のプロンプトがあらわれたら、これがコピー成功の合図です。Windows や macOS のように、「コピー中」とか「～をコピーしました」のようなメッセージは表示されません。オプションの -v を使えば、コピーの実行結果を表示してくれます（『15-5』参照）。

まちがって存在しないファイル名を指定すると、エラーメッセージが表示されます。

```
$ cp nikka.txt doc/ Enter
```

⬅ まちがってnikka.txtとタイプした

▼

```
cp: cannot stat `nikka.txt': No such file or directory
```

⬆ エラーメッセージが表示された

15-2 絶対パスを使ってコピーする

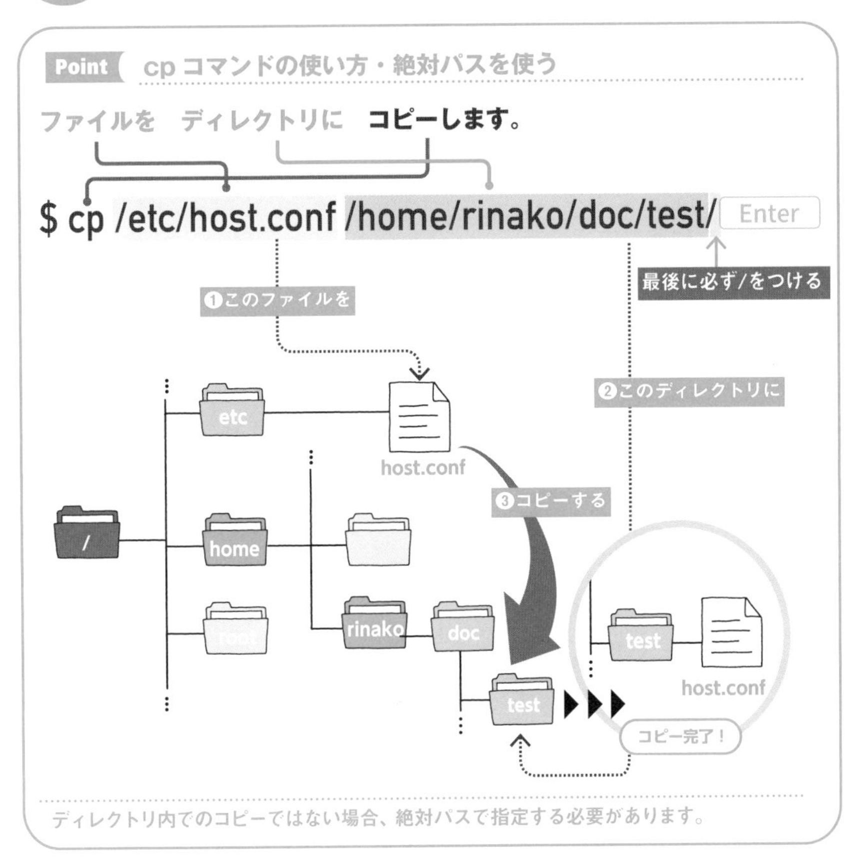

次に絶対パスを使ってコピーします。引数を 2 つ使うこととコピーが成功してもメッセージが出ないことは、相対パスのときと変わりありません。

```
$ cp /etc/host.conf /home/rinako/doc/test/ Enter
```

↑ ディレクトリetcのなかのファイルhost.confを/home/rinako/doc/test/にコピーする

▼

```
$
```

↑ 実行したが、何も表示されず、次の行にはプロンプトが表示されるだけコピー先の一部「/home/rinako」をホームディレクトリの省略記号である ~（チルダ）を使って書くと、少しだけ省略できます。

```
$ cp /etc/host.conf ~/doc/test/ Enter
```

⬆ チルダでホームディレクトリを省略

新しい省略記号を 1 つ紹介します。親ディレクトリは **..**（ドット 2 つ）で書けることはすでに述べました（『11-3』参照）。同様に、カレントディレクトリのパス名を全部書く代わりに、**.**（ドット 1 つ）で代用できます。これを利用してコピーしてみましょう。ここでは、ホームディレクトリに移動してから、コピーを実行します。

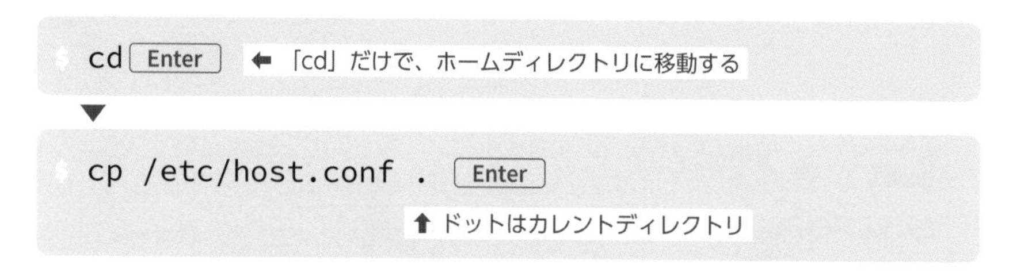

このように相対パスと絶対パス、それに cd コマンドや省略記号を使えば、

パスの書き方は縦横無尽。何通りでも作成可能

になります。イチバン簡潔でわかりやすい書き方をしましょう。

15-3 コピー元のファイル名をコピー先で変える

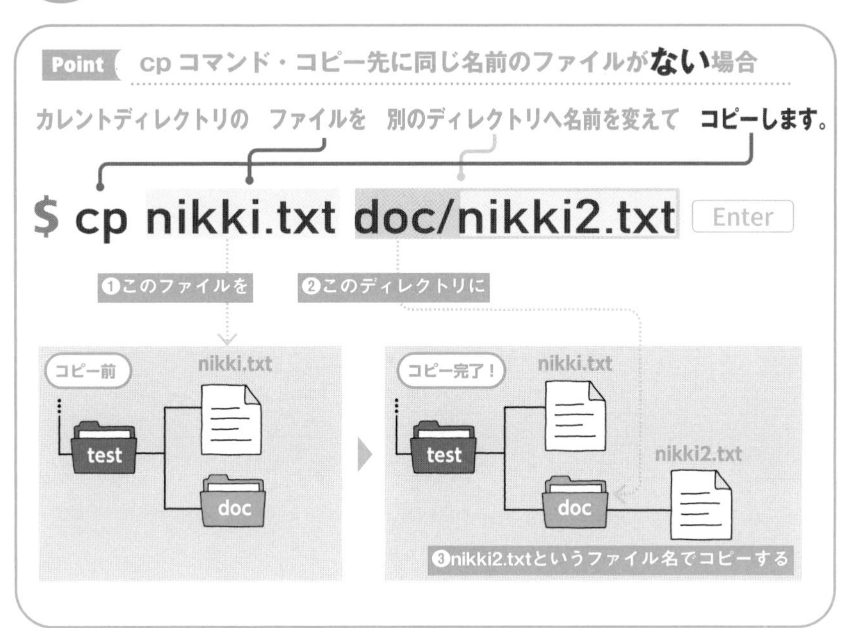

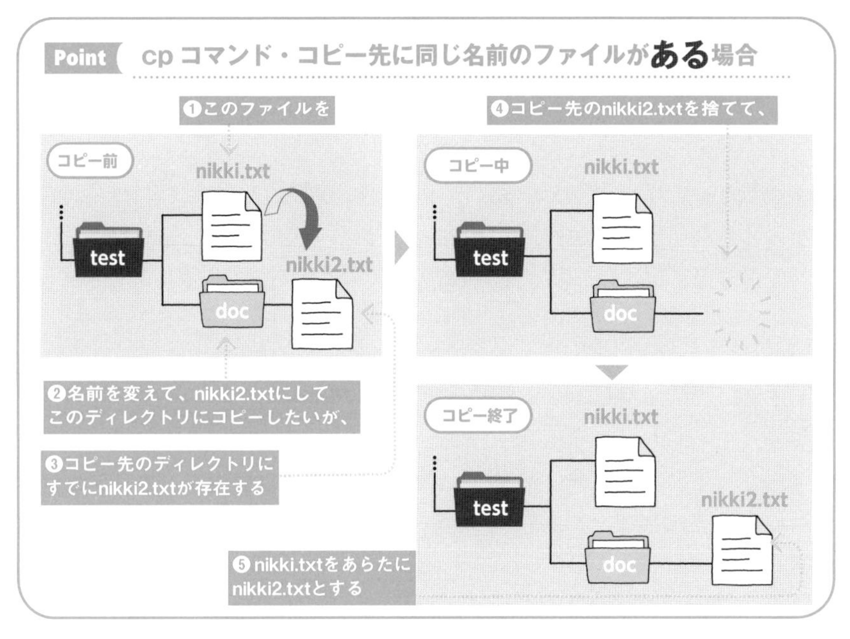

前の 2 つの Point も、カレントディレクトリは /home/rinako/doc/test です。

コピーするとき、ファイル名を変えてコピーしたい場合があります。この場合は、コピー先のディレクトリに変更後のファイル名を加えて cp コマンドを実行します。

さて、コピーしても何の返事もない無口な cp コマンドですが、逆にその素行はワイルドです。ファイルをディレクトリにコピーするとき、

同じ名前のファイルが存在しても、無視して上書き

します。上書きしたファイルは元には戻せません。

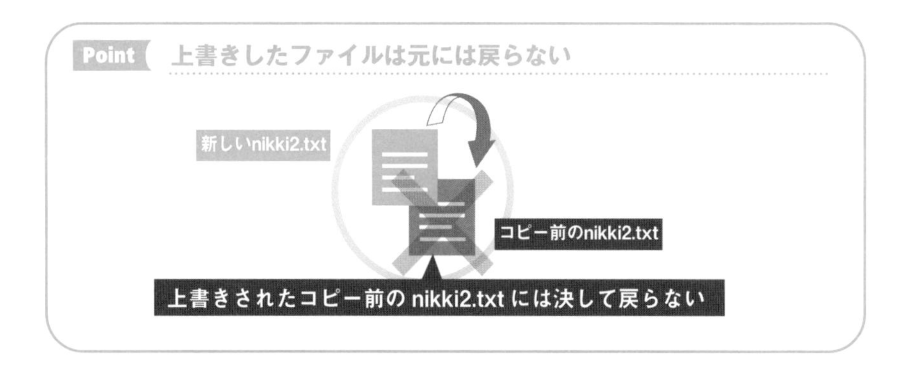

予防策としては、必ずコピー先のディレクトリ内を `ls` コマンドで表示して、ファイル名を確認してからコピーするようにしてください。それでも、うっかりミスは必ず起こるもの。完璧な対応策には次の方法をおすすめします。

15-4 オプションの -i を使って上書き防止

まちがってファイルを上書きしないためのおまじないです。オプションの `-i`（アイ）をつけて cp コマンドを実行します。

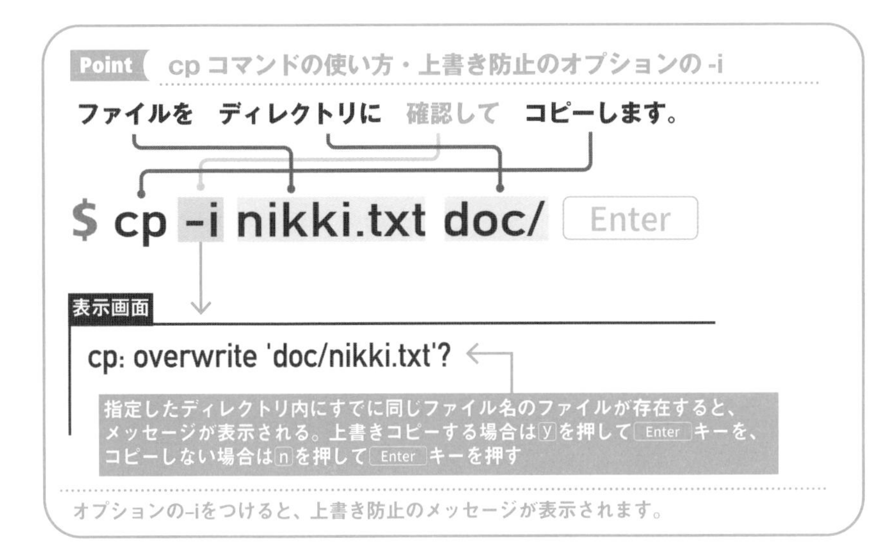

オプションの -i を使うだけで、上書きの悲劇を防げます。cp コマンドや移動に使う mv コマンド（次節の『16』参照）を使うときは必ずこのオプションの -i をつける習慣をつけましょう。

コピー先に同じファイル名のファイルが存在しなければ、いつものようにぶっきらぼうにプロンプトを返すだけです。

```
$ cp -i nikki.txt doc/nikki3.txt Enter
```

▼

```
$
```

↑ コピー先にnikki3.txtがない場合はメッセージは出ない。プロンプトが表示される

15-5 オプションの-vで結果報告

コピーに成功しようが何も答えてくれない cp コマンドですが、オプションの -v を使えば、コピーの実行結果を表示してくれます。

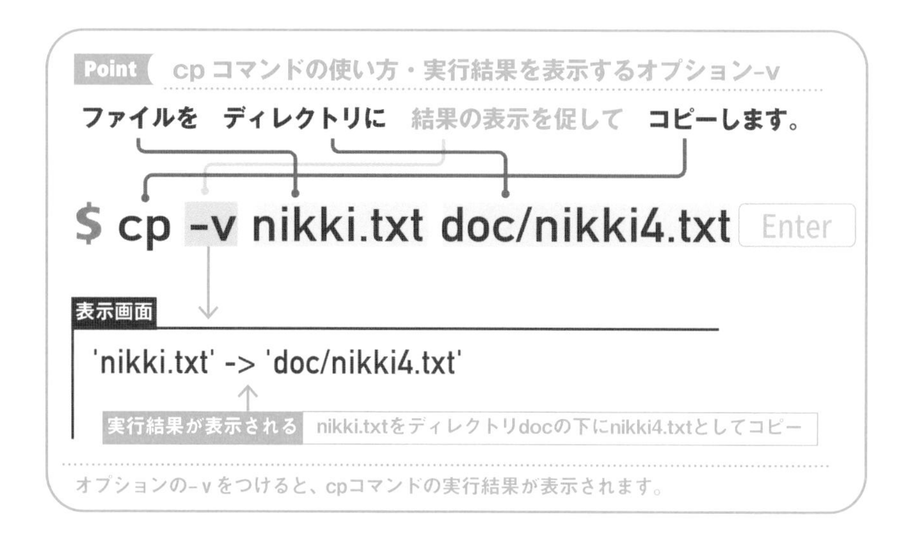

オプションの -i と併用すれば、さらに安全です。

alias コマンドを使って、あらかじめ cp コマンドの設定をしておけば、オプションを設定する手間が省けます（第6章の『34』参照）。

15-6 ディレクトリをコピーする

ディレクトリをディレクトリ内のファイルやディレクトリごとすべてコピーする（再帰的にコピーする）ときは、オプションの -r を使います。コピー先に指定したディレクトリがある場合には、そのなかにコピー元ディレクトリをそのままコピーします。

一方、コピー先に指定したディレクトリがない場合には、コピー先に指定したディレクトリ名でディレクトリを作成し、コピー元のディレクトリより下をまるごとコピーします。コピー先が存在する場合としない場合では、階層が変わることに注意してください。

ここでもカレントディレクトリは /home/rinako/doc/test です。別の場所に移動してしまっている場合は、次のコマンドを実行して移動しておきましょう。

```
$ cd /home/rinako/doc/test Enter
```

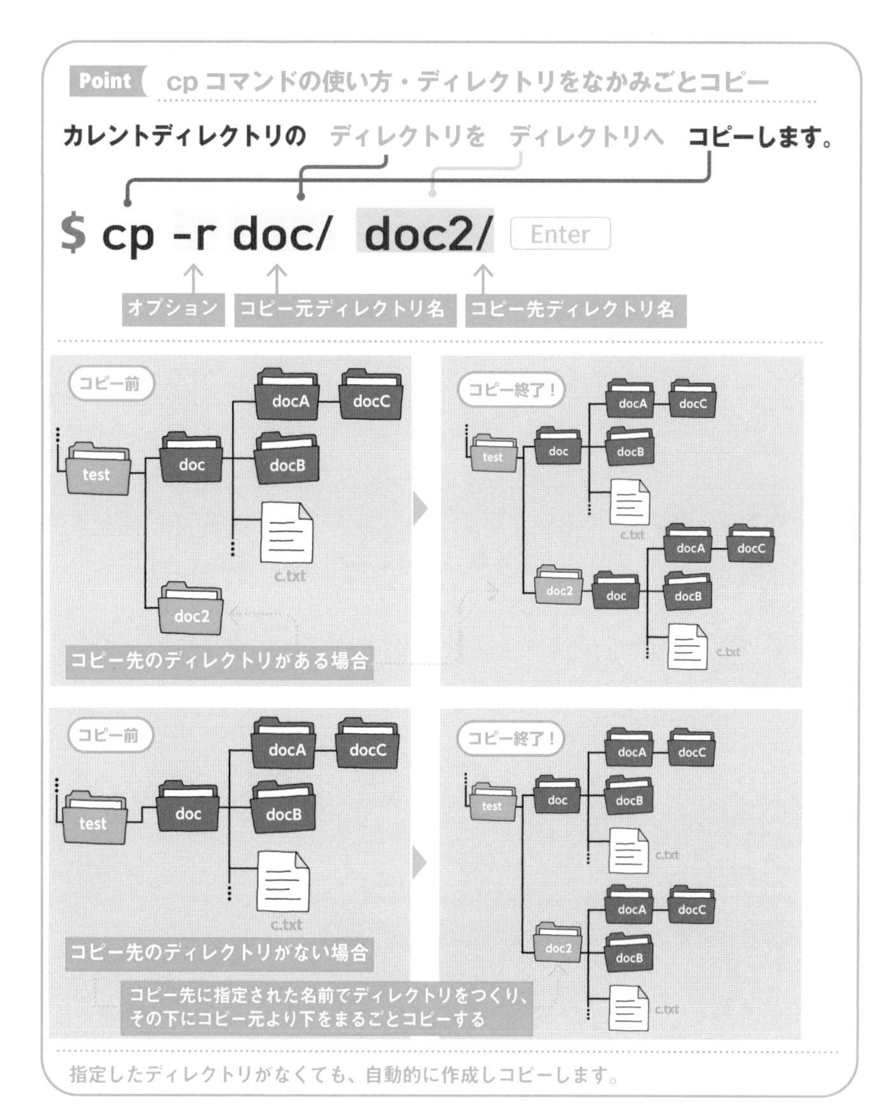

15-7 複数のファイルをコピーする

コピー元のファイルが1つとは限りません。コピーしたいだけ並べて書くことができます。ただし、コピー先を最後に1つだけ書くことを忘れないでください。

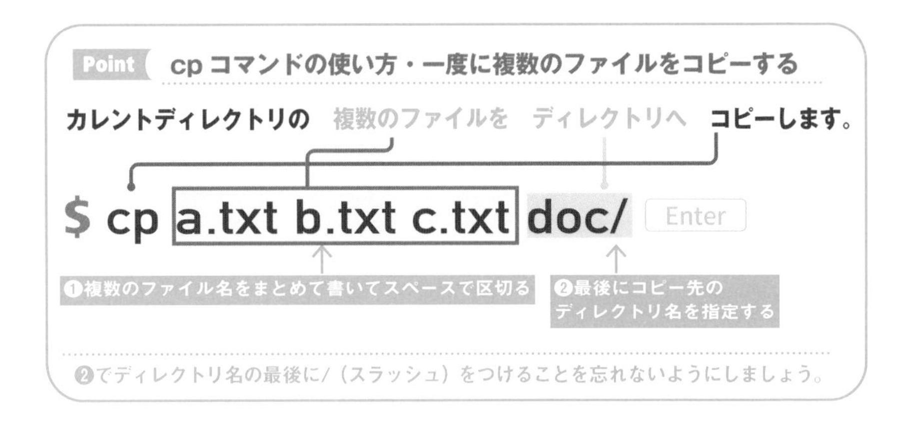

ファイルとディレクトリを混在してコピーすることもできます。ただし、このときオプションの -r をつけてください。もちろん、オプションの -i や -v を併用すれば、上書き防止をしつつ、結果も表示されます。

```
$ cp -ivr nikki.txt nikki/ nikki2.txt doc2/ Enter
```

⬆ 複数のオプションを併用する

▼

```
cp: overwrite 'doc2/nikki.txt'? y Enter
'nikki.txt' -> 'doc2/nikki.txt'
'nikki/' -> 'doc2/nikki/'
cp: overwrite 'doc2/nikki2.txt'? y Enter
'nikki2.txt' -> 'doc2/nikki2.txt'
```

⬆ 結果が表示された。ディレクトリであるnikki/もコピーされている

15-8 初期状態に戻すには

ここまでの作業でディレクトリやファイルが初期状態からかなり変わってしまいました。そこでカレントディレクトリを /home/rinako/ に戻し、/home/rinako/doc/test の内容を元に戻しておきましょう。

次の作業を行うと、/home/rinako/doc/test のなかみは削除されます。次節の『16』を参考にしながら、大切なファイルは他の場所に移動してから実行してください。

```
$ cd Enter
```

▼

```
$ /home/rinako/doc/project/rstr.sh Enter
```

これで初期状態に戻ります。2 行目は、

```
$ ~/doc/project/rstr.sh Enter
```

としても大丈夫なことは、ここまで学習を進めてきた方でしたらおわかりでしょう。

注意

ここでは「rstr.sh」というファイルを実行しています。この拡張子に「.sh」がつくファイルを「シェルスクリプト」といいますが、シェルスクリプトについておよび rstr.sh に書かれている内容については本書の範囲を超えるため、説明を割愛しております。シェルスクリプトについては、他の書籍などをご覧ください。

ファイルを移動する

mv コマンドでファイルを移動します。ファイル名の変更もこのコマンドで行います。

16-1 mv コマンドの操作方法は cp コマンドとだいたい同じ

前節と同様、特に断り書きがない限り、この『16』でもカレントディレクトリを /home/rinako/doc/test としてすべての作業を行っています。あらかじめ移動しておきましょう。

```
$ cd /home/rinako/doc/test Enter
```

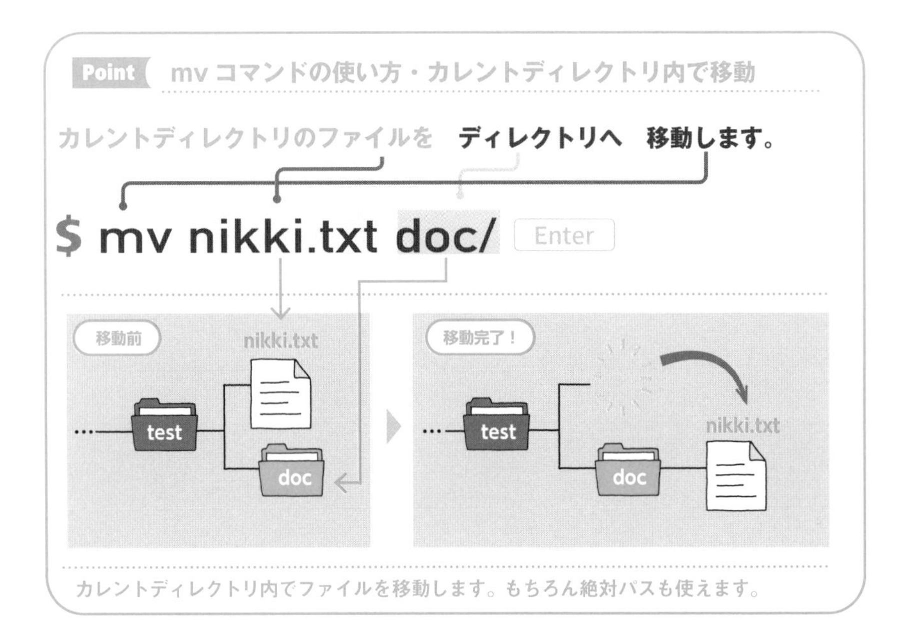

カレントディレクトリ内でファイルを移動します。もちろん絶対パスも使えます。

cp コマンドはコピー、mv コマンドは移動という違いがある以外は、操作に変わりはありません。

```
$ mv nikki.txt doc/ Enter
$ ls -F Enter
```

⬆ ファイルの移動後、カレントディレクトリのなかみを確認する

▼

```
a.txt   b.txt   c.txt  doc/  nikki/  nikki2.txt
```

⬆ nikki.txtがなくなった

16-2 ファイル名を変更する

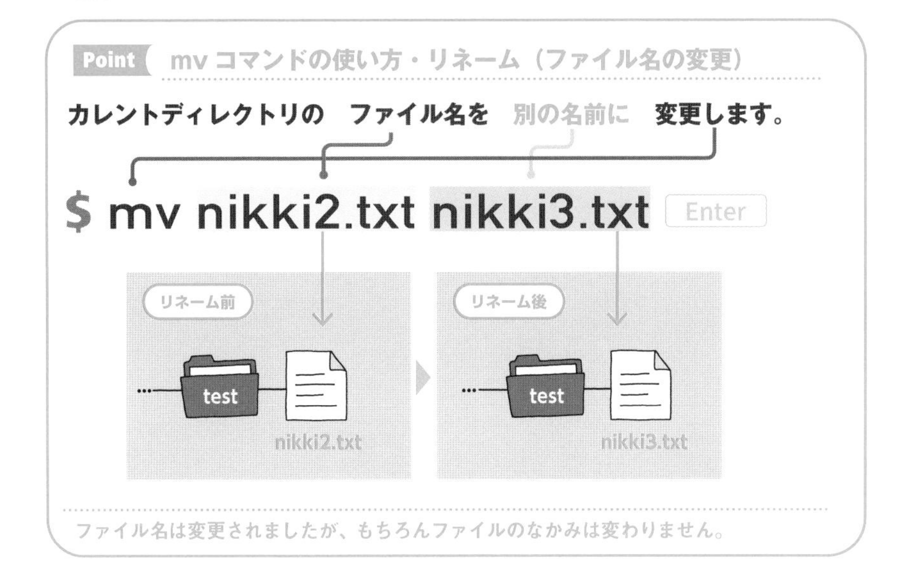

mv コマンドは、ファイル名を変更するのにも利用します。その際、オプションの -i や -v を併用すれば、上書き防止ができ、コマンドの実行結果も表示されます。

また、ディレクトリ名を変更するのにも、mv コマンドを利用します。

ディレクトリを作成する・削除する

mkdir コマンドでディレクトリを作成します。作成したディレクトリは rmdir コマンドで削除できます。

17-1 ディレクトリを作成する

ディレクトリを作成するには `mkdir` コマンドを利用します。同じディレクトリ名（またはファイル名）がある場合には、エラーが表示されます。

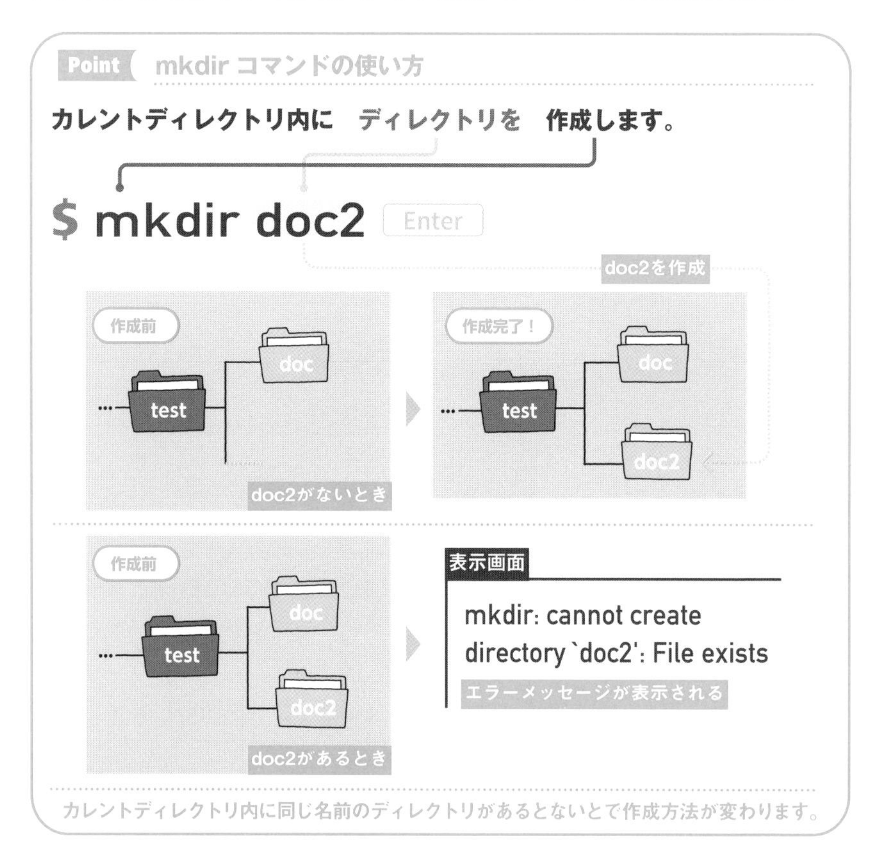

ここでもカレントディレクトリは /home/rinako/doc/test です。

```
$ mkdir doc2 Enter
```

▼

```
$
```

⬆ 何も表示されない

17-2 ディレクトリ、ファイルを削除する

ディレクトリを削除するには `rmdir` コマンドを利用します。

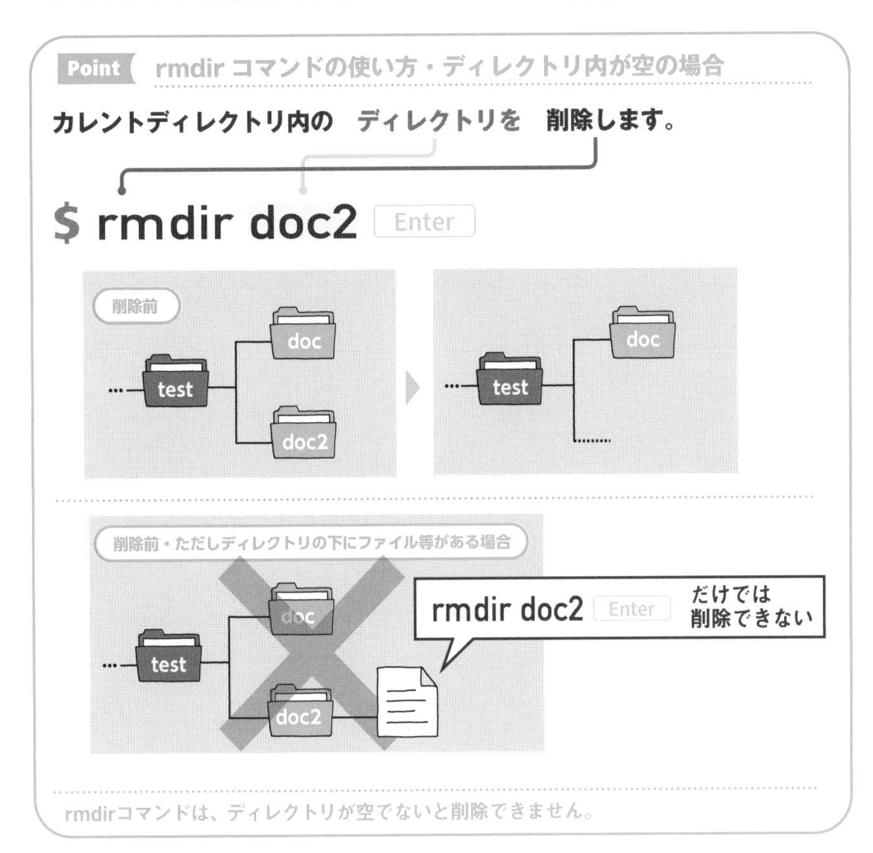

```
$ rmdir doc2 Enter
```

▼

```
$
```

⬆ 何も表示されない

しかし、ディレクトリ以下にファイル等があった場合には、rmdir コマンドではそのディレクトリを削除できません。

ファイル等があるディレクトリを削除するには、rm コマンドを -r オプションをつけて実行します。

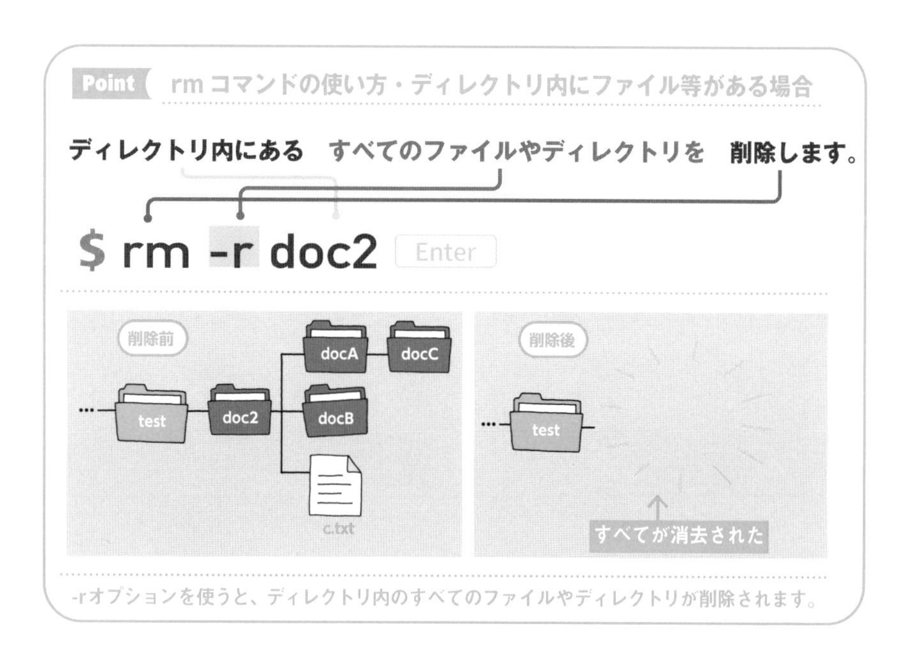

-rオプションを使うと、ディレクトリ内のすべてのファイルやディレクトリが削除されます。

rm コマンドの引数にファイル名を指定すれば、そのファイルを削除することができます。

```
$ rm nikki3.txt Enter
```

練習問題

問題 1

Linux で個別のファイルを分類・整理するための箱を何といいますか？

ⓐ フォルダ
ⓑ ブック
ⓒ バインダー
ⓓ ディレクトリ

問題 2

別のディレクトリへ移動するときに使うコマンドは何ですか？

ⓐ cd
ⓑ pwd
ⓒ chmod
ⓓ mv

問題 3

あるユーザーがログイン時に付与されるホームディレクトリをあらわす略号はどれですか？

ⓐ %
ⓑ ~
ⓒ $
ⓓ !

問題 4

`ls` コマンドで、ファイルのサイズや作成日時などの詳細情報を表示するオプションはどれですか？

ⓐ `-F`
ⓑ `-l`
ⓒ `-a`
ⓓ `-r`

問題 5

大きなテキストファイルの内容を、ページを進めたり戻ったりしながら見るコマンドはどれですか？

ⓐ `cat`
ⓑ `less`
ⓒ `more`
ⓓ `pwd`

問題 6

あるファイルを別の場所に移動させるコマンドはどれですか？

ⓐ `cat`
ⓑ `cp`
ⓒ `mv`
ⓓ `ren`

問題 7

`cp` コマンドで、複数のファイルがあるディレクトリを丸ごとコピーするためのオプションはどれですか？

ⓐ -r
ⓑ -i
ⓒ -o
ⓓ -v

問題 8

cp コマンドで、同じファイルがあるときに確認しながらコピーするオプションはどれですか？

ⓐ -b
ⓑ -i
ⓒ -l
ⓓ -v

問題 9

ディレクトリを新規に作成するコマンドはどれですか？

ⓐ cat
ⓑ mkdir
ⓒ rmdir
ⓓ chdir

問題 10

自分がいまいるディレクトリを何と呼びますか？

ⓐ リアルディレクトリ
ⓑ ワークディレクトリ
ⓒ コマンドディレクトリ
ⓓ カレントディレクトリ

解 答

問題 1 解答

正解はⓓのディレクトリ

これはWindowsシステムでいうフォルダと同じく、関連のあるファイルをまとめて収納する箱のようなものをイメージしてください。Linuxではユーザーが使うusr、バイナリの実行ファイルを入れるbin、一時ファイルを入れるtmpというように、慣習的に名称が決まっているものもあります。

問題 2 解答

正解はⓐの cd

これはChange Directory、つまりディレクトリを変更せよという言葉の略称になります。Linuxのコマンドはこのような英語の略語であり、元の意味も理解しておくと、コマンドを覚えやすくなります。

問題 3 解答

正解はⓑの ~

日本語では「にょろ」などといいますが、チルダと読みます。**cd** コマンドでこれだけを指定すると、自分のホームディレクトリに戻ることができます。Linuxではこのように記号に特殊な意味をもたせたものがいろいろあります。しっかりマスターすると、さまざまな操作が柔軟に素早くできるようになるので、便利です。

問題 4 解答

正解はⓑの -l

オプションの -F を使うとファイルの種類を示す記号をつけて見やすく表示できます。-a は、先頭に .（ドット）の付いた隠しファイルを含めた全ファイルを表示するのに使います。-r は、ファイル名を逆順でソートして表示するのに使います。このように、オプションを活用すれば、素早く便利な機能を利用できます。

問題 5 解答

正解はⓑの less コマンド

スペースキーや矢印キーを使って、大きなテキストファイルでも上下させつつ見ることができます。テキストファイルの表示では cat コマンドを使うのが基本です。しかし、大きなファイルだとあっという間にスクロールしてしまうので、上下にスクロールできる less コマンドを使うとよいでしょう。ページ単位で止めて表示する more コマンドも便利です。

問題 6 解答

正解はⓒの mv コマンド

ファイルを元の場所に残して複製するときは cp コマンド、移動したり名前を変えるときは mv コマンドを使います。

問題 7 解答

正解はⓐの -r

ディレクトリおよびそのなかのサブディレクトリやファイルを、丸ごとコピーします。

問題 8 解答

正解はⓑの -i

コピー先に同じ名前のファイルがあるときに上書きしてよいか確認するので、誤って重要なファイルを上書きしないようにできます。管理者によってはalias（エイリアス）を設定して、cp コマンドに強制的に "cp -i" を設定している人もいます。

問題 9 解答

正解はⓑの mkdir コマンド

作成したディレクトリにファイルを振り分ければ、効率よく分類・整理できます。

問題 10 解答

正解はⓓのカレントディレクトリ

コマンドラインから作業するときは、ツリー状に広がる Linux のファイルシステムのなかで、常に自分がどこにいるか把握しておく必要があります。いまいる場所を調べるには、pwd コマンドを使います。

はじめてのエディター

Windows の Word が Linux では vi だ

Linux のテキストエディターといえば vi です。この章では vi の操作法を簡単に説明していきます。

Windowsでいう文書作成アプリケーションにあたるものが、Linuxではエディターです。Linuxではエディターでプログラムを書いたり、設定ファイルを編集したりするので、なくてはならないものです

Windowsの文書作成ソフトの定番はWordです。WindowsのGUI環境のなかで、マウスを駆使して文章をつくりあげていきます

バークレー大学院にいたビル・ジョイがつくったエディターがvi(ヴィアイ)で、その高機能版がVIM(ヴィム)です。標準のエディターとして、Linuxの多くのディストリビューションに標準装備されています

Linuxの世界でviやVIM同様、人気のあるエディターがEmacs(イーマックス)です。Facebook創設者のマーク・ザッカーバーグが自伝的映画「ソーシャルネットワーク」でEmacsを使っているシーンは有名です

18-1 Linux のエディター

テキストファイルを編集する**エディター**（テキストエディター）は、OS に標準で付属しています。Windows ならメモ帳がありますし、もっと高機能

のものがほしければ、市販のアプリケーションのWordをテキストエディターとして使っているかもしれません。

Linuxのエディターには**VIM**（ヴィム）エディターがあります。VIMは、30年以上前からUNIXで使われているテキストエディターである**vi**（ヴィアイ）エディターを改良し、たくさんの機能をつけ加えていきました。現在、VIMは非常に人気のあるエディターになっています。AlmaLinuxで標準搭載されているviは、このVIMを初心者用につくりなおしたものです。VIM（の完全版）に比べて、テキスト編集などの基本的な機能や操作方法はまったくいっしょですが、プログラミング支援機能など高度な機能のいくつかが省略されています。

18-2 操作に慣れないと地獄、慣れたら天国

Wordなどと違って、VIMやviエディターには直感では通用しない独特の操作方法があります。慣れないうちは、とにかく扱いづらいのです。1文字挿入するのさえ四苦八苦、思わぬ操作ミスでイチからファイルを書き直すことも多々あります。

その代わり、慣れてしまうととても快適です。30年以上使われ続けてきた理由がそこにあります。VIMやviエディターの操作にどうしても慣れない場合は、**nano**や**Emacs**などのエディターを使うのも手です。なお、Ubuntuの標準エディターはnanoです。

18-3 viはLinuxの標準エディター

viエディターはLinux以外のUNIX系OSで広く採用されているので、viエディターの扱いを知っておくと、何かと役に立ちます。たとえば、nanoエディターは標準でインストールされていないサーバーが多いので、せっかくnanoエディターの操作に慣れていても、それを活かすことができない場合もあります。

とにかく、viエディターは操作方法を覚えておいて損はしません。

19 vi エディターを使ってみよう

vi エディターには 2 つのモードがあります。このモードは i キーと Esc キーを押すことで切り替えることができます。

19-1 vi エディターを起動する

vi エディターを起動してみましょう。**VIM エディター**でもかまいません。

新規ファイルの場合は、コマンドを入力して Enter キーを押すだけで起動します。次のような画面が表示されます。

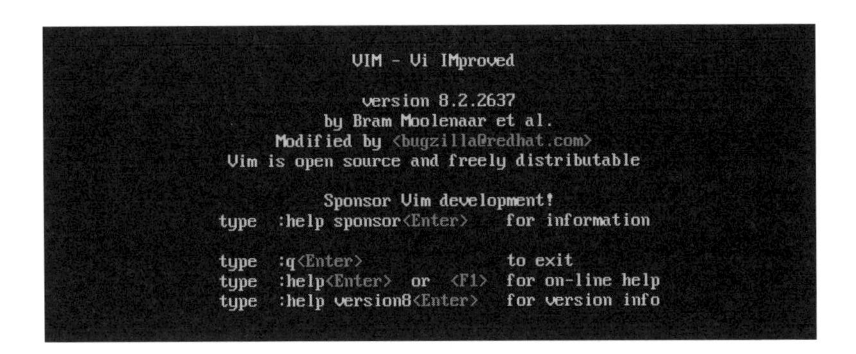

しかし、vi エディターを起動してすぐに文字を入力しようとしても、キーを受けつけてくれません。vi の起動時は**コマンドモード**になっているからで

す。文字を入力するには、**挿入モード**にする必要があるのです。

ここで、コマンドモードから挿入モードへ、その逆に挿入モードからコマンドモードへ切り替えるときに押すキーを覚えておきましょう。

- コマンドモードから挿入モードへの切り替え：[i] キーを押す。
- 挿入モードからコマンドモードへの切り替え：[Esc] キーを押す。

vi エディターを起動後、[i] キーを押して挿入モードに切り替えてから何かキーを押すと、次のような画面になります。

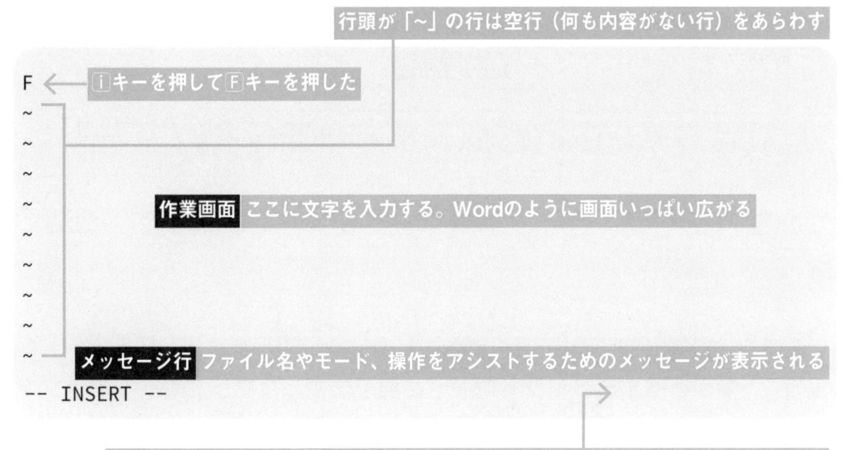

なお、AlmaLinux では日本語表示を選ぶこともできますが、本書の学習環境では英字表示（言語選択で英語）にしてあります。日本語表示はコマンド操作にはあまり関係ないことと、日本語と英字の切り替えや文字編集の際に無用なトラブルを起こさない、ということに配慮したためです。

19-2 文字を入力する

vi エディターを起動後、[i] キーを押せば挿入モードになります。挿入モードでは、好きなだけ文字を入力できます。

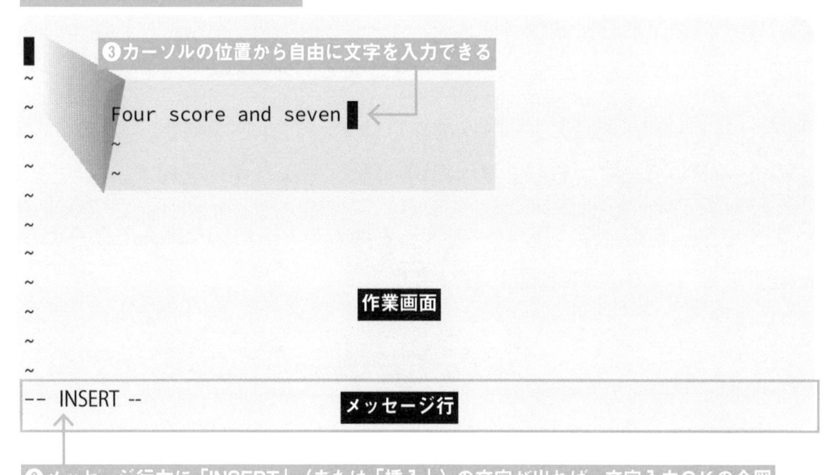

19-3 編集する

具体的な編集方法については次節の『20』で説明しますが、挿入モードから Esc キーを押すとコマンドモードに戻ります。コマンドモードでは文字を入力することはできませんが、文字のコピーや貼りつけ、検索などの機能が使えるようになります。

19-4 カーソルを動かす

たとえば次のような少し長めの文章を入力してみましょう（Abraham Lincoln. "Gettysburg Address" (1863)）。コマンドモード、挿入モードのどちらのときでも、↑、↓、←、→ のキーでカーソルを自由に動かすことができます。

なお、この文章は /home/rinako/doc/chap4/lincoln.txt として保存してあります。

また、コマンドモードでは、↑、↓、←、→キーを以下のキーで代用できます。ホームポジションから、カーソル移動できるので便利です。

キー	機能
k	カーソルを上に移動。↑と同じ
j	カーソルを下に移動。↓と同じ
h	カーソルを左に移動。←と同じ
l	カーソルを右に移動。→と同じ

19-5 ファイルを保存する

vi エディターでファイルを保存するには、コマンドモードで : w Space キーを押し、続いて保存場所とファイル名を指定します。まず : キーを押すと、カーソルがメッセージ行に移動します。ここで w Space キーを押し、ファイルの保存場所とファイル名を指定して Enter キーを押します。

19-6 viエディターを終了する

viエディターを終了するには、コマンドモードで : q Enter キーを押します。まず : キーを押すと、カーソルがメッセージ行に移動します。ここで q キーに続けて Enter キーを押します。

viエディターで1文字以上の変更や入力、削除などを行った場合には、一度、書き込み（＝保存）を行ってからでないと、: q Enter キーで終了できません。編集途中で保存する必要がなくなって、それまでの編集結果を破棄してもいい場合や破棄したい場合には、[:][q] に続けて [!] キーを入力し、それから [Enter] キーを押すと、編集結果を破棄して vi エディターを終了できます。

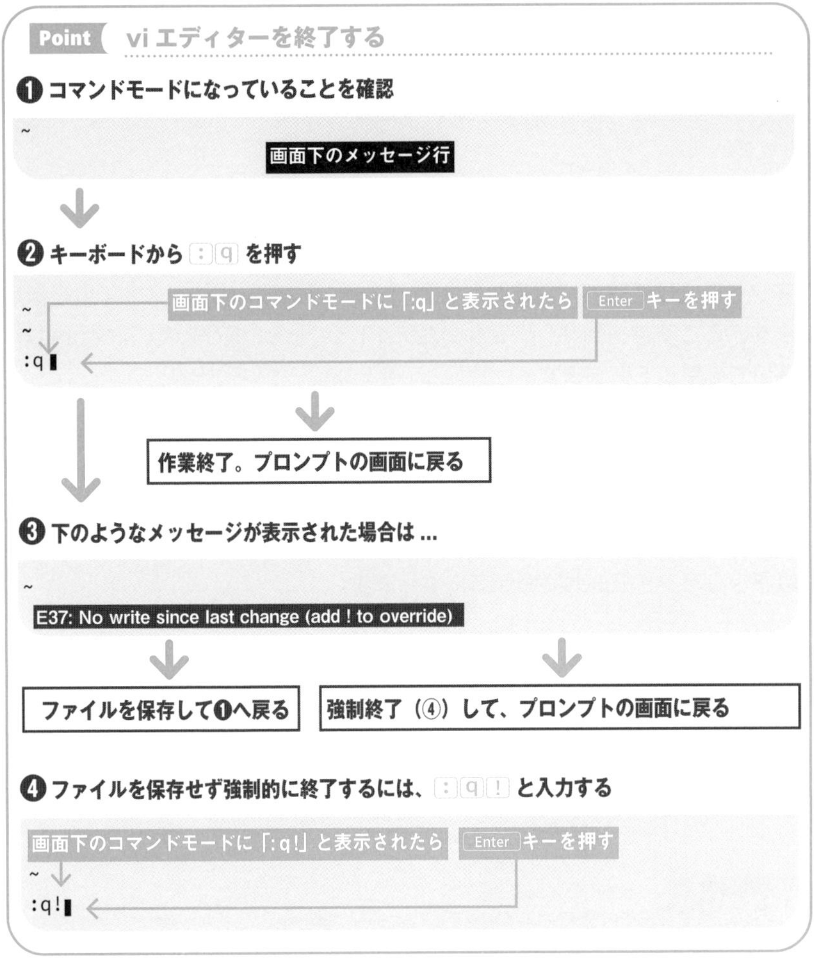

Point vi エディターを終了する

❶ コマンドモードになっていることを確認

```
~
```
画面下のメッセージ行

❷ キーボードから [:][q] を押す

```
~
~
:q
```
画面下のコマンドモードに「:q」と表示されたら [Enter] キーを押す

作業終了。プロンプトの画面に戻る

❸ 下のようなメッセージが表示された場合は ...

```
~
E37: No write since last change (add ! to override)
```

ファイルを保存して❶へ戻る

強制終了（④）して、プロンプトの画面に戻る

❹ ファイルを保存せず強制的に終了するには、[:][q][!] と入力する

```
~
:q!
```
画面下のコマンドモードに「:q!」と表示されたら [Enter] キーを押す

キー	機能
[q]	終了
[q][!]	強制的に終了。それまで編集した結果は保存されない

20 viエディターで編集してみよう

コマンドモードをうまく使いこなして、効率よく文字を編集していきましょう。ここでは、削除やコピーなど標準的な編集機能を紹介していきます。

20-1 ファイルを開く

保存してあるファイルをviエディターで開き、編集していきましょう。viコマンドに続けて絶対パスまたは相対パスをつけて、対象のファイルを指定します。ここでは、『19-5』でホームディレクトリに保存した「lincoln.txt」を開いて編集していきます。

```
$ vi ~/lincoln.txt Enter
```

↑ ホームディレクトリにあるlincoln.txt

以下、コマンドモードでの作業になります。

注意

困ったら Esc キーを忘れずに

挿入モード、コマンドモード、どちらで作業をしているかわからなくなることがよくあります。このときはまず、Esc キーを押します。

注意

キーボードの大文字と小文字

コマンドモードでは大文字と小文字で結果が変わるので注意してください。キーボードの A キーを押すと小文字「a」がタイプできますが、Shift キーを押しながら A キーを押すと、大文字の「A」になります。もちろん、Caps Lock キーが有効になっていると、すべて大文字になります。

20-2 文字・行を削除する

```
Four score and seven years ago
~
```

```
our score and seven years ago
~
```

カーソル位置の文字を削除するには x キーを、カーソルの左の文字を削除するには X キーを入力します。Del キーや Back space キーが正しく動作しないマシンで作業するとき、x や X キーを使った削除は重宝します。

また d d のように d キーを続けて 2 回押すと、カーソルのある行（画面の右端まででではなく、改行があるところまで）が削除されます。

いまカーソルのある位置にある

左1文字削除　カーソル位置の1文字削除

```
Four score and seven years ago our fathers brought forth on this
continent, a new nation, conceived in Liberty, and dedicated to the
proposition that all men are created equal.

Now we are engaged in a great civil war, testing whether that
```

いまカーソルのある位置にある

1 行分を削除

実行すると、この1行がすべて削除される

```
Four score and seven years ago our fathers brought forth on this
continent, a new nation, conceived in Liberty, and dedicated to the
proposition that all men are created equal.

Now we are engaged in a great civil war, testing whether that
nation, or any nation so conceived and so dedicated, can long
```

キー操作	説明
x	カーソル位置の 1 文字を削除。Del キーと同じ
X	カーソルの左の 1 文字を削除。Back space キーと同じ
d d	カーソルのある行を削除

20-3 文字・行をコピー、貼りつける

行をコピーするにはコピーしたい行にカーソルを置いてから、y y と、y キーを続けて 2 回押します。これで行のコピーは完了です。

コピーしたら貼りつけます。p（小文字）キーを押すと、カーソル位置の次の行にコピーした行が挿入されます。

❶カーソルがこの行のどこかにあるとき y y とタイプ

❷実行すると、この部分（1行分）がコピーされる

```
Four score and seven years ago our fathers brought forth on this
continent, a new nation, conceived in Liberty, and dedicated to the
proposition that all men are created equal.

Now we are engaged in a great civil war, testing whether that
nation, or any nation so conceived and so dedicated, can long
```

❸すかさず、p（小文字）とタイプ

```
Four score and seven years ago our fathers brought forth on this
continent, a new nation, conceived in Liberty, and dedicated to the
proposition that all men are created equal.
Four score and seven years ago our fathers brought forth on this
continent, a new nation, conceived in Liberty, and dedicated to the
proposition that all men are created equal.

Now we are engaged in a great civil war, testing whether that
```

❹コピーした部分がペースト（貼りつけ）された

キー操作	説明
y y	カーソルのある行をコピー
p	カーソル位置の次の行に貼りつけ

文字単位でのコピーも可能です。1 文字コピーしたい場合は、その文字にカーソルを合わせ、y l とキーを押します。続けて、貼りつけたい場所にカーソルを移動して p キーを押します。文字はインサート（挿入）されますが、貼りつけられる位置はカーソルの 1 文字右側になるので注意してください。

複数の文字、たとえば n 文字をコピーしたい場合は、コピーしたい文字列の先頭にカーソルをもっていき、n y l とキーを押します。4 文字コピーしたいのなら、4 y l とキーを押します。続けて、貼りつけたい場所にカーソルを移動して p キーを押します。たとえば、

```
What's new?  ⬅ 「n」にカーソルを置いて4yl とキーを押す
o
```

で「new?」の「n」にカーソルがある状態で 4 y l とキーを押し、次の行の「o」にカーソルを移動して p キーを押すと、次のようになります。

```
What's new?
onew?  ⬅ 「o」にカーソルを置いてpキーを押した
```

切り取り・貼りつけ（カット＆ペースト）は、削除で紹介した x キーと、p キーを使います。たとえば、

```
up
What's ?
```

の「u」にカーソルがある状態で 2 x とキーを押し、「?」の前にあるスペースにカーソルがある状態で p キーを押すと、次のようになります。

```

What's up?
```

キー操作の例	説明
y l	1 文字コピー
4 y l	4 文字コピー
x	1 文字カット
2 x	2 文字カット
p	カーソル位置の右に挿入

20-4 繰り返しの作業

コピーや貼りつけは、頭に数字をつけることで繰り返しの指定ができます。このとき頭の数字が繰り返す回数です。

キー操作の例	説明
3 x	カーソル位置から 3 文字削除
5 d d	カーソルのある行から 5 行を削除
5 y l	カーソル位置から 5 文字コピー
5 y y	カーソルのある行から 5 行をコピー
7 p	コピーした文字や行を 7 回貼りつける

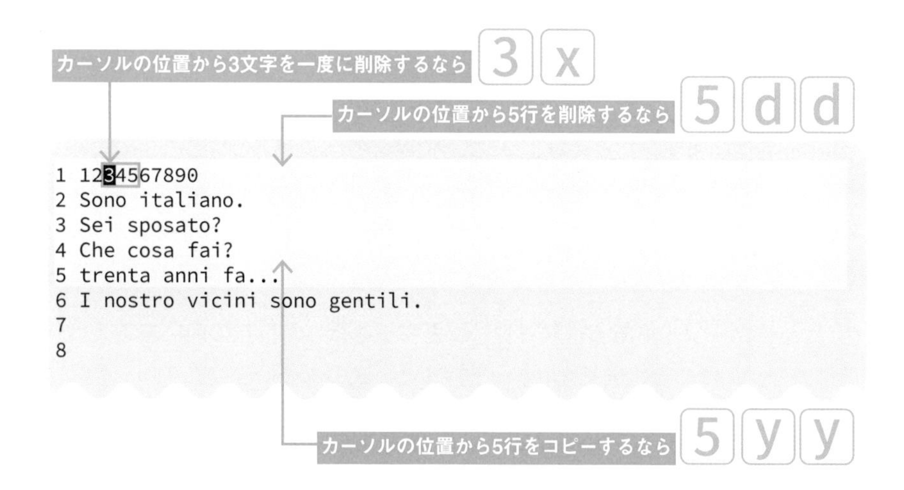

20-5 文字列を削除する

Word なら、削除したい文字列をカーソルで反転させて Del キーを押せば終わりですが、vi エディターにはそういった機能がありません。『20-4』で説明した繰り返しの機能を利用します。

20-6 動作を取り消す

直前の操作を取り消す（**アンドゥ**）には、u キーを押します。また、直前のアンドゥを取り消す（**リドゥ**）には、. キーを押します。

```
Fno uno uno uno uno uno uno uno
due due due due due due due due
```

```
Fno uno uno uno uno uno uno uno
tre tre tre tre tre tre tre tre
due due due due due due due due
```

```
Fno uno uno uno uno uno uno uno
due due due due due due due due
```


コマンド	説明
u	直前の操作を取り消す（アンドゥ）
.	直前のアンドゥを取り消す（リドゥ）

20-7 検索する

今度は文字列を検索してみましょう。コマンドモードで / キーを押します。これでメッセージ行に検索文字列を入力できる状態になります。

Point 検索する

❶「conceived」を検索したくなった

```
Four score and seven years ago our fathers brought forth on this
continent, a new nation, conceived in Liberty, and dedicated to the
proposition that al

Now we are engaged in a great civil war, testing whether that
nation, or any nation so conceived and so dedicated, can long
endure. We are met on a great battle-field of that war. We have
```

現在のカーソルのある文字はこれ、位置はここ

❷ コマンドモードになっていることを確認

```
~
```

画面下のメッセージ行

❸ キーボードから / を押して、検索する文字を入力する

/キーを押して、検索開始！

conceivedとタイプし、Enterキーを押す

```
~                 ~
/▮          →     /conceived▮
```

❹ 検索対象の文字列が反転して表示された

カーソルの位置から文末方向に検索され、先頭の「c」にカーソルが移動する

```
Four score and seven years ago our fathers brought forth on this
continent, a new nation, conceived in Liberty, and dedicated to the
proposition that all men are crea   equal.

Now we are engaged in a great civil war, testing whether that
nation, or any nation so conceived and so dedicated, can long
endure. We are met on a great battle-field of that war. We have
come to dedicate a portion of that field, as a final resting place
```

n

検索したい文字列を入力して Enter キーを押すと、カーソル位置から後ろのほうを検索して、最初にマッチした候補にジャンプします。n キーを押すごとに、次の候補へジャンプします。

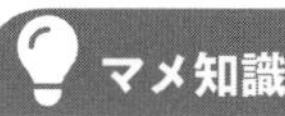

コマンド名は大文字・小文字で動作が異なる

Shift + n を押すと、反対方向（ファイルの先頭方向）へと検索候補を遡っていきます。

/ の代わりに ? でも文字列を検索できます。? の場合は、カーソル位置から前のほうへと検索していきます。この場合、n キーを押すごとに、前の検索候補へジャンプします。Shift + n を押すと、反対方向（ファイルの末尾方向）へと検索候補を遡っていきます。通常の検索とは方向が逆になるので注意してください。

20-8 カーソルを画面の上下に瞬時に移動する

画面の一番上の行（先頭行）や一番下の行（最終行）に移動するとき、↑、↓ キーや j、k キーを何度も押すのはめんどうです。コマンドモードで、H、L キーを使えば、イッキに移動できます。

キーの役割	説明
H	表示画面、先頭段落の先頭に移動する
M	表示画面、まんなかの段落の先頭に移動する
L	表示画面、最終段落の先頭に移動する

20-9 行番号をつける

コマンドモードから以下の設定で行番号を表示できます。

コマンド	説明
:set number Enter	行番号を表示する
:set nonumber Enter	行番号を表示しない

21 ほかのエディターを使う

どうしても vi エディターの操作方法が手になじまない、ということでしたら、nano か Emacs エディターを使ってみましょう。

21-1 Ubuntu で標準の nano を使う

入力モードとコマンドモードの切り替えに、手も足も出ないようでしたら、nano を使ってみましょう。

ファイル関連や検索機能は Ctrl キーや Alt キーを組み合わせて使うため少し複雑ですが、操作方法が常に画面の下部に表示されているので、迷うことはないでしょう。

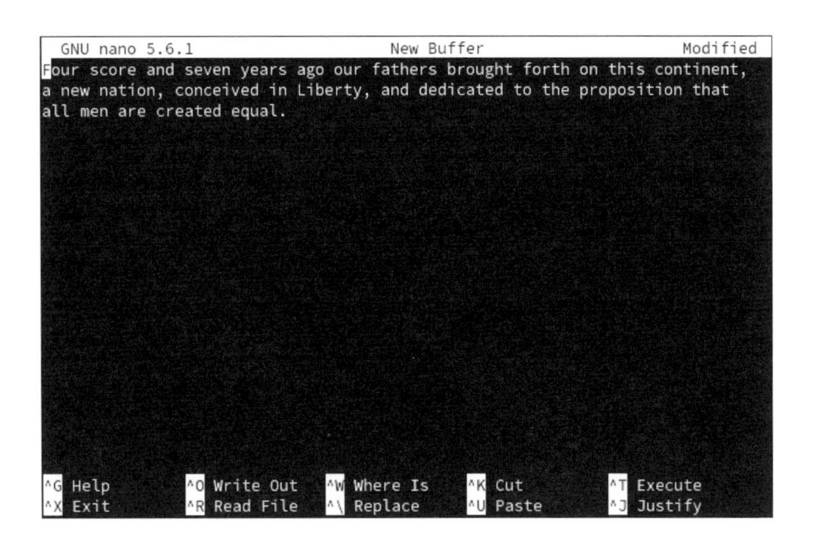

21-2 Emacsを使う

もう1つとっておきのエディターを紹介しましょう。それは、Emacsです。Linuxではviや VIMエディターと同じぐらい人気があります。

Emacs Lispという強力なプログラミング言語を使って、Emacs内でWeb閲覧やメールチェックなど、エディターの枠を超えた作業環境を実現してくれます。

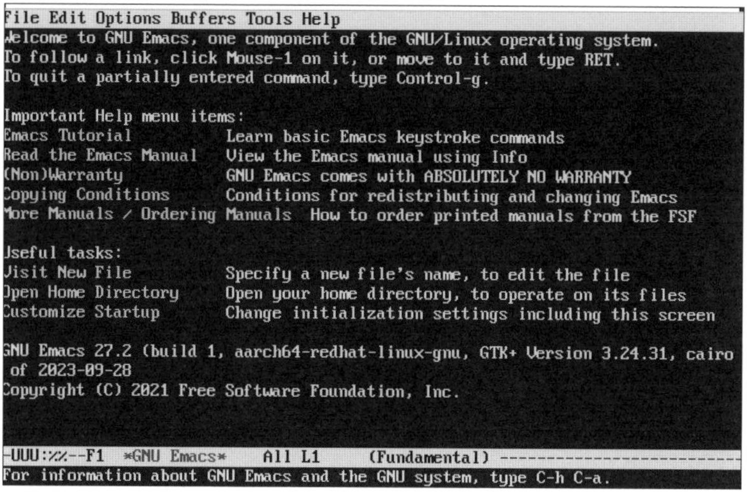

```
File Edit Options Buffers Tools Help
Welcome to GNU Emacs, one component of the GNU/Linux operating system.
To follow a link, click Mouse-1 on it, or move to it and type RET.
To quit a partially entered command, type Control-g.

Important Help menu items:
Emacs Tutorial          Learn basic Emacs keystroke commands
Read the Emacs Manual   View the Emacs manual using Info
(Non)Warranty           GNU Emacs comes with ABSOLUTELY NO WARRANTY
Copying Conditions      Conditions for redistributing and changing Emacs
More Manuals / Ordering Manuals  How to order printed manuals from the FSF

Useful tasks:
Visit New File          Specify a new file's name, to edit the file
Open Home Directory     Open your home directory, to operate on its files
Customize Startup       Change initialization settings including this screen

GNU Emacs 27.2 (build 1, aarch64-redhat-linux-gnu, GTK+ Version 3.24.31, cairo
 of 2023-09-28
Copyright (C) 2021 Free Software Foundation, Inc.


-UUU:%%--F1  *GNU Emacs*     All L1     (Fundamental) ------------------------
For information about GNU Emacs and the GNU system, type C-h C-a.
```

マメ知識

AlmaLinuxにnanoやEmacsをインストールする

AlmaLinuxなど、初期設定ではnanoやEmacsが用意されていないディストリビューションもあります。このときは、`dnf`コマンドを使ってインストールします（第8章の『46』参照）

第4章 練習問題

問題1

vi エディターのコマンドモードで、文字入力を開始するときに押すアルファベットはどれですか？

ⓐ c
ⓑ i
ⓒ d
ⓓ q

問題2

vi エディターのコマンドモードでカーソルを上の行に移動するときに押すアルファベットはどれですか？

ⓐ h
ⓑ j
ⓒ k
ⓓ l

問題3

vi エディターのコマンドモードで行をコピーして別の場所に貼りつけるときの組み合わせはどれですか？

ⓐ [a][a] → [b]
ⓑ [c][c] → [p]
ⓒ [y][y] → [p]
ⓓ [z][z] → [p]

問題 4

vi エディターのコマンドモードでキーワードを検索する方法はどれですか？

ⓐ [/] 検索語
ⓑ [!] 検索語
ⓒ [:] 検索語
ⓓ [%] 検索語

解 答

問題 1 解答

正解はⓑの [i]

カーソルの位置から入力するときは [i] キー（インサート）を押します。

問題 2 解答

正解はⓒの [k]

vi エディターではなるべくキーボードから手を動かさなくてもいいような操作体系になっています。[h]、[j]、[k]、[l] キーに右手を置けば、いちいち矢印キーに移動しなくてもカーソルの位置を変えることができます。

問題3解答

正解はⓒの [y][y] ➡ [p]

[y][y]（[y] キーを2回押す）で行をコピーし、[p] キーで貼りつけます。なお、カットの場合は、[d][d]（d キーを2回押す）で行ごと削除となります。つまり [d][d] ➡ [p] キーで、カット・アンド・ペーストになるわけです。

問題4解答

正解はⓐの [/] 検索語

[Esc] キーを押してコマンドモードに入り、[/] キーを押すと、一番下の行にカーソルが移り、そこに検索語を入力します。検索語が見つかると、その位置にカーソルがジャンプします。

ユーザーの役割とグループのきほん

22 ユーザーは3つに分けられる

Linuxは1台のコンピューターを複数のユーザーで使うことを前提につくられています。ユーザーには、一般ユーザーのほかに管理者ユーザー、システムユーザーがあります。

22-1 「ユーザーのなかのユーザー」が管理者ユーザー

システムを管理する権限をもったユーザーを**管理者ユーザー**、または**スーパーユーザー**といいます。単に**root**（ルート）とも呼びます。さて、この管理者ユーザーは、システムを管理するための特別な権限をもっています。具体的には、Linux をインストールしてセッティングを行い、必要なアプリケーションをインストールし、システムを監視・運営していきます。

会社でたとえると、管理者ユーザーは社長や取締役レベルです。会社の運営すべてに携わる特別な存在です。

マメ知識

システムとは

ここでいうシステムとは、ハードウェア、ソフトウェア、ネットワークを Linux を中心に構築することです。

22-2 「ロボット」がシステムユーザー

一般ユーザーや、管理者ユーザーの代わりに働いてくれるのが**システムユーザー**です。メーカーの工場にあるロボットのように、24 時間休みなく働きます。

具体的なシステムユーザーの仕事には以下のようなものがあります。

仕事	説明
メール	ユーザーにメールを届ける。
Web サーバー	Web サーバーが正しく動いているかチェックする。

22-3 「ふつうのユーザー」が一般ユーザー

一般ユーザーはごくふつうの Linux ユーザーです。会社でいうと文字どおり一般社員。システムを管理する権限はありません。管理者ユーザーが Linux 全般を見守ってくれるおかげで、特別な知識がなくても、自分の仕事にだけ専念できるようになるのです。

23 管理者ユーザーの仕事

社長が自ら先頭に立って会社の舵を取るように、Linuxでは管理者ユーザーがコンピューターを管理していきます。

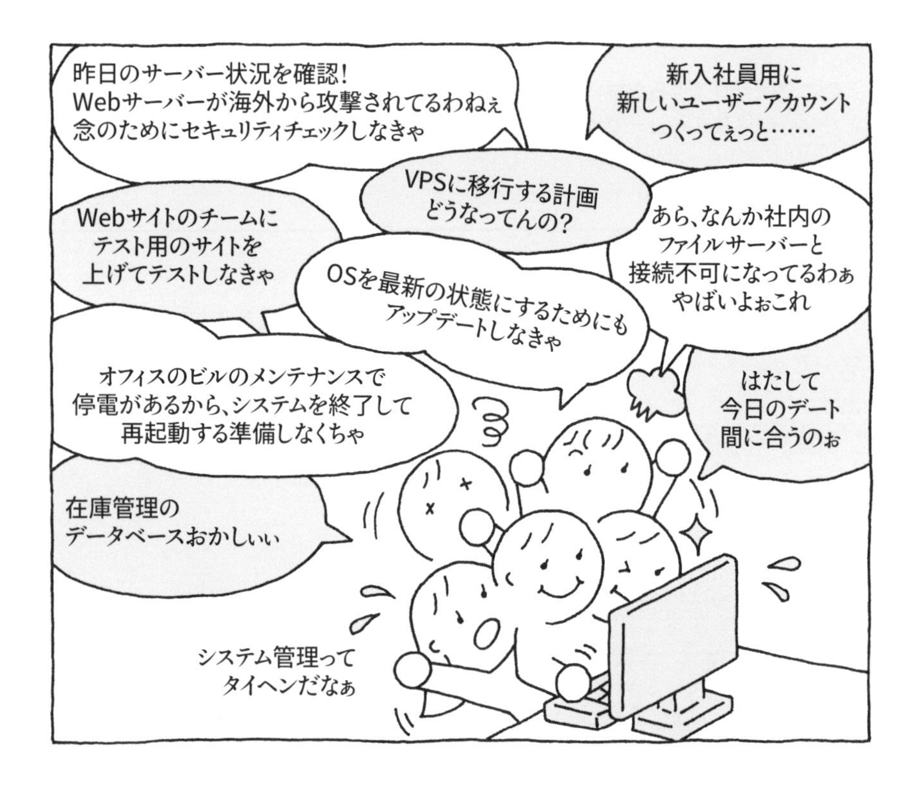

23-1 地味だけど、必要不可欠。管理者ユーザーの仕事

Linuxで、サーバーやメールがいつも当たり前に動いているのは、システムの管理者のおかげです。誰かが勝手に変更して、ほかのユーザーに迷惑がかからないよう、管理者ユーザーが責任をもってLinuxを管理しているからにほかなりません。

23-2 ユーザー名rootでシステム管理の仕事をする

Linuxでは、実際にシステムの管理者、つまり管理者ユーザーが仕事をするときの約束事があります。それは、

- システムの管理者（root）のユーザー名は必ずrootになる
- 1台のLinuxマシンにrootは必ずひとりだけ
- rootのホームディレクトリは/root。一般ユーザーのホームディレクトリである/homeの下とは別

rootという名前は、Linuxのファイルシステムがルートディレクトリを起点とすることから命名されたようです。

23-3 システムの管理者はいつもrootでいるわけではない

管理者ユーザーには、細心の注意が要求されます。システムの設定を自在に変更できますし、すべてのファイルやディレクトリにアクセスできる権限をもちます。実際、操作ミスからデータをすべて消去してしまったという失敗談もよく聞きます。キーボードのミスタッチだけで取り返しのつかない損害を与えてしまうこともあるのです。

rootでログインしてすべての作業をすると、その分、リスクが増えます。そのため、システム管理の仕事は管理者ユーザー（root）で、それ以外は一般ユーザーのアカウントでログインすることが推奨されています。

24 管理者ユーザーの心がまえ

システム管理者に要求されることは3つ。管理者としての権限を客観的に判断する、モラルを守る、そして外部からの侵入を防ぐことです。

❶誘惑にかられるときもある

❷どこからか悪魔が来るときもある

負けるな管理者ユーザー

24-1 管理者ユーザーとしてのチカラ

大切なのは自分の実力を客観的に判断することです。何ができて何ができないかを客観的に見るようにしてください。大きな会社なら専属のシステム管理者を置くことが可能ですが、ほかの仕事とかけもちで働くシステム管理者も多いはずです。理想は「すべてを自力で」ですが、できることとできないことを明確に区別し、手に負えない高度な作業は専門の業者に頼むとよいでしょう。

24-2 モラルを守る

システム管理者はrootでログインすると、すべてのファイルのなかみを見ることができます。業務上の秘密情報を盗み見ることもできますし、誰かのメールをのぞき見したり、機能を制限したりするなどのいじわるも、やろうと思えばできてしまいます。絶大な権限をもつ管理者だからこそ、「そんなことやっちゃダメ」というモラルが必要なのです。

24-3 外部からの侵入を防ぐ

外部から攻撃されると、真っ先に標的になるのは管理者ユーザーです。ねらいは 1 つ、root のパスワードです。一般ユーザーのパスワードが漏れるのも大変ですが、root のパスワードを盗まれると、もう大事件です。ハッカーの手にパスワードが渡ってしまえば、Linux は完全に乗っ取られ、万能の神の権利は攻撃者の手に渡ってしまうからです。

このため、root のパスワードは厳重に守らなければなりません。単純なパスワードだと、総当たり攻撃によって割り出される危険が高くなります。パスワードを守るために、チェックすることをあげてみます。

- 複数でパスワードを管理しているなら、最小限の人数にとどめる
- 複雑なパスワードを設定する
- root で作業する時間を極力少なくする
- 外部のネットワークから root で入れないようにする

rootになる方法

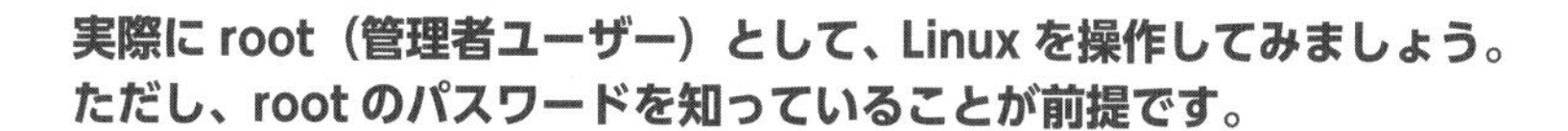

実際に root（管理者ユーザー）として、Linux を操作してみましょう。ただし、root のパスワードを知っていることが前提です。

25-1 rootでログインする

まず、rootでログインします。ログイン名にrootを指定し、rootのパスワード「`1234rtpswd`」を入力します。

```
localhost login:root      ─ログイン名に「root」を指定する
Password:                 ─本書用 AlmaLinux の root のパスワードは「1234rtpswd」
```

▼

```
#    ← root（管理者ユーザー）なので、プロンプトは#
```

本書の仮想マシンには root でログインできますが、クラウドや VPS などネットワーク経由でログインする場合には root でのログインが推奨されていない、あるいはログイン不可にされている場合があります。

このような場合には root でログインせずに一般ユーザーでログインし、その後に、`su -` コマンドで管理者になるのが一般的です。

25-2 suまたはsudoコマンドで一時的に管理者になる

su コマンドは一般ユーザーが Linux を使用中、一時的に管理者ユーザーとして作業するときに使います。変更前のユーザーの環境変数などが影響しないよう、セキュリティの観点から - オプションを指定して、`su -` コマンドを実行します。パスワードを求められるので、rootのパスワード「`1234rtpswd`」を入力します。

```
$ su - Enter   ← suコマンドに-を指定して実行
```
▼
```
password:   ← rootのパスワードを入力して Enter
```
▼
```
#   ← プロンプトが$から#に変わった
```

作業が終わったら、exit コマンドで、一般ユーザーに戻ることができます。

```
# exit Enter
```
▼
```
$   ← プロンプトがもう一度、#から$に戻る
```

ディストリビューションによっては、初期設定で root のパスワードが設定されていないこともあります。また、管理者ユーザーがセキュリティ上の問題から、あらかじめ su コマンドを使えないようにしている場合もあります。その場合は、sudo コマンドを使います。

```
$ sudo systemctl reboot Enter
↑ sudoコマンドで、systemctlコマンド（『29-1』参照）を使う
```
▼
```
[sudo]password for rinako:   ← ユーザーのパスワードを入力する
```

sudo コマンドを実行すると、最初にパスワードを入力することになります。このときは root のパスワードではなく、現在ログインしているユーザーのパスワードを入力します。

また、sudo コマンドを使うには、あらかじめそのユーザーが wheel グループに追加されている必要があります。usermod コマンドでグループに追加します（『28-2』参照）。

26 ユーザーとグループ、パーミッション

ファイルやディレクトリには、その所有者と所有者が所属するグループが設定されています。さらに、所有者、グループごとにパーミッションという情報をもっています。

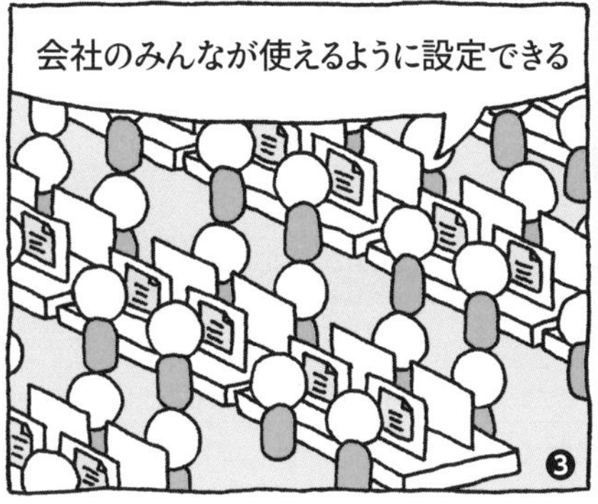

26-1 ユーザーがまとまってグループをつくる

Linux のすべてのファイルやディレクトリは、その**ユーザー（所有者）**と複数のユーザーがまとめてつくる**グループ**の 2 つの情報をもっています。

たとえば、ユーザーとグループの関係を会社の組織で考えると、ユーザーが社員、その社員が所属する部署がグループとなります。総務部のりなこさんなら、ユーザーは「りなこ」さん、グループは「総務部」になります。

26-2 社内の文書は個人用・部署内用・部署外用に分けられる

勤務中、りなこさんの書いた ToDo メモなどは、本人が読み、本人が自由に書き加えることができます。

また、社内には公的な文書があります。たとえば、総務部内でりなこさんが集めた資料を部会で見せたり、あるいは提案書を上司に書き直してもらうことがあるかもしれません。さらに、総務部以外の営業部や経理部などの社内の人にも、見てもらいたい文書があります。

しかし、すべての文書を社員全員に見せるわけにはいきません。部外秘、社外秘という言葉があるように、社内を飛びかう文書には、個人のもの、部署内、部署以外と 3 つの基準で、閲覧や書き込みの制限をかける必要があるのです。

26-3 ファイルごとに読み取り、書き込み、実行を設定できる

Linux では、このようなセキュリティの問題を解決するために、ユーザー、グループ内のユーザー、グループ以外のユーザーの 3 つに対して、ファイルに読み取り権、書き込み権、そして実行権を設定できるようになっています。それぞれに、「許可する」か、あるいは「許可しない」かの**アクセス権**を指定することで、ファイルに対して、誰がどういう操作をするかを細かく指定できます。

このようなファイルの情報は、`ls` コマンドの `-l` オプションを使って詳細を見ることができます。

それでは、ユーザー「りなこ」でログインして、`ls` コマンドを `-l` オプションで実行するとどうなるか見てみましょう。1 行ごとに表示されるファイル情報を見ると、最初の1文字がdか－のはずです。これはdならばディレクトリを、－ならばファイルをあらわします。

その次の2文字めから10文字めまでに表示されるr、w、x、－で構成される9文字が**パーミッション情報**です。

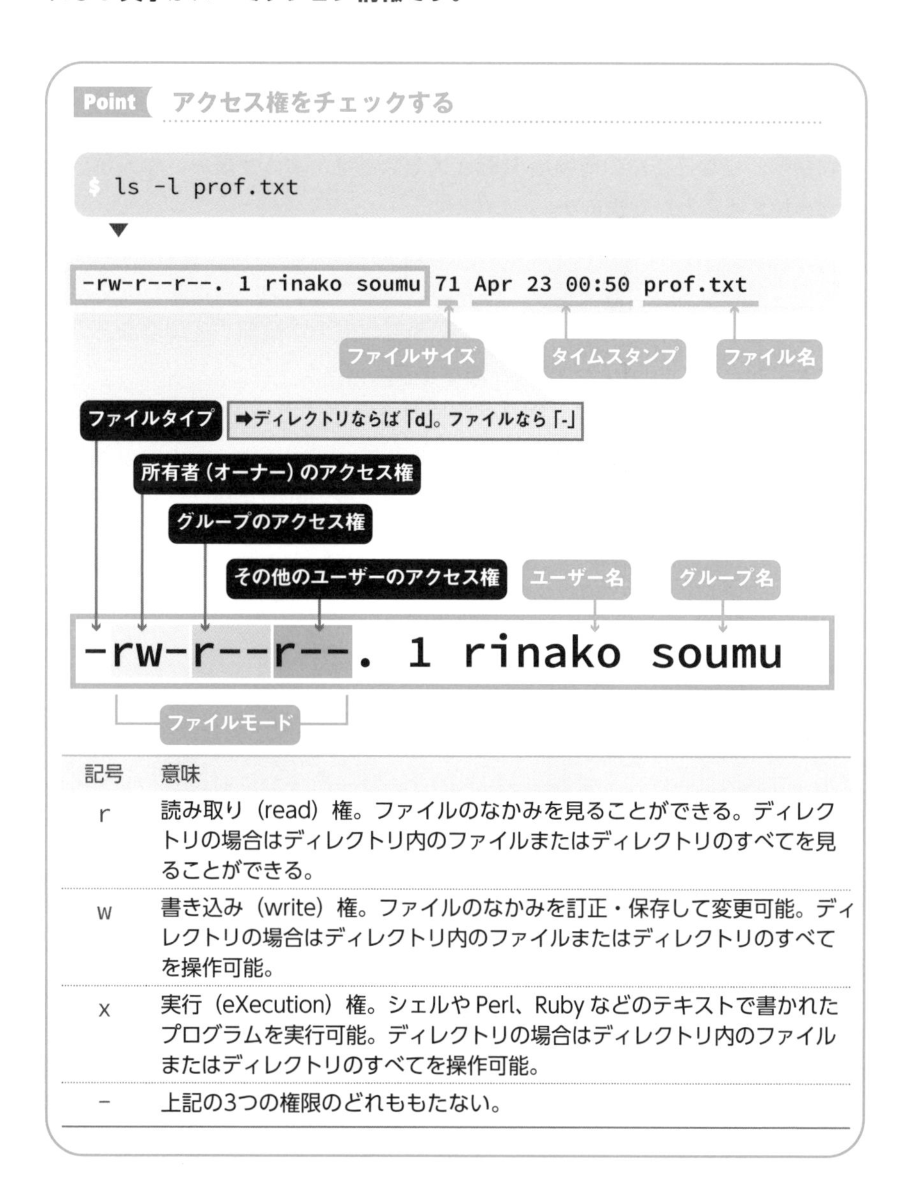

記号	意味
r	読み取り（read）権。ファイルのなかみを見ることができる。ディレクトリの場合はディレクトリ内のファイルまたはディレクトリのすべてを見ることができる。
w	書き込み（write）権。ファイルのなかみを訂正・保存して変更可能。ディレクトリの場合はディレクトリ内のファイルまたはディレクトリのすべてを操作可能。
x	実行（eXecution）権。シェルやPerl、Rubyなどのテキストで書かれたプログラムを実行可能。ディレクトリの場合はディレクトリ内のファイルまたはディレクトリのすべてを操作可能。
－	上記の3つの権限のどれももたない。

パーミッション情報をもっとくわしく見ていきましょう。たとえば、次のようなコウハイクンのファイルがあるとします。

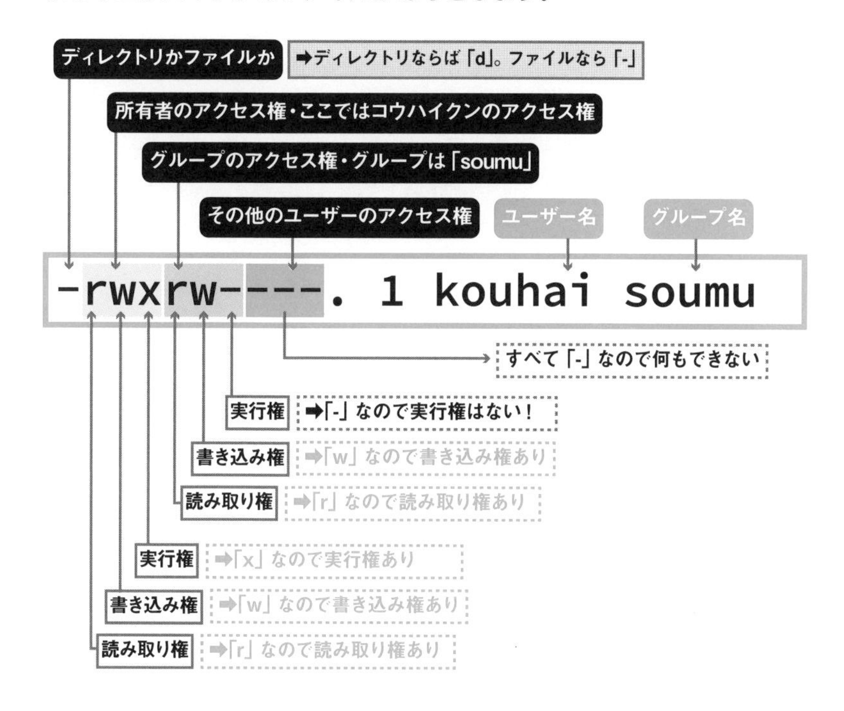

どうですか？ このファイルはグループ内なら読み取り・書き込み可能ですが、グループ以外のユーザーには読み取り・書き込み・実行がすべて不可能になっています。

もしも、すべてのユーザーが読み取り、書き込み、実行が可能なファイルなら下のようになります。

```
-rwxrwxrwx. 1 kouhai soumu
```

今度は、`ls` コマンドのファイルを見てみます。

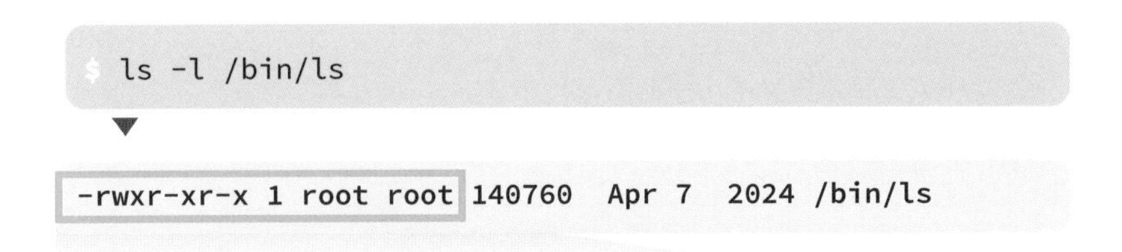

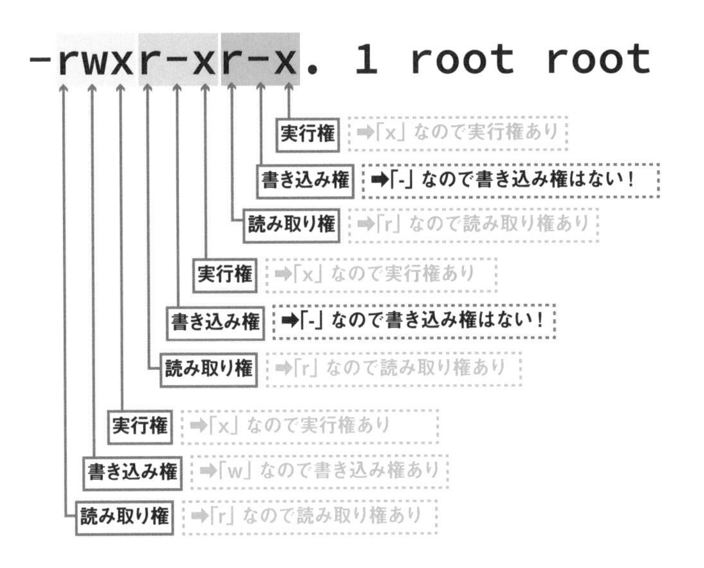

rootのグループはrootです。このファイルには読み取り権があるので全ユーザーが読み取ることができますが、バイナリファイルなので実際は見ることができません。

ディレクトリの場合は、先頭の文字が「d」になります。

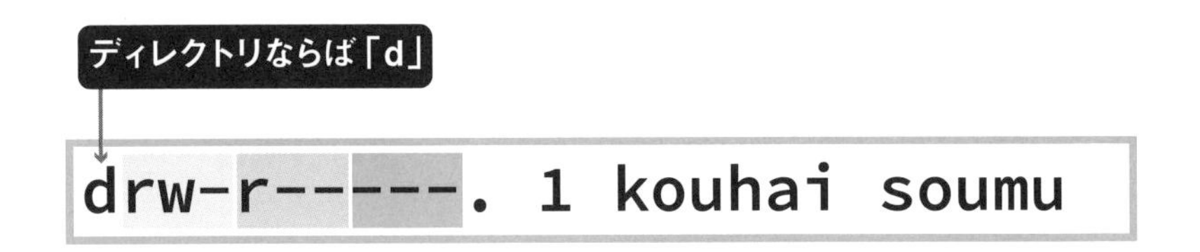

ディレクトリにユーザーグループの書き込み権があれば、そのグループのユーザーは書き込みできます。

26-4 chmodコマンドでアクセス権を変更する

読み取り、書き込みなどのアクセス権はchmodコマンドを使って変更できます。chmodコマンドは数値モードによる設定と、シンボルモードによる設定ができますが、ここでは数値モードを説明します。

例として、第3章で使用したファイルrstr.shのアクセス権を変更してみます。まずは、パーミッション情報を確認しておきましょう。作業の都合上、ここではrstr.shのあるディレクトリにカレントディレクトリを移動させてから作業しています。

```
$ cd /home/rinako/doc/project Enter
$ ls -l rstr.sh Enter
```

▼

```
-rwxrwxrwx. 1 rinako soumu 166 Apr 23 00:00 rstr.sh
```

数値モードでは、各パーミッションの設定を数字で表現します。

読み取り（r）は4、書き込み（w）は2、実行（x）は1、権限がなければ0とし、所有者、グループ、その他のユーザーごとの数字の合計を並べて書きます。

次の表に、設定されることが多いパーミッションの例をまとめてみました。

パーミッション	数字	説明
rwxrwxrwx	777	すべてのユーザーは読み取り、書き込み、実行ができる。
rw-r--r--	644	すべてのユーザーは読み取りができ、所有者は書き込みもできる。
rwxr-xr-x	755	すべてのユーザーは読み取りと実行ができ、所有者は書き込みもできる。
rw-------	600	所有者のみ読み取りと書き込みができる。
---------	000	すべてのユーザーは読み取りも書き込みも実行もできない。

注意

rootとパーミッション

rootは「すべてのユーザー」には含まれないので、注意してください。

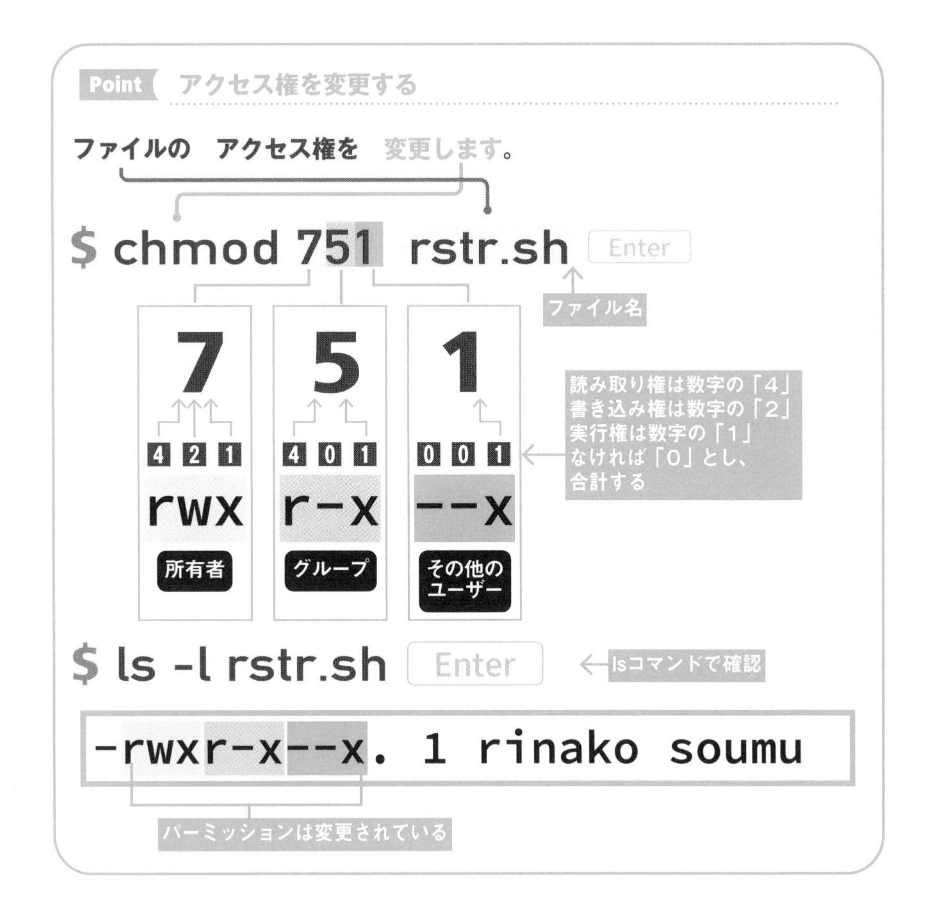

26-5 所属するグループを確認する

ユーザーがどのグループに所属しているかを確認してみましょう。それには、groups コマンドを使います。

26-6 ユーザーは必ずどれかのグループに所属する決まりがある

Linux では、ユーザー（正しくはその権限）は、グループで管理されるしくみを採用しています。このため、特に指定しなければ、ユーザー名がグループ名になります（root がその典型）。

しかし、一般ユーザーは、（ユーザー名ではない）既存のグループに必ず所属させるように指定するのが決まりです。

26-7 グループのきほんはプライマリグループ

一般ユーザーは、複数のグループに所属することができます。その際、最優先（プライマリ）のグループを決めておく必要があります。これを**プライマリグループ**といいます。

26-8 グループとユーザーを操作できるのは管理者ユーザーだけ

一般ユーザーのそれぞれが、勝手にユーザーを追加したり、グループをつくったり、削除・変更しはじめたりしたら大惨事になります。これらは適正な判断・操作をするのが役目の管理者ユーザーが担う重要な任務の 1 つといえるでしょう。

マメ知識

wheel グループと sudo コマンド

root だけが実行できるコマンドを、一般ユーザーにも利用可能にするしくみが **sudo** コマンド（『25-2』参照）です。しかし、すべての一般ユーザーが **sudo** コマンドを実行できてしまっては困るので、**sudo** コマンドを実行できるグループとして用意されたのが wheel グループです。

27 ユーザー関係のコマンド

ユーザー関係のコマンドを紹介していきましょう。ただし、この場合root（管理者ユーザー）の権限が必要です。

27-1 ユーザーを追加する

ユーザーを追加できるのは、管理者ユーザーだけです。管理者ユーザー（root）から useradd コマンドを実行します。

ユーザー名の訂正機能はないのでスペルミスに気をつけましょう。なお、次のコマンドを実行すると、ユーザー名「kouhai」用のホームディレクトリ /home/kouhai も自動的に作成されます。

マメ知識

オプションで詳細な設定が可能

ユーザーを追加する場合、一般的には「useradd kouhai -g soumu」のようにオプションの -g をつけて、プライマリグループ（soumu はグループ名）を指定します。

27-2 パスワードを設定する

useradd コマンドはユーザーを追加するだけで、パスワードは設定できません。パスワードは passwd コマンドで設定します。ただし、ログインするときと同じように、パスワードは画面上に表示されません。最後に「successfully」と表示されれば、パスワードの設定は成功しています。

マメ知識

パスワードの保存先

ルートの下のディレクトリ etc の下の shadow ファイルにパスワードは保存されています。以前は etc ディレクトリの下の passwd に保存されていましたが、セキュリティの問題から変更されました。

27-3 一般ユーザーによるパスワードの変更方法

passwd コマンドは一般ユーザーでも実行できます。ただし、一般ユーザーにできるのは自分のパスワードを変更することだけです。

Point passwd コマンドの使い方・自分のパスワードを変更

パスワードを設定します。

```
$ passwd Enter
```

一般ユーザーなのでプロンプトは$

```
～略～
Current password: Enter
New password: Enter
Retype new password: Enter
passwd: all authentication tokens updated successfully.
```

現在のパスワードを入力

新しいパスワードを入力

再度新しいパスワードを入力

新旧、都合3回パスワードを正しく入力すると、「成功」のメッセージが表示される

一般ユーザーのパスワードもpasswdコマンドを使って変更できますが、ユーザー名は必要ありません。

一般ユーザーが自分のパスワードを変更する場合は、最初に、現在のパスワードを入力します。単純すぎる文字列や短い文字数のパスワードは設定できません。気をつけましょう。

マメ知識

万能の神、管理者ユーザーでも一般ユーザーのパスワードは把握できない

一般ユーザーのパスワードは、管理者ユーザーにもわかりません。パスワードを忘れてしまったときは、管理者ユーザーが新しいパスワードをつくり直して、それをユーザーに知らせることになります。

マメ知識

ランダムなパスワードを生成する

pwgen コマンドを使うと、ランダムなパスワードを自動的に生成できます。pwgen コマンドが見つからないときは dnf コマンドでインストールできます(第 8 章の『46』参照)。

27-4 ユーザー情報はどこにあるのか

システムにどのようなユーザーが登録されているかを調べるには、ユーザー情報ファイル /etc/passwd を cat コマンドで表示します。このファイルには、1 ユーザーにつき 1 行で、「:」で区切られたフィールドに各種ユーザー情報が格納されています。

27-5 ユーザーを削除する

ユーザーを削除するには userdel コマンドを使います。もちろん、root だけが使えるコマンドです。

28 グループ関係のコマンド

グループを設定したり、管理するコマンドを見ていきましょう。この場合もroot（管理者ユーザー）の権限が必要です。

28-1 グループを追加する

グループを追加するには、groupaddコマンドを実行します。useraddコマンドのグループ版です。

グループの情報は/etc/groupファイルに収められています。ファイルの最終行に追加されたグループがあるはずです。/etc/groupファイルの最終行をtailコマンド（第7章の『38-4』参照）を使って見てみましょう。

```
# tail -1 /etc/group
```
← このファイルは一般ユーザーでも閲覧可能

▼

```
kikaku:x:1002:
```

ただし、このグループにはユーザーが登録されていません。ユーザーは次に説明するusermodコマンドで追加します。

グループにユーザーが登録されている場合、`tail` コマンドを実行すると、たとえば次のような表示を確認できます。1 行で 1 つのグループの情報を示しています。

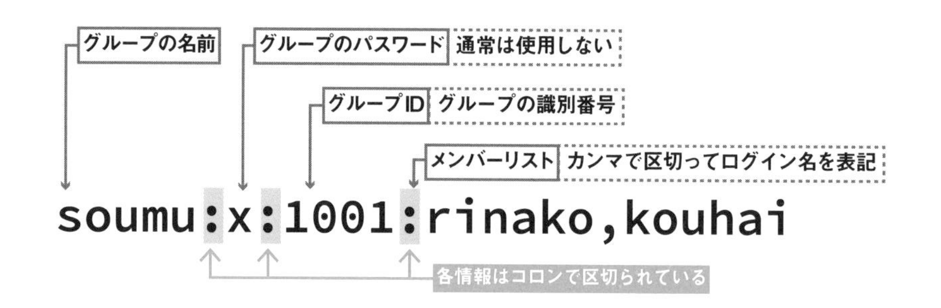

28-2 グループにユーザーを追加する

グループにユーザーを追加するには、`usermod` コマンドを使います。

もう一度、/etc/group ファイルの最終行を `tail` コマンドを使って見てみます。今度は kikaku グループにユーザーが追加されているはずです。

```
kikaku:x:1002:rinako
```

28-3 グループを削除する

グループを削除するにはgroupdelコマンドを使います。ただし、ユーザーのプライマリグループは削除することはできません。

ユーザーのプライマリグループを指定するには、useraddコマンドまたはusermodコマンドで、オプションの-gをつけてユーザーを追加します。

28-4 ファイルの所有者・所有グループを変更する

次に、ファイルやディレクトリの所有者やグループを変更してみましょう。ただし、ここまでの説明でユーザーやグループの追加・削除を行ってきた都合上、この『28-4』の Point に掲載しているファイルやディレクトリは、本書の学習環境には用意していないものもあります。実際にコマンドを試してみたい方は、ここまでの学習内容を活かして、ご自身でユーザーやグループ、ファイルやディレクトリを追加・作成して試してみてください。

ファイルの所有者は、chownコマンドを使って変更できます。

ディレクトリの所有者を変更するときは、-R オプションの有無によって変わってきます。

所有グループを変更するには、chgrp コマンドを使います。

29 システム管理コマンド

ログアウト（第2章の『09-7』参照）するだけでは、まだLinuxは終了しているわけではありません。システムを完全に停止したり、再起動するにはsystemctlコマンドを使います。

29-1 AlmaLinuxの終了・再起動

終了や再起動には、`halt`コマンド、`poweroff`コマンド、あるいは`reboot`コマンドがよく使われます。これらのコマンドはAlmaLinuxはもちろん、Linuxのディストリビューションの多くで利用されています。

ただし、AlmaLinuxではこれらのコマンドに代わって、`systemctl`コマンドを使って管理することを推奨しています。

`systemctl`コマンドは、終了や再起動だけでなく、システムやサービスの管理に関係するLinuxの操作を一手に引き受けてくれます。このため、ユーザーは、多くのコマンドを覚える手間が省けますし、Linuxディストリビューション開発者は`systemctl`コマンドに集中すればよいので、効率的です。

個別のコマンド	systemctlコマンドを使った操作例	コマンドの意味
`halt`	`systemctl halt`	システムを停止する（電源を切るのは手動）。
`poweroff`	`systemctl poweroff`	システムの電源を切る。
`reboot`	`systemctl reboot`	システムを再起動する。

29-2 システムの電源を切る・システムを再起動する

`systemctl poweroff`コマンドで、システムを停止して電源を切ることができます。システムを再起動するには、`systemctl reboot`コマンドを使います。

ここで覚えておいていただきたいのですが、本来、システム関係のコマンドは管理者ユーザーだけが実行するものです。

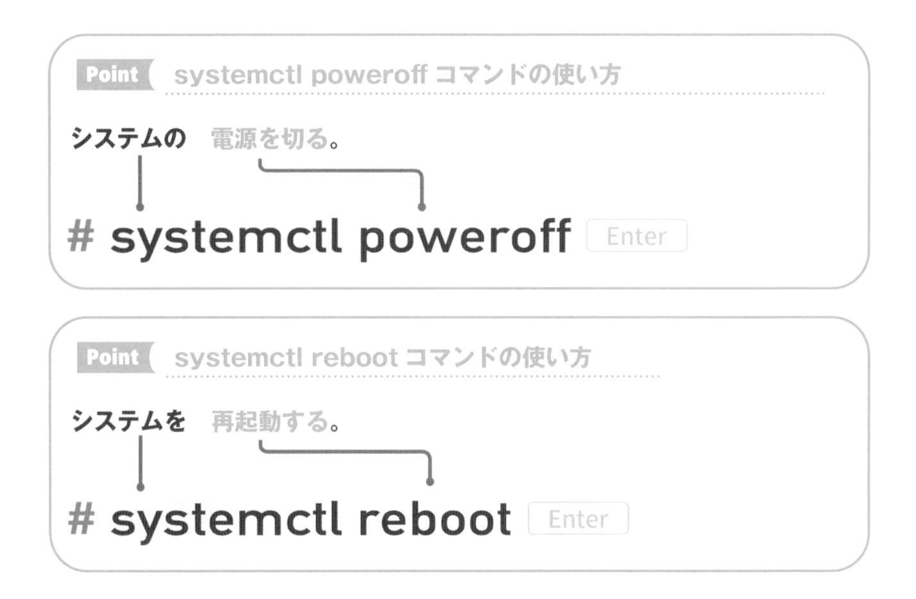

29-3 電源を切る・再起動する古いコマンドも使える

`systemctl` コマンドのない Linux ディストリビューションを使うときに、電源を切ったり、再起動する練習をしておきましょう。

`systemctl` コマンドを使わずにシステムの電源を切るには、`shutdown` コマンドを使用します。通常は、次のように使用します。

```
# shutdown -h now Enter
```

引数はおまじないみたいなもので、「`-h now`」は「電源を切る時間は、いま！」という意味です。電源を切る時間を指定するには、「`now`」部分を変えて時間を指定します。23 時に電源を切るには次のようにします。

```
# shutdown -h 23:00 Enter  ← 23時に電源を切る
```

システムを再起動するには、`reboot` コマンドか、`shutdown` コマンドに `-r` オプションをつけて実行します。

```
# reboot Enter  ← 再起動する
```

```
# shutdown -r now Enter  ← 再起動する
```

AlmaLinux では上記のどちらのコマンドも systemctl ユーティリティに置き換えられるだけなので、コマンドの実行結果も同じになります。

システムの終了に関係するコマンドが多いですが、これは、かつては終了までのプロセスを厳密にしないとシステムが壊れたりした名残で、現在ではすべて覚える必要はありません。

一般ユーザーなら sudo コマンドで実行しよう

ここで紹介したシステムの根幹にかかわるような作業は、管理者ユーザーでないと使えない……はずなのですが、一般ユーザーのままでも `systemctl poweroff` コマンドや `shutdown` コマンド、`reboot` コマンドが使える Linux ディストリビューションもあります。これは、GUI を使った個人向けの用途でシャットダウンや再起動ができないと困ることを考慮しての措置であると思われます。
しかし、一般ユーザーと管理者ユーザーの違いを明確にするためにも、シャットダウンや再起動を行う際は sudo コマンドで実行するクセをつけておきましょう。

```
$ sudo shutdown -h now
$ sudo shutdown -h 23:00

$ sudo reboot
$ sudo shutdown -r now
```

第5章 練習問題

問題1

ファイルのパーミッション情報が「-rwxr-x---」であったときの情報として、適当なものはどれですか？

ⓐ ファイルの所有者は読み書き可、同グループは読み取り可、その他ユーザーはアクセス不可
ⓑ ファイルの所有者は読み書き可、同グループとその他ユーザーは読み取り可
ⓒ ファイルの所有者は読み書き可、同グループは読み書き可、その他ユーザーはアクセス不可
ⓓ ファイルの所有者のみ読み書き可、同グループとその他ユーザーはアクセス不可

問題2

管理者ユーザーが一般ユーザー hiroshi を追加するときのコマンドはどれですか？

ⓐ `useradd hiroshi`
ⓑ `mkuser hiroshi`
ⓒ `touchuser hiroshi`
ⓓ `make hiroshi`

問題3

管理者ユーザーが一般ユーザー hiroshi を kikaku グループに追加するときのコマンドはどれですか？

ⓐ `chgrp hiroshi kikaku`

ⓑ `usermod -G kikaku hiroshi`

ⓒ `groupadd hiroshi kikaku`

ⓓ `chowngroup hiroshi kikaku`

問題 4

Linux システムの電源を今すぐ切るには、コマンドラインからどのように入力すればよいでしょうか。

解答

問題 1 解答

正解はⓐ

Linux のパーミッション情報は左から 2 ～ 4 桁がそのファイルの所有者、5 ～ 7 桁はそのファイルの所有者が属するグループ、残りがその他のユーザーの情報を意味します。

r は読み取り、w は書き込み（更新）、x はプログラムやスクリプトの実行を意味します。

問題 2 解答

正解はⓐの useradd hiroshi

useradd コマンドでユーザーを追加します。ユーザーの追加と同時にそのユーザーのホームディレクトリが自動的に作成されます。

問題 3 解答

正解はⓑの usermod -G kikaku hiroshi

ユーザーをグループに「追加」する場合は、usermod コマンドに -G オプションをつけます。大文字ではなく小文字で -g オプションをつけて実行すると、ユーザーのプライマリグループを「変更」することになるので注意が必要です。

問題 4 解答

正解は systemctl poweroff

AlmaLinux は、systemctl poweroff コマンドを使って電源を切ります。従来からの「shutdown -h now」でも電源を切ることが可能です。

シェルの便利な機能を使おう

シェルのしくみを知ろう

Linux にシェルは欠かせません。まずは、便利な機能を使っていきながら、基本的なしくみや機能を、少しずつ理解していくようにしましょう。

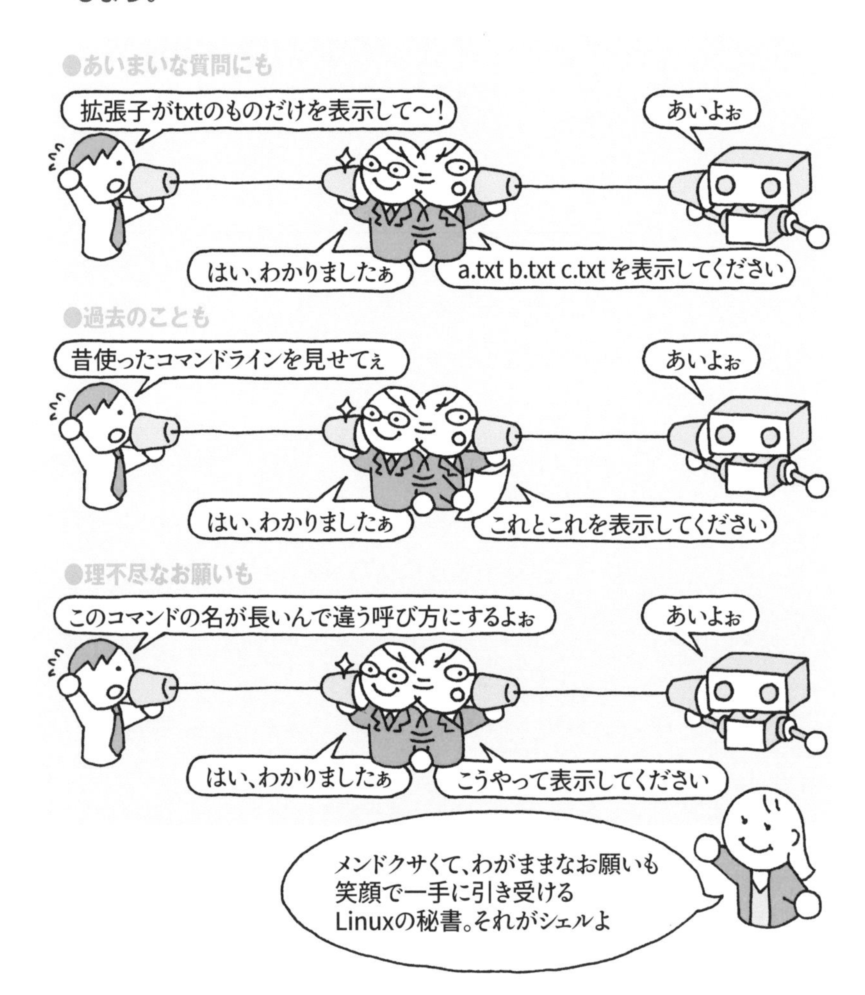

30-1 シェルは専用の秘書

ユーザーとLinux（カーネル）のあいだをとりもつのが**シェル**です。シェルはLinuxの秘書。単純でメンドウでしかも大切な仕事を引き受けてくれるおかげで、ユーザーは快適に作業できるようになるのです。

Point シェルはユーザーとLinuxのあいだをとりもつ秘書

①シェルはユーザーの指示（コマンド）をLinuxにわかるように翻訳（変換）して伝えます。
②Linuxは実行結果をシェルに渡し、それをシェルがユーザーにわかるように翻訳して伝えます。

30-2 bashがLinuxの標準シェル

Linuxではbash以外にも、tcshやzshなど、たくさんのシェルのなかから好きなものを選択できますが、この章で紹介するシェルは標準（デフォルト）のシェルであるbash（バッシュ）です。

また、この章ではbashやシェルの複雑なしくみや機能を解説するのではなく、bashがもつ「すぐに役立つラクするための便利な機能」を中心に紹介していきます。

なお本章では原則、カレントディレクトリを /home/rinako/doc/chap6 としています。あらかじめ、cdコマンドで移動しておきましょう。

```
$ cd ~/doc/chap6 Enter
```

⬆ ~はホームディレクトリをあらわす

おおまかな指示で必要なファイルを選び出す（ワイルドカード）

必要のないファイル名が表示されたりすると、ちょっとイライラします。そんなときこそ、ワイルドカードを使いましょう。

31-1 ラクするための魔法の文字・ワイルドカード

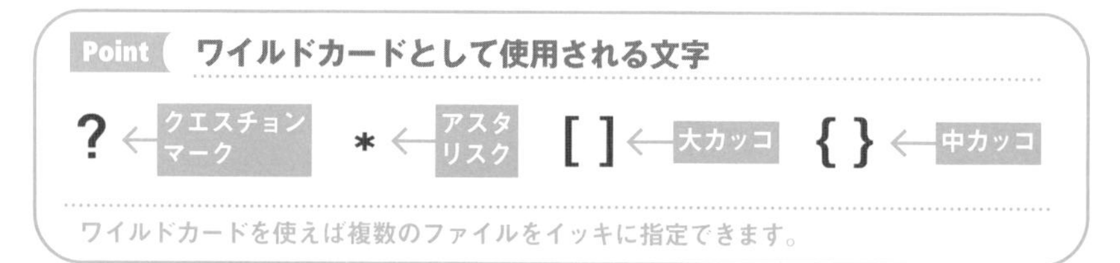

ワイルドカードを使うと、コマンド入力のときに、似たようなファイル名を一気に指定できます。まずは、ワイルドカードの各文字の具体的な使い方を紹介していきましょう。

31-2 ?は1文字、*は0文字以上の任意の文字の代わり

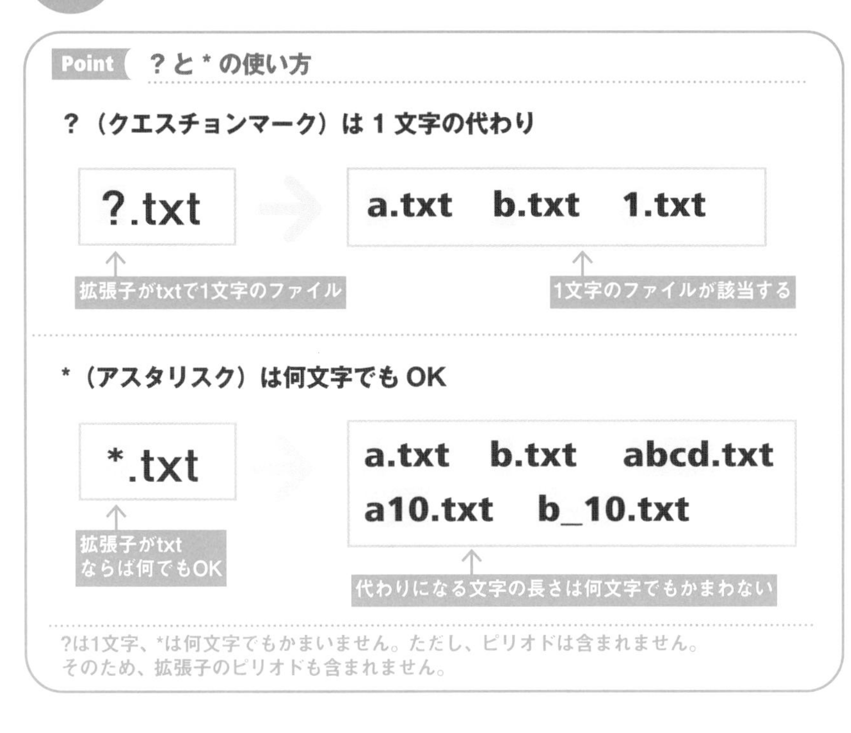

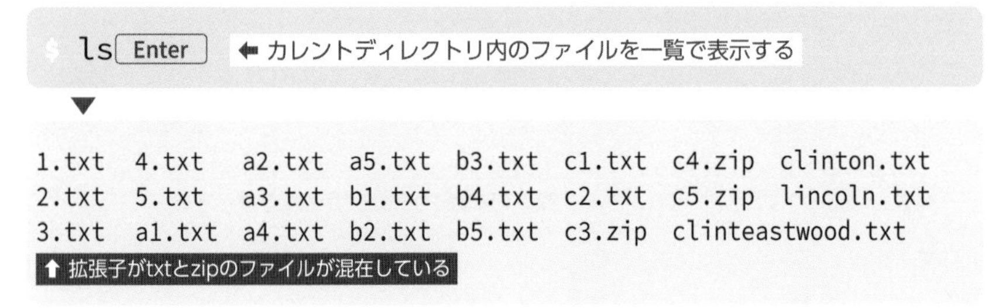

このようにカレントディレクトリ内にいろいろなファイルがあって見にくいときこそ、ワイルドカード、* や ? の出番です。

```
ls *.txt Enter
```

⬅＊（アスタリスク）を使って拡張子がtxtのファイルを探す

▼

```
1.txt 3.txt 5.txt  a2.txt a4.txt b1.txt b3.txt b5.txt c2.txt             clinton.txt
2.txt 4.txt a1.txt a3.txt a5.txt b2.txt b4.txt c1.txt clinteastwood.txt lincoln.txt
```

⬆拡張子がtxtのファイルだけが表示されている

```
ls ?.txt Enter
```

⬆？（クエスチョンマーク）を使って拡張子が「txt」でその前が1文字のファイルを探す

▼

```
1.txt  2.txt  3.txt  4.txt  5.txt
```

⬅5つのファイルだけが表示されている

31-3 カッコを使ってファイル名をまとめて書く

Point [ ]（大カッコ）の使い方・1文字の候補

[]（大カッコ）で1文字の候補をまとめる

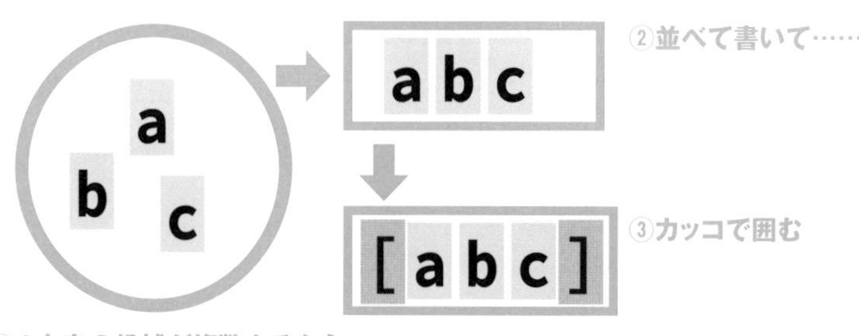

1文字の候補が複数あるときは、[]（大カッコ）を使ってまとめます。

```
ls [15].txt Enter
```

⬅拡張子の前が1か5のファイルを表示する

▼

```
1.txt  5.txt
```

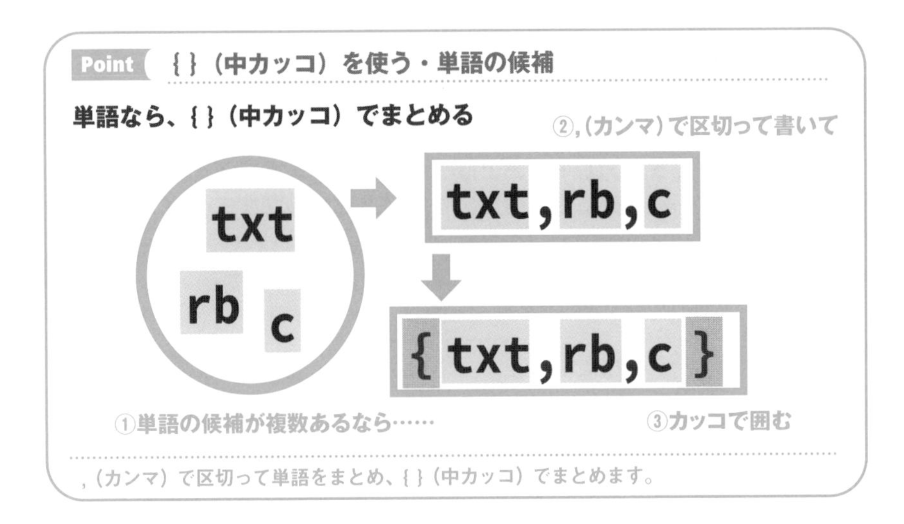


```
$ ls {a2,c1}.txt Enter    ←拡張子txtの前がa2かc1のファイルを探す
```

▼

```
a2.txt  c1.txt    ← a2.txtとc1.txtがピックアップできた
```

複数のワイルドカードを使った連続ワザも使えます。

```
$ ls [ab]*.txt Enter
  ↑ aかbではじまり、拡張子がtxtのファイルを探す
```

▼

```
a1.txt  a2.txt  a3.txt  a4.txt  a5.txt  b1.txt  b2.txt  b3.txt
b4.txt  b5.txt
```

?や[ ]などのワイルドカードの文字をファイル名に使っている場合、その文字の直前にバックスラッシュ \（半角の ¥ マークに同じ）をつけてワイルドカードと区別します。たとえば、「question?.txt」というファイル名を指定したい場合は、「question\?.txt」とします。

32 コマンド入力中、代わりに入力してもらう（補完機能）

コマンド名を入力して、あとはファイル名を入力するだけ。でも肝心のファイル名がきっちり思い出せないときに登場するのが、シェルの補完機能です。

32-1 ブラウザの補完機能

Windows やスマートフォンのブラウザで URL を入力するとき、次のような補完機能を使ったことがあるはずです。

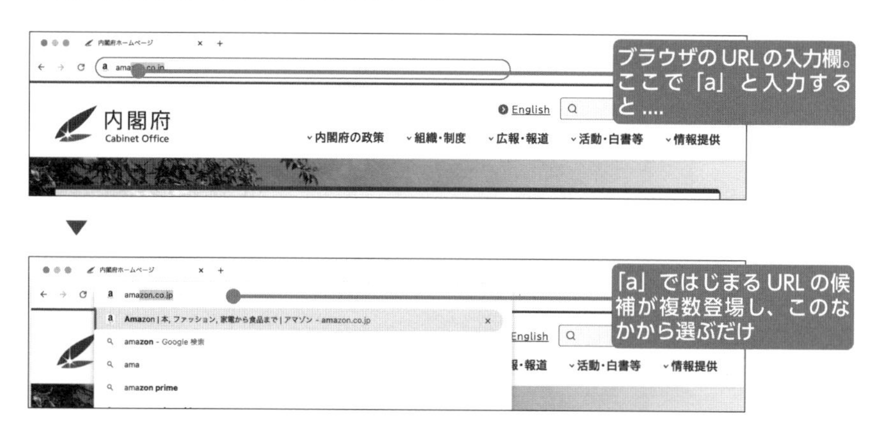

32-2 シェルの補完機能を使ってみよう

実は、シェルにもこれと似たような機能があります。コマンド入力中にファイル名やコマンドを補完してくれる**補完機能**です。コマンドやファイル名を入力する途中で Tab キーを押すと、補完機能が威力を発揮します。

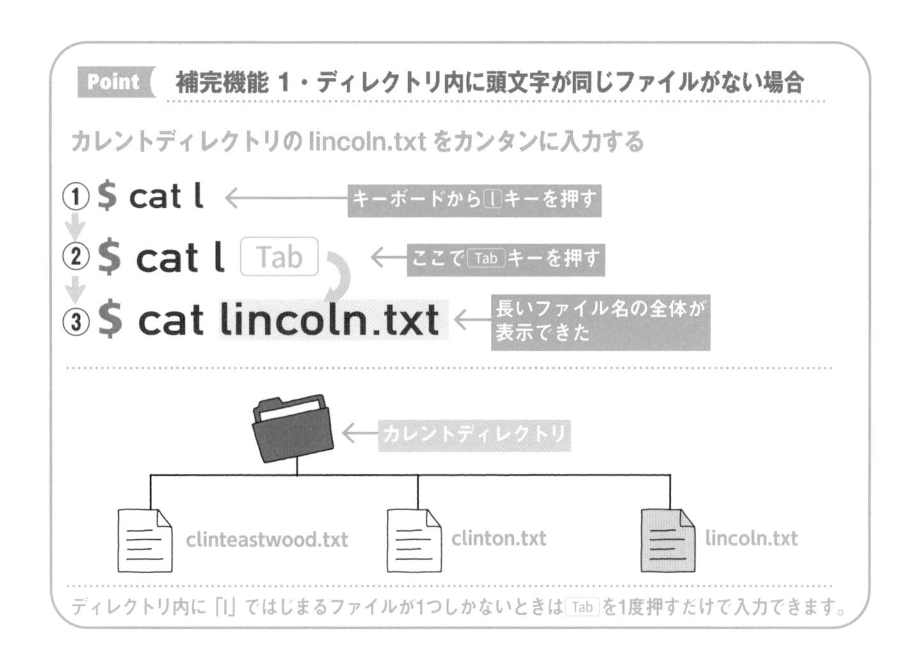

この例では、ファイル名の最初の l キーだけをタイプして Tab キーを押しましたが、単語の途中ならどの位置で押しても、補完してくれます。

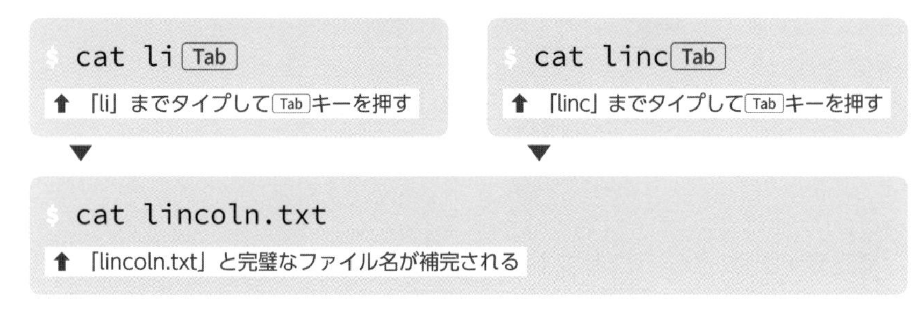

補完機能は大文字、小文字を区別します。たとえばこの例の場合、大文字を指定しても補完されません。

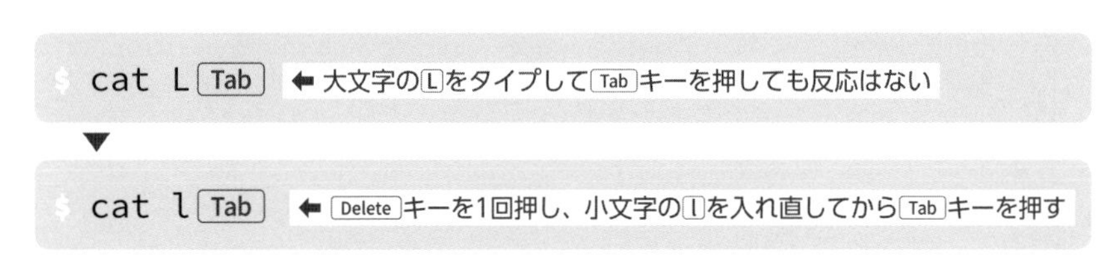

補完候補が複数ある場合は、Tab キーを押すと、次の行で変換候補をいくつか表示します。再度文字をタイプして、候補を絞り込みます。

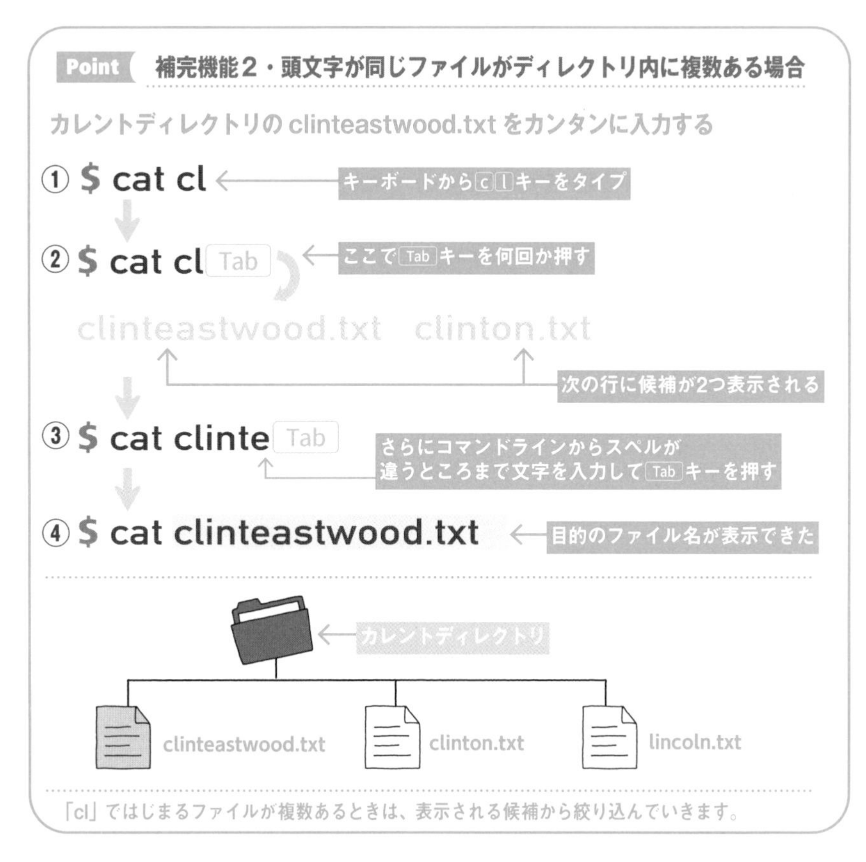

補完機能はカレントディレクトリだけでなく、絶対パスでも使えます。

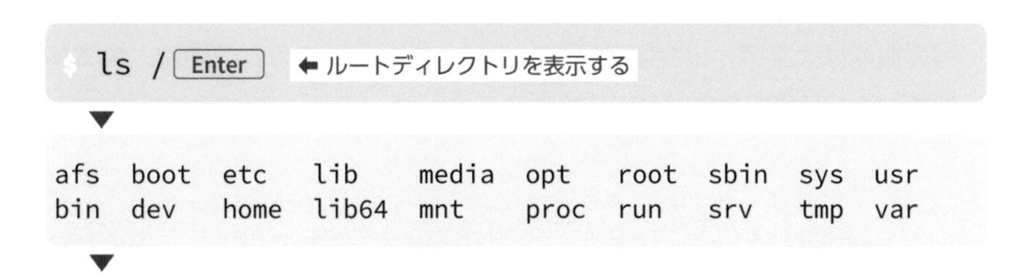

```
$ ls /l[Tab]    ← ルートディレクトリで「l」ではじまるものを補完する
```

▼

```
$ ls /lib    ← lではじまるディレクトリが1つ表示された
```

▼

```
$ ls /lib[Tab][Tab]    ← さらに[Tab]キーを2回押す
```

▼

```
lib/  lib64/
↑ lではじまるディレクトリが2つ表示された
```

32-3 補完機能はコマンド名でも使える

ファイル名を入力するときに大活躍の補完機能ですが、実はコマンド名を入力するときにも使えます。

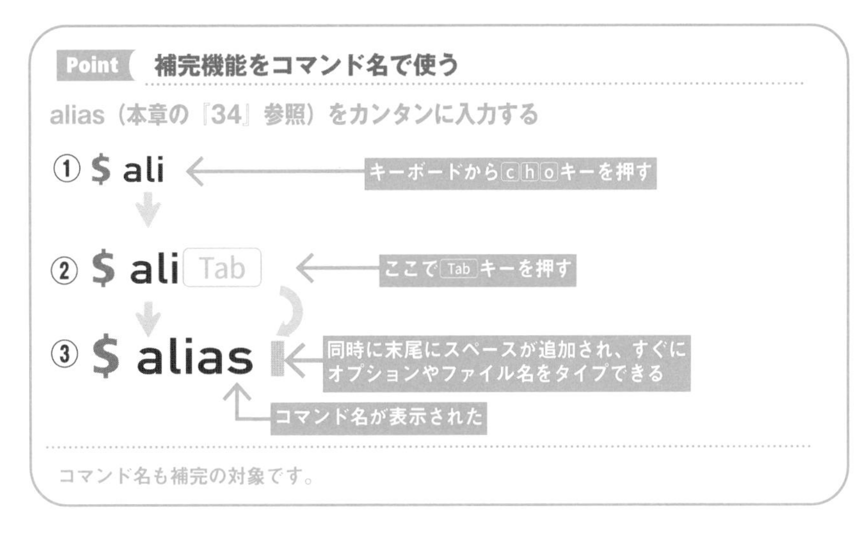

なお、候補となるコマンド名がたくさんあるときは、警告のメッセージが出ることもあります。

33 過去のコマンド履歴を再利用する(ヒストリー機能)

シェルはあなたの一挙一動を見逃しません。過去のコマンド履歴を覚えていて、好きなときに呼び出すことができます。

33-1 ↑、↓ キーで過去を行き来する

過去に入力したコマンドを再び実行したいときがあります。このとき、もう一度、同じ文字を打ち直す必要はありません。プロンプトが表示されているとき、↑、↓ キーを押してください。以前使ったコマンドが次々に登場し、いつでも再利用可能になります。これを**ヒストリー機能**、または**コマンド履歴機能**といいます。

なお、みなさんが入力・実行したコマンドによって、その履歴はさまざまです。このため、本節の履歴はあくまでも例として参考にしてください。

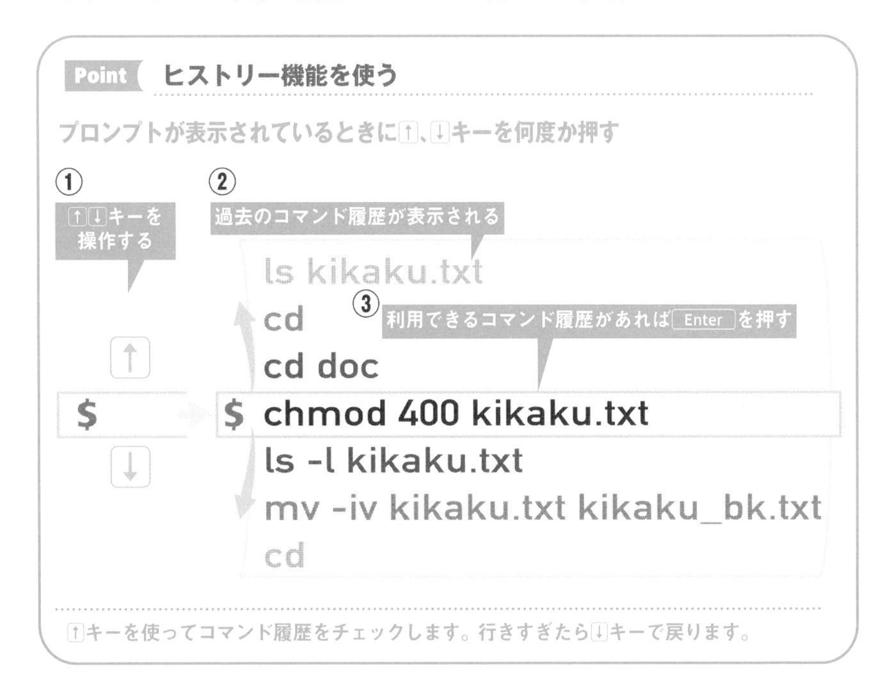

↑キーを使ってコマンド履歴をチェックします。行きすぎたら↓キーで戻ります。

画面にプロンプトが表示されていれば、いつでもヒストリー機能を使うことができます。キーボードから、[↑] キーを押すだけです。

```
$ ↑
```

← プロンプトが表示されているとき、[↑]キーを何度か押す

▼

```
$ cp -iv 123.txt 456.txt
```

↑ [↑]キーを押すごとに、最近使ったコマンドの履歴が登場する

▼

```
$ cp -iv 123.txt 456.txt Enter
```

↑ このコマンドを実行するなら、最後に[Enter]キーを押す

コマンド入力中でもヒストリー機能は作動します。ただし、途中まで入力したコマンドはすべて消えてしまいます。たとえば、ls コマンドで、ディレクトリ /etc を見るために途中までコマンドを打ったとします。このとき [↑] キーを押すと、いままで入力した内容はすべてなくなり、直前のコマンドが表示されます。

```
$ ls -l /e ↑
```

← コマンド入力中に[↑]キーを押すと....

▼

```
$ cp -iv 123.txt 456.txt
```

← 一瞬で過去の履歴が表示される

ヒストリー機能は、[↑][↓] キーだけではなく、ほかのキーでも代用できます。たとえば、直前のコマンドを再度実行するだけなら、[!] を2度押して [Enter] キーを押します。

```
$ !! Enter
```

← [!]を2度押して、[Enter]キーを押す

▼

```
cp -iv 123.txt 456.txt
```

↑ 直前の履歴が実行される。このとき、[↑]キーと違って、[Enter]キーは自動で入力される

33-2 コマンド履歴を一覧表示する

history コマンドを使うと、コマンドの履歴を一覧で表示できます。

```
$ history [Enter]
```

▼

```
 1  mkdir dov
 2  ls
 3  mv dov doc
 4  cp -iv kikaku.txt doc/
```

↑ コマンド履歴が古いものから表示される。履歴が多いと、画面に表示されるのは一瞬

画面に表示しきれないほどコマンド履歴がたくさんあるときは、less コマンドと組み合わせて使いましょう（第３章の『14-2』参照）。ここではパイプ機能（第７章の『41』参照）を併用しています。

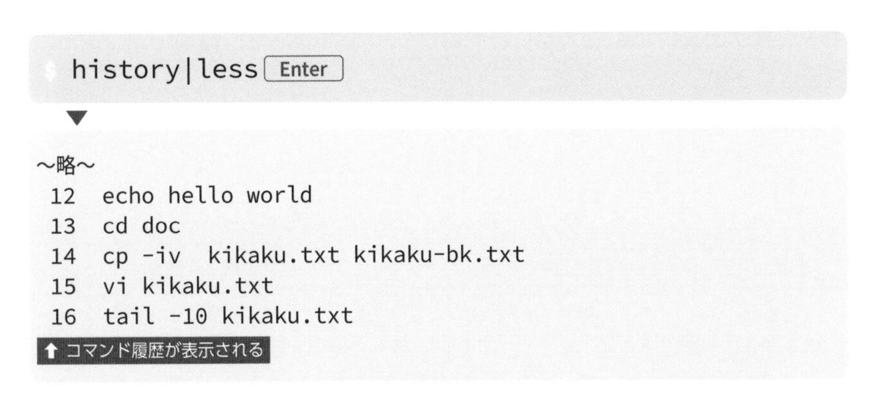

[q] キーを押してプロンプトを再度表示させてから、[!] と行の先頭にある数字をタイプして [Enter] キーを押せば、そのコマンドを実行できます。

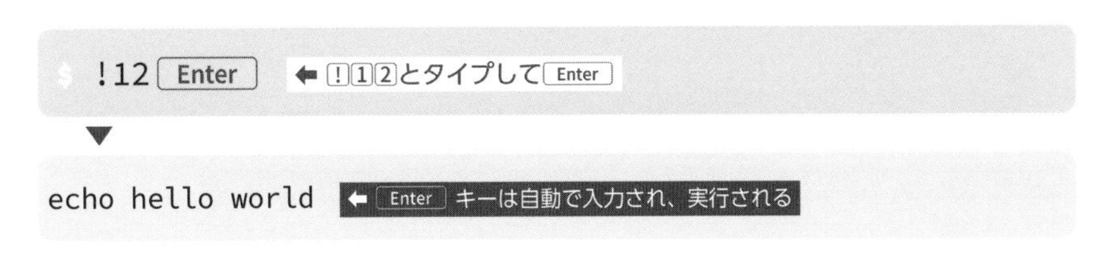

33-3 ヒストリー機能とキーボードショートカットを併用する

ヒストリー機能でコマンドの履歴を再利用する方法を説明してきましたが、実際はヒストリー機能を使ったあと、ちょっとした修正を加えてコマンドを再利用することのほうが多いはずです。こういうときに覚えておくと便利なキーボードショートカットを紹介しておきます。

↑、↓ キーでコマンド履歴を表示したあとに修正を行う場合、行内を自由に移動できると便利です。たとえば行頭にジャンプするには Ctrl キーを押しながら a キーを押します。単語単位でジャンプするには、Alt キーを押しながら f キーまたは b キーを押します。Alt キーの代わりに、Esc キーを押したあとに f または b キーを押してもかまいません。

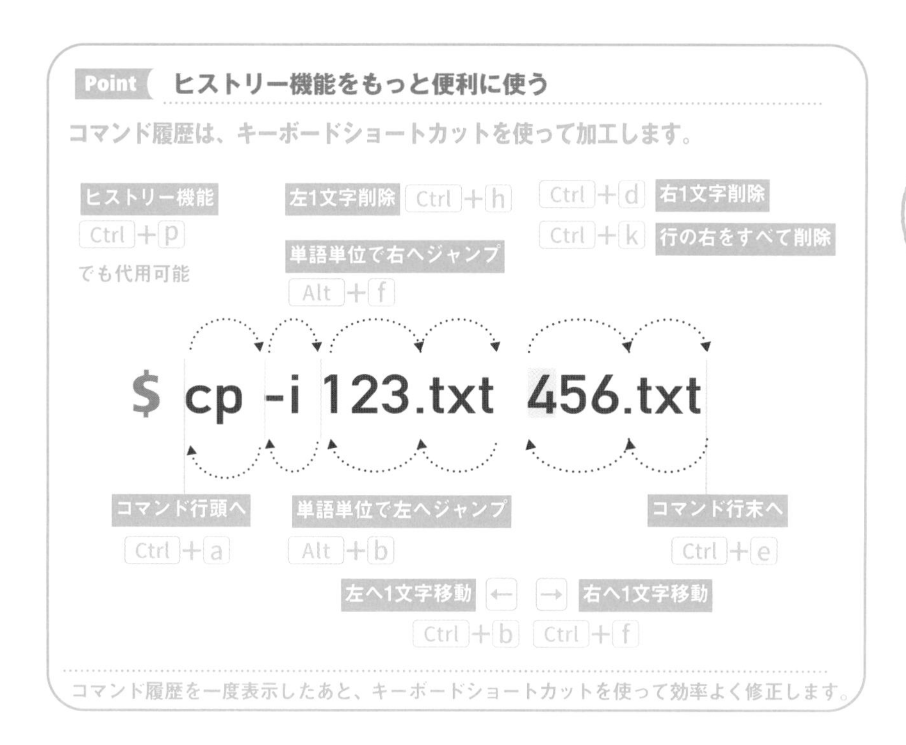

34 コマンドを別名登録する（エイリアス機能）

エイリアス機能を使うと既存のコマンドに別名をつけることもできます。別名はコマンド名と同じで、オプションをつけることも可能です。

34-1 別名をつけてエイリアスを使う

`ls` コマンドにオプションの `-l` をつけた「`ls -l`」はよく使うコマンドですが、毎回入力するのは手間です。こういうとき、**エイリアス機能**が力を発揮します。`alias` コマンドについて紹介します。

34-2 コマンド名を同じにする場合、解除する場合

次は、よく使うコマンドとオプションをそっくりそのまま元のコマンド名でエイリアスする（エイリアス機能を使う）例です。

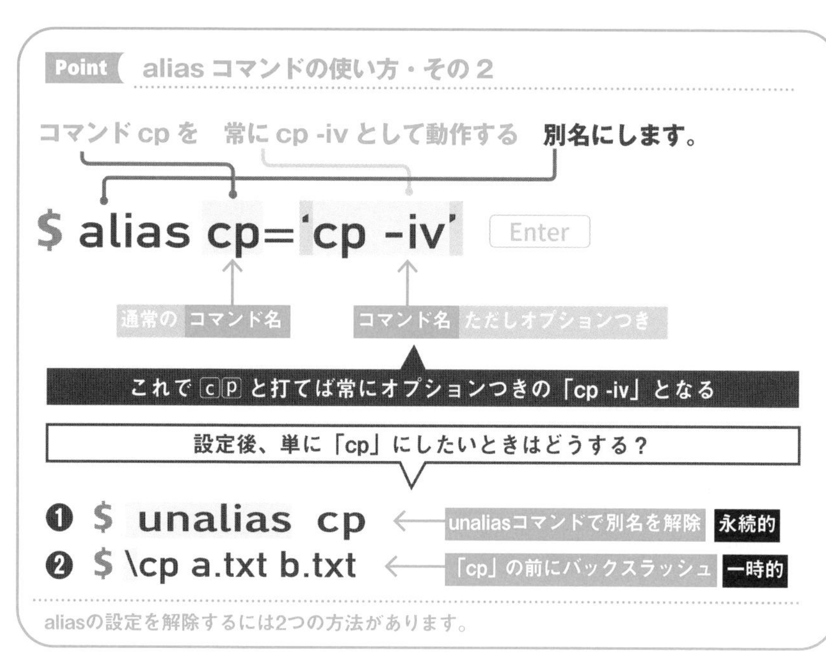

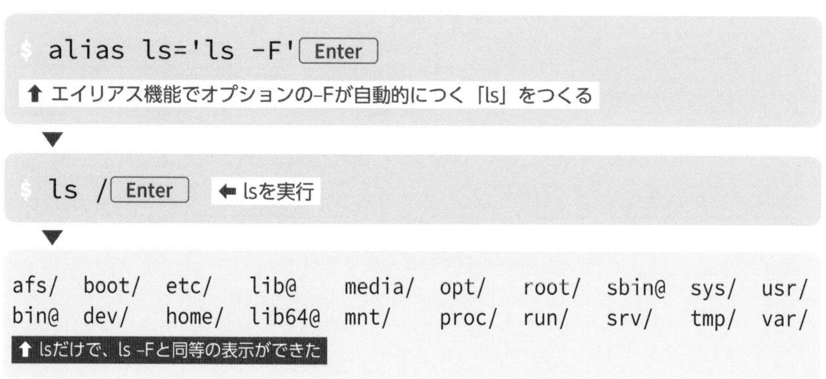

```
$ alias ls='ls -F' Enter
```

⬆ エイリアス機能でオプションの–Fが自動的につく「ls」をつくる

▼

```
$ ls / Enter
```

⬅ lsを実行

▼

```
afs/  boot/  etc/   lib@    media/  opt/   root/  sbin@  sys/  usr/
bin@  dev/   home/  lib64@  mnt/    proc/  run/   srv/   tmp/  var/
```

⬆ lsだけで、ls –Fと同等の表示ができた

6 シェルの便利な機能を使おう

35 プロンプトを変更する（シェル変数について）

プロンプトを変更するにはシェル変数 PS1 を設定します。Linux では、このようなシェル変数を使って自分好みの設定に変更できます。

35-1 シェル変数PS1を設定するとプロンプトを変更できる

シェル変数 PS1 を使えば、ふだん使っているプロンプトをわかりやすいものに変更できます。特殊な記号さえ理解できれば、設定は簡単です。

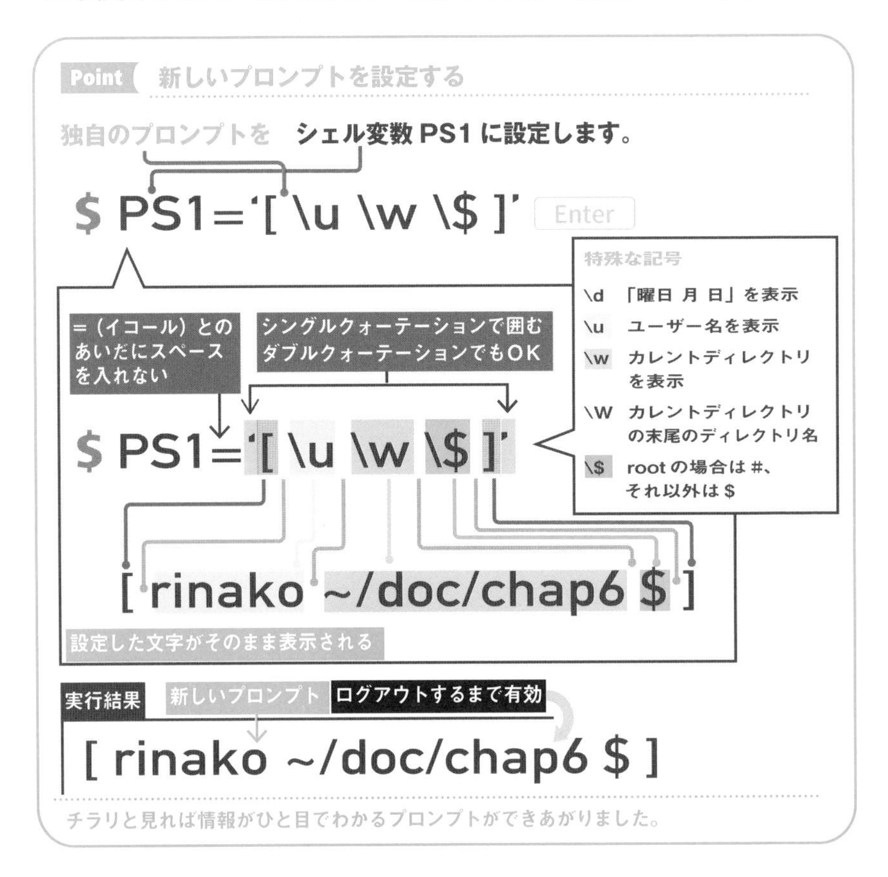

特殊な記号を使わず、ふつうの文字だけでプロンプトをつくることもできます。

```
$ PS1='(^-^)' Enter    ← 顔文字をプロンプトにしてみた
```

▼

```
(^-^)    ← これだけで気分が明るくなるから不思議
```

プロンプト変更の有効期限はシャットダウンやログオフするまでです。次のログインからは最初の設定に戻ってしまいます。本書ではこれ以上詳しく述べませんが、変更したプロンプトをいつまでも使いたいなら、シェルの設定ファイルを編集する必要があります（本章の『37』参照）。

35-2 シェル変数とは何か？

シェル変数は秘書のシェルに渡すメモです。メモの用件を左に（シェル変数名）、設定を右に書けば OK です。左と右の式を結ぶ =（イコール記号）のあいだには、絶対にスペースを入れてはいけません。

35-3 シェル変数PATHの役割

PS1 以外の代表的なシェル変数を見ていきましょう。

シェル変数 PATH は、シェルがどのディレクトリからコマンドを実行するかを指定する変数です。PATH には、ディストリビューションによって、あらかじめ適切なディレクトリが設定されています。

コマンドやプログラムを実行する際に、それらが保存されている場所をいちいち指定するのは面倒です。そこで、シェル変数 PATH にコマンドやプログラムがあるディレクトリを記述しておくことで、よく使われるコマンドなどを、どこのカレントディレクトリからでも実行できるようにしているのです。

PATH のなかみは echo コマンド（第 7 章の『38』参照）で確認できます。

```
$ echo $PATH Enter
```

⬅ echoで使うときはシェル変数の頭に「$」をつける

▼

```
/usr/local/bin:/usr/bin:/usr/local/sbin:/usr/sbin:/home/
rinako/.local/bin:/home/rinako/bin
```

⬆「:」（コロン）で区切られた絶対パスが表示される

PATH は、絶対パスを :（コロン）でつないで設定します。もし、シェル変数 PATH に新しいディレクトリを追加するのであれば、次のように、ディレクトリを追加して再設定する方法が実用的です。

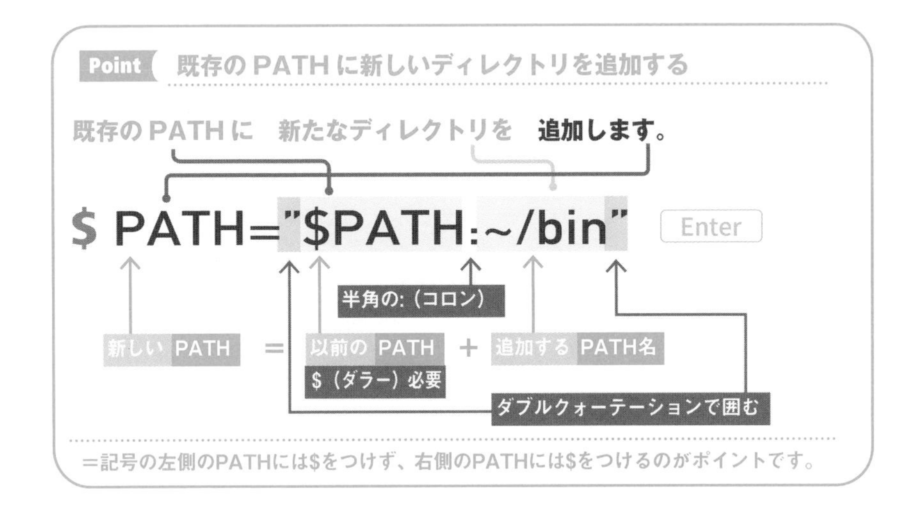

35-4 使用する言語の設定は変数LANGで

Linuxは、世界中のユーザーから使われているため、英語や日本語などたくさんの言語をサポートしていて、しかも簡単に切り替えることができます。これを実現しているのが**ロケール**です。ロケールには、国や使う言葉、文字コードや通貨単位、日付の使い方などの情報が入っています。

使用中のロケールを確認するには、シェル変数LANGで確認します。

```
$ echo $LANG [Enter]
```

⬆ echoでシェル変数を表示するときは、アタマに$をつけることを忘れずに

▼

```
en_US.UTF-8
```

⬅ ロケールは英語だ

もし、bashのメッセージが日本語で表示されないなら、変数LANGを使って設定し直します。

設定はすぐに反映されます。英語表示に戻す場合は、次のコマンドを実行します。

```
$ LANG=en_US.UTF-8
```

本書の学習環境と日本語表示

本書の学習環境には日本語環境がインストールされていません。このため、「LANG=ja_JP.UTF-8」の設定を行っても日本語表示にはなりません。

36 シェル変数のしくみと動作

シェル変数だけでなく、環境変数も使って Linux 環境を整備していきましょう。

36-1 組み込みコマンドと外部コマンド

Linux のコマンドには、大きく分けて、組み込みコマンドと外部コマンドがあります。

Point 組み込みコマンドと外部コマンド

Linux のコマンドは大きく２つに分けられる

組み込みコマンド	外部コマンド
シェル自体に内蔵されているコマンド alias cd pwd シェル変数	Linux のファイルとして存在するコマンド ls cat find grep

組み込みコマンドの一覧を表示するには `help` コマンドを使います。

```
$ help Enter
```

組み込みコマンドか外部コマンドかを確認するには、`type` コマンドを使います。`type` コマンドを実行すると、外部コマンドの場合は、その実行ファイルのパスが表示されます。

```
$ type find [Enter]    ← 試しにfindを調べてみる
```

▼

```
find is /usr/bin/find    ← findは外部コマンドだった
```

組み込みコマンドの場合は、たとえば cd コマンドであれば「cd is a shell builtin」と表示されます。

```
$ type cd [Enter]
```

▼

```
cd is a shell builtin
```

36-2 シェル変数と環境変数

シェル変数（正しくはその値）は、別のシェルを起動したり、アプリケーションのコマンドから見たりすることができません。このような場合、環境変数に変数を設定しておくと、その値が見えるようになって便利です。

環境変数を設定するには export コマンドを使います。環境変数 prof に値を設定してみましょう

```
$ export prof=~/prof.txt [Enter]
↑「prof」という名前の環境変数を作成し、その値として「~/prof.txt」を設定
```

▼

```
$ bash [Enter]
↑ 環境変数profが別のシェルでも設定されているか確認するため、bashを起動
```

▼

```
$ ls -l $prof [Enter]
↑ 環境変数が設定されていれば「ls -l ~/prof.txt」と同じ意味になるはず
```

▼

```
-rw-rw--w-. 1 rinako soumu 71 Apr 23 00:00 home/rinako/prof.
txt
```
← 環境変数profが設定されているので、lsコマンドがちゃんと動いた

現在、どのような環境変数が設定されているかを確認するには、printenv コマンドを実行します。

```
$ printenv Enter
```

▼

```
SHELL=/bin/bash
HOSTNAME= localhost
HISTSIZE=1000
XDG_SEAT=seat0
PWD=/home/rinako
LOGNAME=r inako
XDG_SESSION_TYPE=tty
SYSTEMD EXEC PID=720
HOME=/home/rinako
～略～
XDG_SESSION_CLASS=user
TERM=linux
LESSOPEN=||/usr/bin/lesspipe.sh %s
USER=rinako
SHLVL=2
XDG_VTNR=1
XDG_SESSION_ID=1
XDGRUNTIME DIR=/run/user/1000
DEBUGINFOD_URLS=https://debuginfod.centos.org/
which_declare=declare -f
PATH=/usr/local/bin:/usr/bin:/usr/local/sbin:/usr/sbin:/home/
rinako/.local/bin:/home/rinako/bin
DBUS_SESSION_BUS_ADDRESS=unix:path=/run/user/1000/bus
MAIL=/usr/spool/mail/rinako
OLDPWD=/home/rinako
～略～
```
↑ あらかじめ設定してある環境変数はたくさんある。すべては表示しきれないので、一部を表示した

36-3 bashのオプション

コマンドにオプションがあるように、bashにもオプションがあります。bashのオプションはsetコマンドを使って設定します。

オプション	説明
ignoreof	Ctrl キーを押しながら d キーを押しても、シェルを終了しない（-o）。終了するなら（+o）。
noclobber	既存のファイルに対する出力リダイレクトを禁じる（-o）。禁じないのなら（+o）。
noglob	パス名のワイルドカードによる展開（* や ?）を無効にする（-o）。無効にしないのなら（+o）。
vi	vi形式のコマンド行編集インターフェースを無効にする（-o）。有効にするなら（+o）。

shoptコマンドを使って、bashのオプションを設定することもできます。

たとえば「shopt -s autocd」を実行すると、プロンプトから（カレントディレクトリ内の）ディレクトリ名を入力すれば、自動的にそのディレクトリに移動するようになります。この機能を解除するには、「shopt -u autocd」を実行します。

37 いつでも好きな設定を使えるようにする（環境設定ファイル）

せっかく自分好みの環境をつくっても、bash が終了するとすべての設定が消えてなくなります。いつログインしても、快適な環境を使えるようにするには、bash の設定ファイルをつくる必要があります。

37-1 bashの設定ファイルをつくる

いままで変数は、プロンプトからその都度、設定していました。実は、変数をまとめて書いてファイルに保存しておけば、ログイン時にすべて自動的に実行してくれます。

```
# .bashrc

# Source global definitions
if [ -f /etc/bashrc ]; then
        . /etc/bashrc
fi

# Uncomment the following line if you don't like systemctl's
auto-paging feature:
# export SYSTEMD_PAGER=

# User specific aliases and functions
```

これが、AlmaLinux で（一般ユーザー向けに）あらかじめ用意されている.bashrc ファイルのなかみです。

自分好みの環境を設定するには、このファイルを編集します。

37-2 .bashrcを編集する前に必ずすること

この.bashrcファイルを編集するにあたっては、その都度、万が一に備えてバックアップファイルをつくっておくようにしましょう。

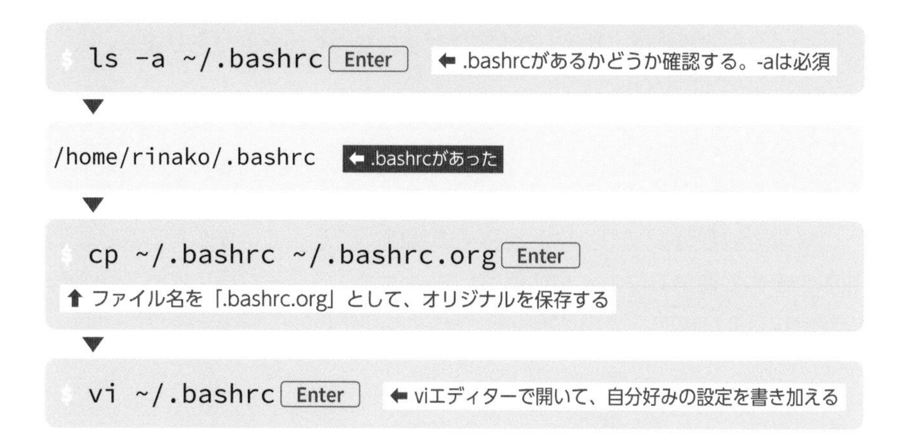

追加したい設定は「`# User specific aliases and functions`」の次の行以降に記述します。

よく使う環境変数などの設定に加え、たとえば、次のような設定を追加しておくと便利です。

Point 追加すると便利な設定

```
alias ls='ls -F'
alias rm='rm -iv'
alias cp='cp -iv'
alias mv='mv -iv'
set -o noclobber
export PS1='(^-^)'
```

（alias rm〜set -o noclobber）うっかりミスを防ぐエイリアスやリダイレクトの設定の数々

（export PS1）プロンプトを変更する

練習問題

問題 1

ユーザーのリクエストを受けつけて Linux システムに伝えたり、システムメッセージを表示するプログラムは何ですか？

ⓐ メッセンジャー
ⓑ シェル
ⓒ パイプ
ⓓ インタープリタ

問題 2

拡張子が txt であるすべてのファイルを表示したい場合は、どのようなワイルドカードを指定しますか？

ⓐ `ls *.txt`
ⓑ `ls !.txt`
ⓒ `ls ?.txt`
ⓓ `ls $.txt`

問題 3

コマンドラインからファイル名を入力するときに、最初の数文字を入力し、残りを自動的に補完したいとき、どのキーを押しますか？

ⓐ Esc キー
ⓑ Space キー
ⓒ Ctrl キー
ⓓ Tab キー

問題 4

コマンド入力時に上下の矢印キーを押して、以前に使ったコマンドを呼び出す機能を何と呼びますか？

ⓐ システムコール
ⓑ ドライバー
ⓒ スクリプト
ⓓ ヒストリー

問題 5

シェルの設定情報をもたせておく場所を何と呼びますか？

問題 6

現在英語モードになっているLinuxシステムで日本語を扱いたい場合には、どのような環境変数を定義すればいいでしょう？

解 答

問題 1 解答

正解はⓑのシェル

ユーザーとLinux（カーネル）のあいだをとりもつのがシェルです。Linuxでは標準のシェルとしてbash（バッシュ）が用意されていますが、他のシェルを利用することも可能です。

問題 2 解答

正解はⓐの `ls *.txt`

*（アスタリスク）は、長さや種類を問わず、任意の文字列を意味するLinuxのワイルドカードです。ファイル名を探すときだけでなく、さまざまなテキスト処理ツールで任意の文字列を検索するときなどにも使える、便利な機能です。

問題 3 解答

正解はⓓの Tab キー

ファイル名が思い出せないときや、ファイル名が長くて入力するのが面倒なときなどに補完機能を使うと便利です。大文字と小文字は区別されるので注意しましょう。

問題 4 解答

正解はⓓのヒストリー

同じコマンドを繰り返し入力する場合に、ヒストリー機能を使えば、入力の手間が省けます。

問題 5 解答

正解はシェル変数

シェル変数のことは、シェルの設定情報をもたせておく場所と理解するとよいでしょう。このうち、外部からも参照できるものが環境変数です。たとえば他のプログラムの動作時に参照されます。

問題 6 解答

正解は環境変数 LANG

プロンプトから「`LANG=ja_JP.UTF-8`」を実行します。ただし、日本語環境がインストールされていないと、この設定を実行しても、日本語表示にはなりません。

使いこなすと便利なワザ

38 便利なコマンドを使う①
(echo、wc、sort、head、tail、grep)

39 便利なコマンドを使う②（find）

40 標準入力と標準出力を変更する（リダイレクト）

41 パイプ機能を使ってさらに効率化する

42 正規表現の第一歩

43 シンボリックリンク

44 アーカイブ・圧縮（tar・gzip）

便利なコマンドを使う①(echo、wc、sort、head、tail、grep)

Linux でメジャーなコマンドを紹介していきましょう。ここでは echo、wc、sort、head、tail、grep の 6 つのコマンドを扱います。

文字を表示する

echo コマンドは、引数で指定した文字を画面に表示します。 さっそく「Hello」と表示してみましょう。

Point echo コマンドの使い方

引数で指定した文字を ディスプレイに表示します。

```
$ echo Hello Enter
```

↑引数で指定したテキスト

出力結果

```
Hello
```

←引数に指定したテキストが表示された

```
$ echo Hello World Enter
```

⬆ 2つ以上の単語はスペースで区切る

▼

```
Hello World
```

⬅ スペースで区切って表示された

シェル変数（第 6 章の『35-3』参照）のなかみも、echo コマンドで確認できます。

```
$ echo $PATH Enter
```
⬆ 変数PATHの値を表示する

▼

```
/usr/local/bin:/usr/bin:/usr/local/sbin:/usr/sbin:/home/
rinako/.local/bin:/home/rinako/bin
```

本章ではこれ以降、/home/rinako/doc/chap7をカレントディレクトリとして作業しています。あらかじめ、**cd**コマンドで移動しておきましょう。

```
$ cd ~/doc/chap7 Enter
```
⬆ ~はホームディレクトリをあらわす

文字数や行数を数える

wcコマンドは、ファイルの行数・単語数・バイト数を数えるコマンドです。

wcコマンドは、パイプ機能（本章の『41』参照）といっしょによく使われます。

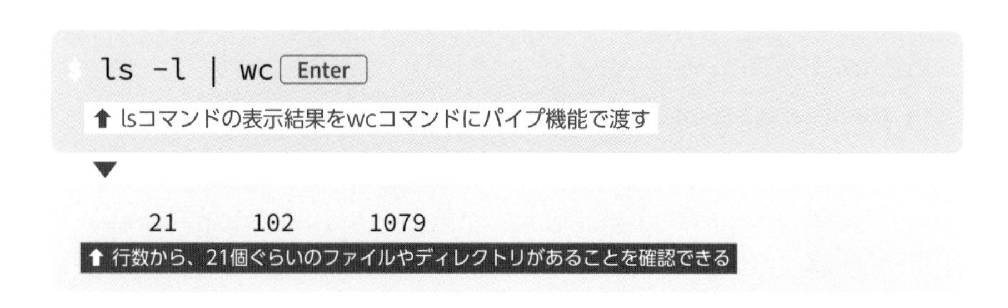

ファイルのなかみを並べ替える

sortコマンドは、行単位でテキストを並べ替えます。これを**ソート**と呼ぶこともあります。並べ替えは、辞書順（アルファベット順）になりますが、オプションの -r をつけると、逆順に並べ替えます。

```
$ sort -r central.txt [Enter]   ← オプションの-rを使う
```

▼

```
Tigers,Osaka
Swallows,Tokyo
Giants,Tokyo
Dragons,Nagoya
Carp,Hiroshima
Baystars,Yokohama   ← 逆順に並べ替えられた
```

　数値データを並べ替えるには注意が必要です。先頭の数字の昇順ではなく、文字どおりその数値の大きさの昇順（小数や負の値を含む）に並べ替えるには、オプションの -n を使います。

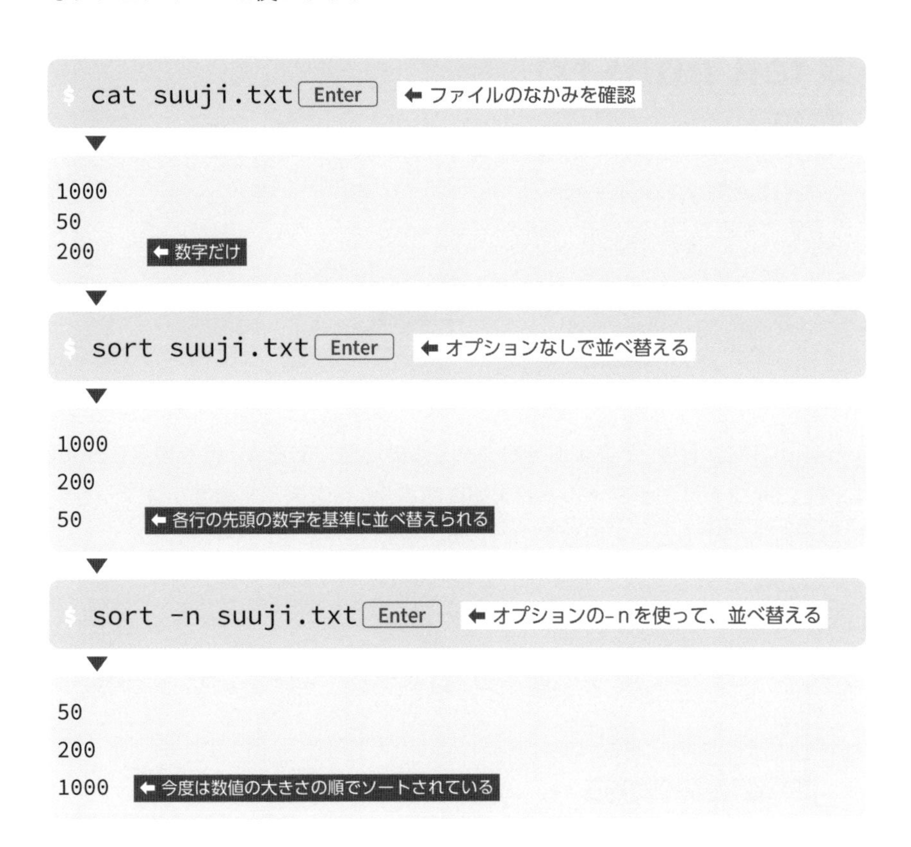

38-4 ファイルの先頭・末尾の10行を表示する

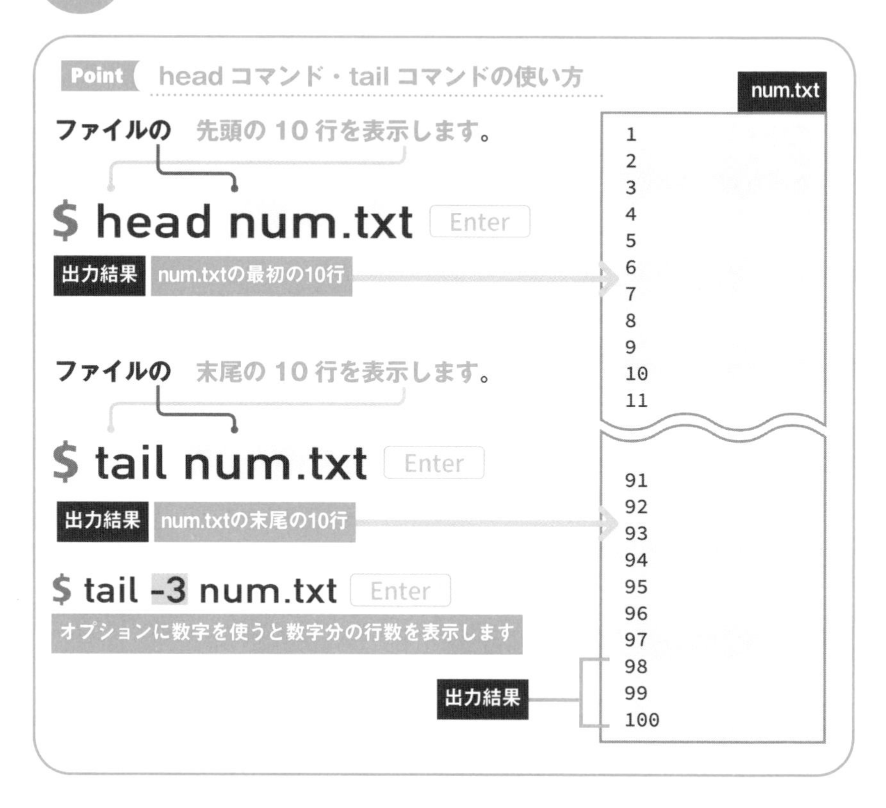

headコマンドは、デフォルトでファイルの先頭にある10行を表示します。tailコマンドは、デフォルトで末尾にある10行を表示します。オプションに数字を指定すると、その数字の行数分、表示できます。

```
$ head -2 num.txt Enter
```

⬆ オプションを使って最初の2行だけ表示

▼

```
1
2
```

⬅最初の2行だけが表示された

38-5 ファイルからキーワードのある行を検索して表示する

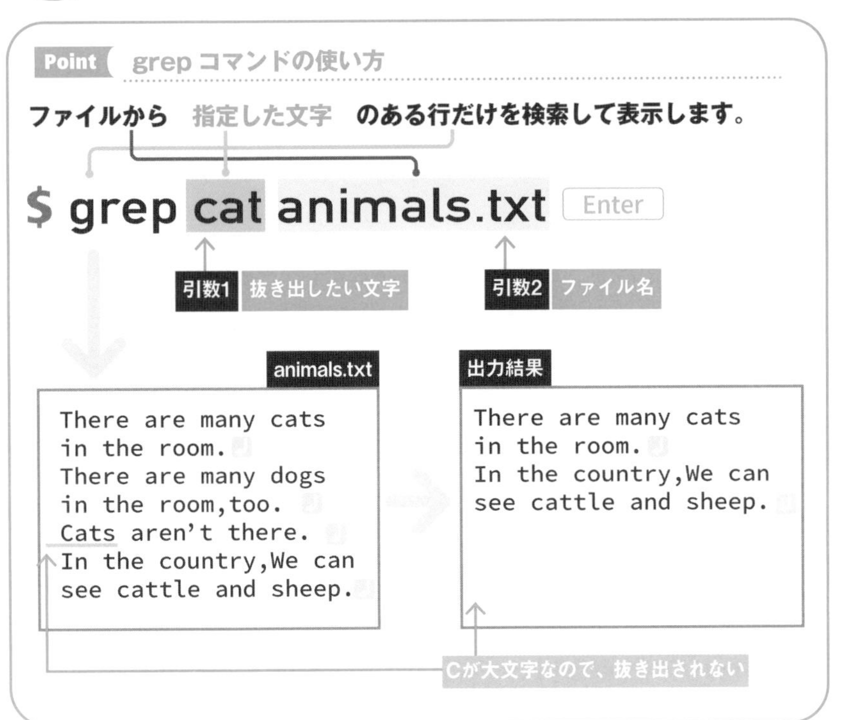

grep コマンドは指定したファイルのなかから検索対象の文字列を探し出し、その文字列を含む行を表示します。アルファベットの大文字・小文字に関係なく検索対象とするには、オプションの -i を使います。

```
There are many cats in the room.
Cats aren't there.
In the county,We can see cattle and sheep.
```

← 今度は3行が表示された

39 便利なコマンドを使う② (find)

findは、ファイル名や作成時刻から適合するファイルを見つけ出すコマンドです。細かく設定できますが、オプションの設定は複雑です。

39-1 ディレクトリの下にあるファイルを検索する

`find`コマンドを使ってファイル名で検索するときは、検索条件に`-name`オプションを使い、半角スペースの次にファイル名をつけます。アクション(処理動作のこと)をオプションに指定可能で、たとえば`-print`オプションで見つかったファイルのパス名を表示できます。

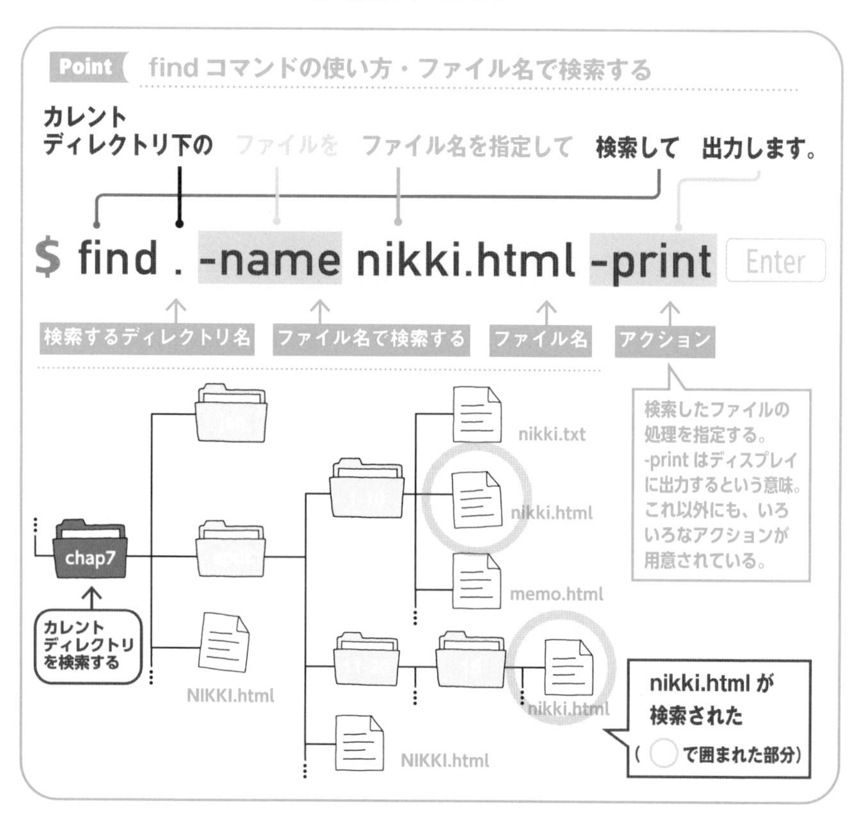

```
$ find . -name nikki.html -print Enter
```

▼

```
./april/1-10/nikki.html  ← 出力結果が表示される
./april/11-20/15/nikki.html
```

ここではカレントディレクトリをあらわす「.」を使いましたが、相対パスや絶対パスでも指定できます。次のように検索対象のディレクトリを複数指定することも可能です。-iname オプションを使えば大文字・小文字に関係なく検索できます。次の例では、「NIKKI.html」も検索されます。

```
$ find ~/doc/chap6 . -iname nikki.html -print Enter
```

⬆ 検索対象ディレクトリは複数指定可能 。-inameを使えば「NIKKI.html」も検索

39-2 ワイルドカードを使って検索する

find コマンドは、ファイル名にワイルドカードを利用できます（第６章の『31』参照）。* や ? を駆使して、さらに柔軟な検索が可能です。

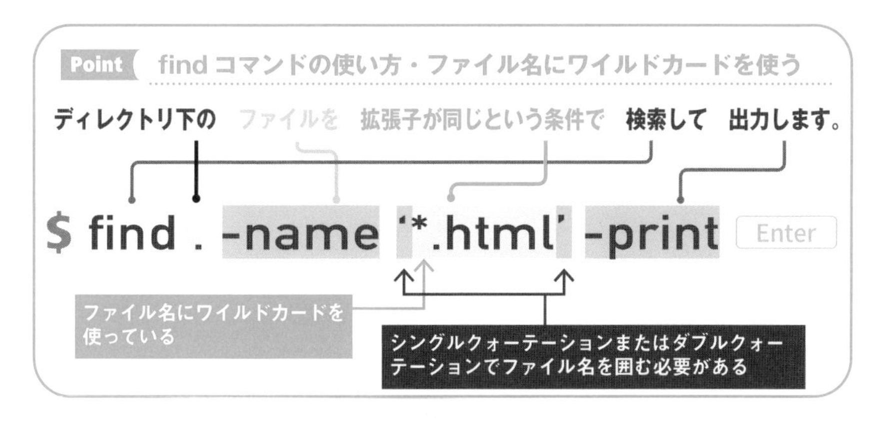

39-3 ディレクトリだけを検索する

`find` コマンドで `-type` オプションを使うと、ファイルの種類を指定して検索できます。ディレクトリを検索するには `-type d` とします。

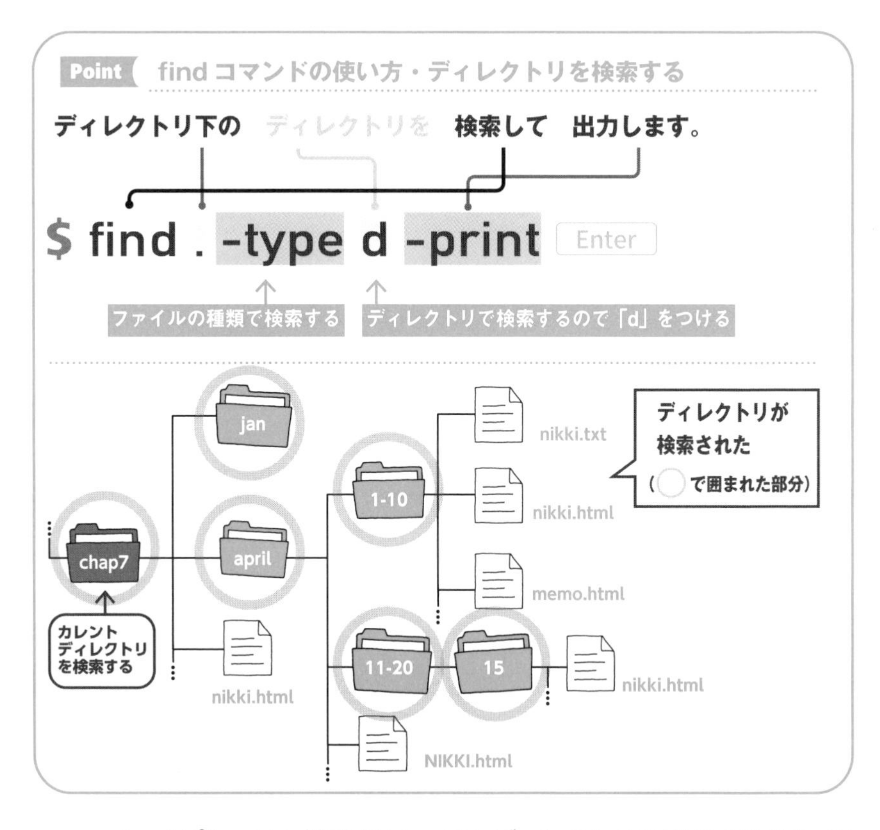

`-empty` オプションと併用すると、空のディレクトリを検索できます。次の例を実行すると、「jan」が検索されます。

```
$ find . -type d -empty -print Enter
```

▼

```
./jan
```

39-4 作成時刻から検索する

find コマンドは -mtime オプションを使って、作成時刻からもファイルを検索できます。ただし、日にちの数え方と数字の指定方法が複雑です。

-mtimeで指定するのは「基準となる時間」です。3ならば24×3=72時間なので、-3なら「基準時間（=72時間前）より新しいファイル」、+3なら「基準時間（=72時間前）より古いファイル」です。

マメ知識

作成時刻・更新時刻・アクセス時刻

ファイルまたはディレクトリが作成された日時を作成時刻、更新された日時を更新時刻、最後にアクセスした日時をアクセス時刻といい、Linux はこの 3 つを区別し、記録しています。

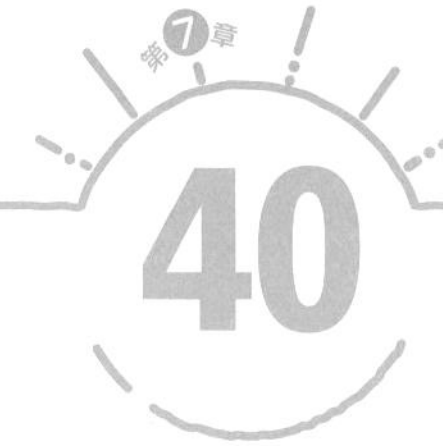

40 標準入力と標準出力を変更する(リダイレクト)

シンプル Linux では、キーボードからコマンドを入力し、その結果はディスプレイに出力されますが、実はこれ、変更できるんです。

40-1 標準出力をファイルに変更する

キーボードから入力することを**標準入力**、ディスプレイに出力することを**標準出力**といいます。これは、わたしたちが当たり前のようにキーボードから文字を入力し、その結果をディスプレイに出力しているためにこう呼ばれています。この標準入力と標準出力は変更できます。

入出力を変更することを**リダイレクト**といいます。このリダイレクトには、> 記号を使います。それでは、出力結果をディスプレイに表示するのではなく、ファイルに保存してみましょう。

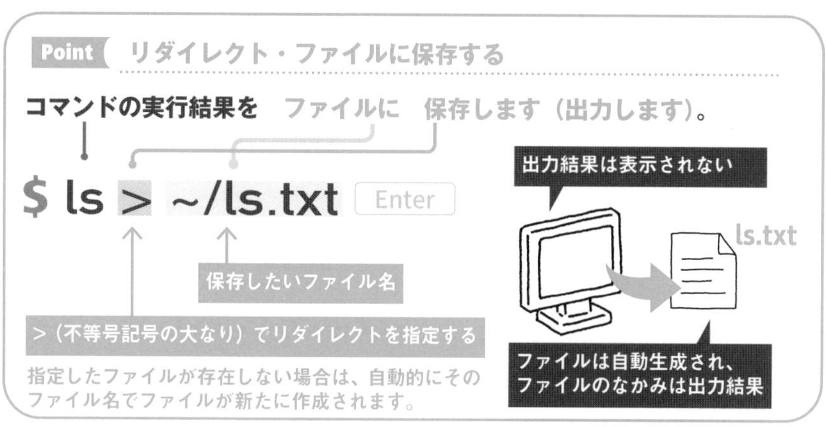

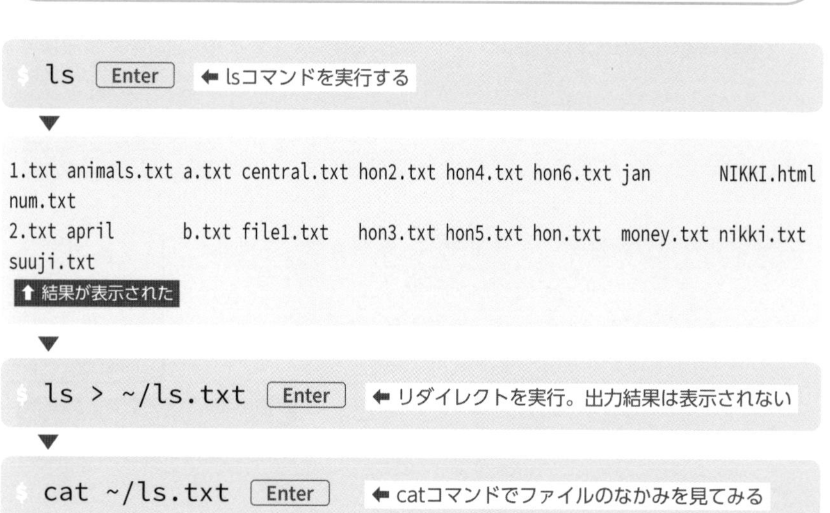

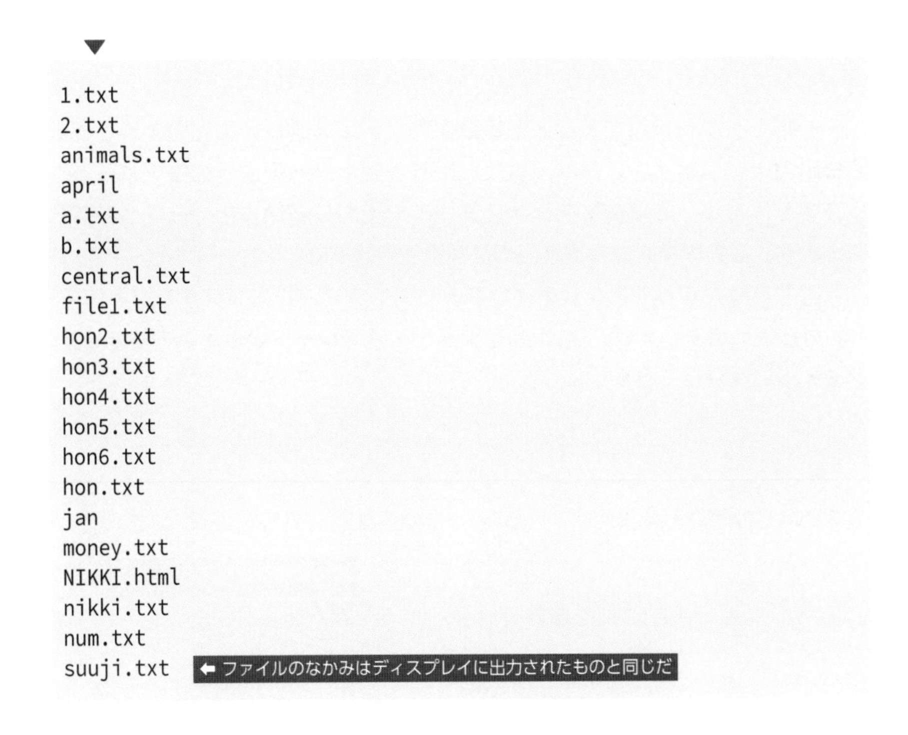

標準出力をファイルに追加保存する

>(不等号記号)の代わりに**>>**を使うと、既存のファイルに追加保存します。

```
$ ls april Enter
```
← lsコマンドでディレクトリaprilを見る

▼

```
1-10    11-20   NIKKI.html   nikki.txt
```
← 結果が表示された

▼

```
$ ls april >> ~/ls.txt Enter
```
← 追加保存を実行

▼

```
$ cat ~/ls.txt Enter
```
← catコマンドでファイルのなかみを見てみる

▼

```
1.txt
2.txt
animals.txt
april
a.txt
b.txt
central.txt
file1.txt
hon2.txt
hon3.txt
hon4.txt
hon5.txt
hon6.txt
hon.txt
jan
money.txt
NIKKI.html
nikki.txt
num.txt
suuji.txt
1-10
11-20
NIKKI.html
nikki.txt
```
← 末尾に出力結果が追加されている

標準入力をファイルに変更する

今度は、標準入力をキーボードからファイルに変更してみましょう。標準入力をリダイレクトするには、<記号を使います。

標準エラー出力

ミスタイプすると、ディスプレイに「No such file or directory」といったエラーメッセージが出力されます。Linux では、このエラーメッセージを通常の出力と区別しています。標準のエラー出力先であるディスプレイが、**標準エラー出力**になります。標準エラー出力は、＞の代わりに 2> を使えば、リダイレクトできます。

```
$ ls /abcdefg 2> ~/error.txt [Enter]
```

⬆ lsコマンドで実際にはないディレクトリにアクセスし、標準エラー出力を変更する

▼

```
$
```

⬅ あきらかにエラーなのだが、画面には何も表示されない

▼

```
$ cat ~/error.txt [Enter]
```

⬅ catコマンドでファイルのなかみを見てみる

▼

```
ls: cannot access /abcdefg: No such file or directory
```

⬆ ファイルにエラー出力が表示されている

マメ知識

標準入力と標準出力

Linuxに限りませんが、コマンドを使うシェルやOSでは、標準入力・標準出力という概念が採用されていることが多く、これを理解すると、コマンドの使い方が一気に拡がります。「標準」というと堅苦しいように感じるかもしれませんが、「放っておくと使われる入出力」といえばわかりやすいでしょうか。

たとえば、**cat**コマンドはファイル名をつけて使うのが普通ですが、何もつけずに「cat」とだけ入力してみると、画面には何も表示されずに「入力待ち」の状態になります。これは標準入力からの入力を待っているからで、文字を打ち込んで[Enter]キーを押すと、その内容を画面に表示します(終了するには、[Ctrl]+[d]キーを押します)。これは、つまり標準出力に出力しているのです。

catコマンドに限らず、一般的なコマンドの多くは標準出力へ結果を出すようになっています。標準出力はディスプレイであることが多いので、我々はコマンドの操作結果を見ることができるわけです。

パイプ機能を使ってさらに効率化する

リダイレクト（前節の『40』参照）を使えば、標準出力をディスプレイからファイルに変更できました。今度はパイプ機能を使って、出力結果を効率よく利用してみましょう。

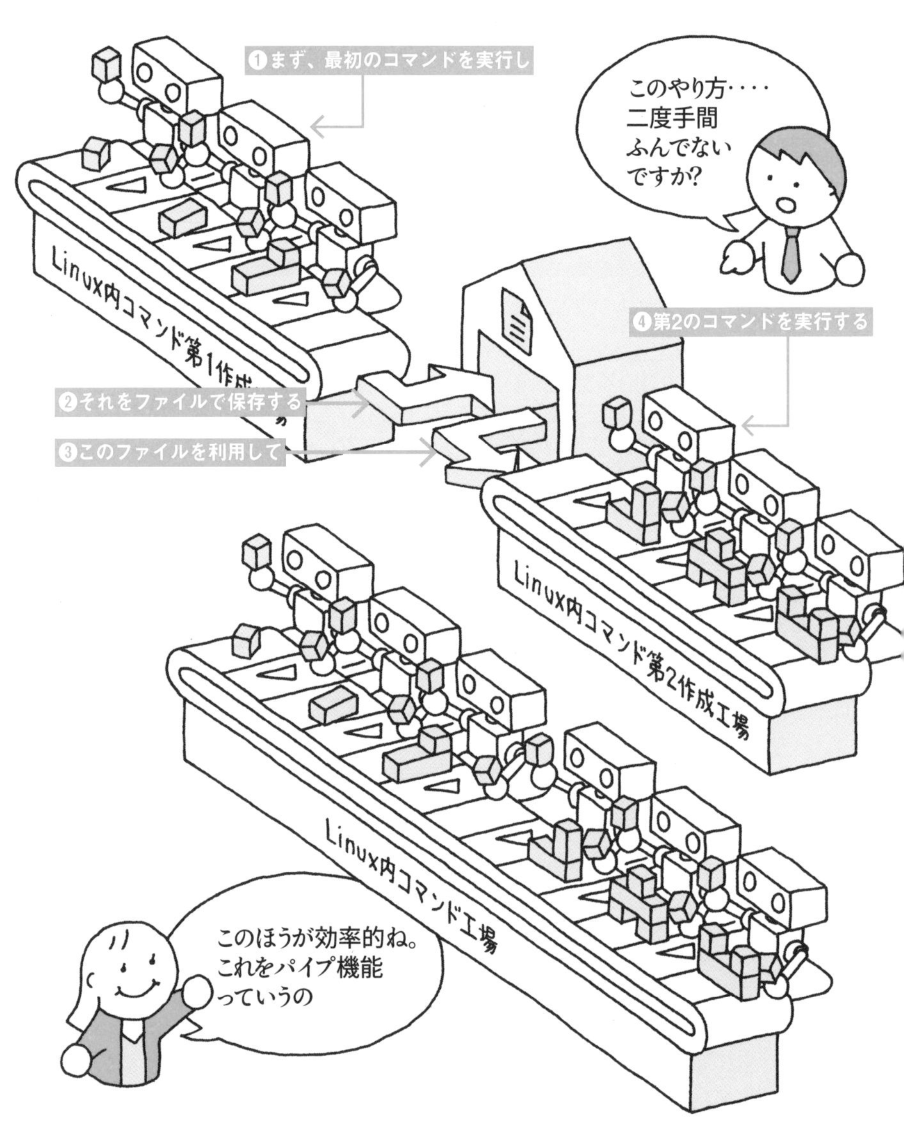

41-1 パイプ機能を使う

パイプ機能は、コマンドの標準出力を次のコマンドの標準入力へ渡します。まさに、コマンドからコマンドをつなぐパイプの役割を果たすのです。

パイプ機能を使うとコマンドを1行で書くことができ、とても効率的です。リダイレクトで同じ仕事をするには、ファイルを作成したあとにもう一度同じファイルを使う必要があり、少々手間です。

パイプ機能でよく使われるのが、wc コマンド（『38-2』参照）との併用です。

```
$ grep cat animals.txt | wc Enter
```

パイプは1つだけとは限りません。複数のパイプを組み合わせることもできます。

```
$ ls -l | cat -n | less Enter
```

⬆ パイプを2度利用する

42 正規表現の第一歩

正規表現は、文字を検索・置換するときによく使われる機能です。ここでは、役に立ちそうな正規表現の機能をegrepコマンドを使って紹介していきます。

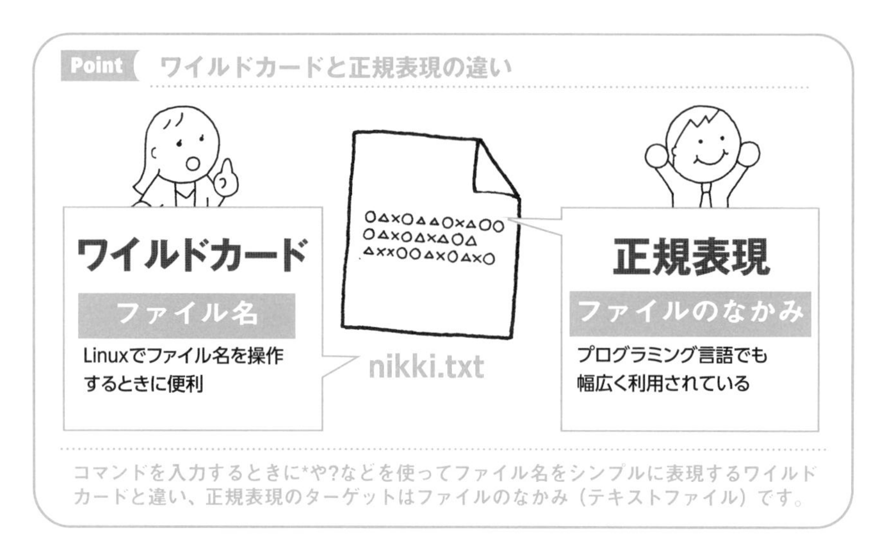

42-1 egrepで正規表現をマスターしよう

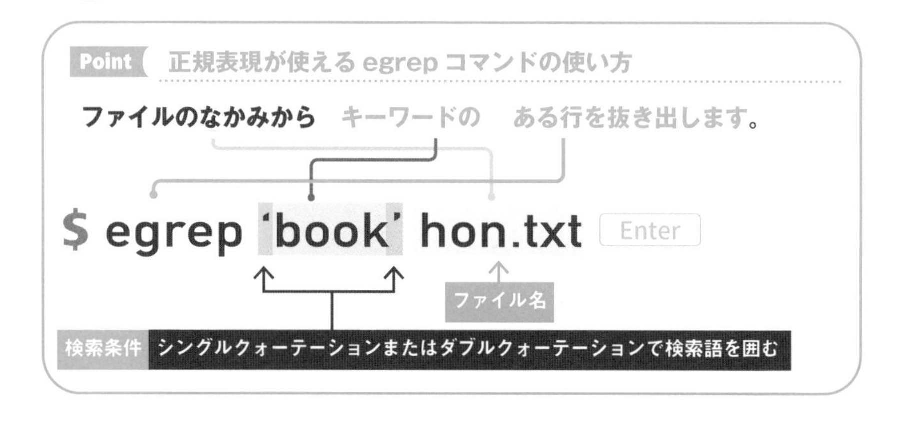

AlmaLinux に標準装備されている grep コマンドは、使えるメタキャラクタの数も少なく、使い方も独特です。今回は grep と同等の機能をもち、さらに正規表現がバリバリ使える egrep コマンドを使って、メタキャラクタの使い方をマスターしていきましょう。

42-2 正規表現を使うにはメタ文字（メタキャラクタ）が必要

正規表現は、**メタキャラクタ（メタ文字）**と呼ばれる、特別な意味をもつ記号を使ってあらわします。

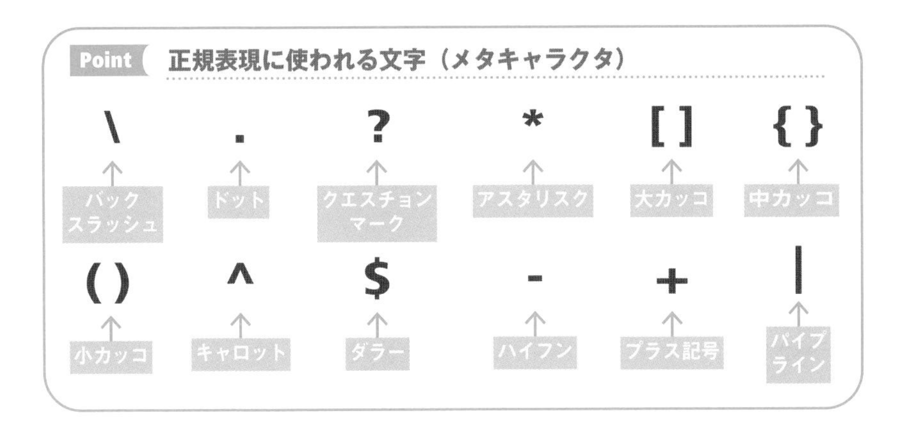

たとえば、メタキャラクタである .（ドット）は任意の 1 文字をあらわしますが（『42-4』参照）、正規表現て使うときは次のようにします。

```
$ egrep 'b..k' hon.txt Enter
```

⬆ hon.txtから、最初がbで最後がkの4文字の文字列がある行を抜き出す

メタキャラクタを正規表現のために使うのではなく、たとえば「.」を本来の意味の「ドット」として使うときは、メタキャラクタの前に \（バックスラッシュ）をつけます。

```
$ egrep '100\.5' money.txt Enter
```
⬆ money.txtから「100.5」のある行を抜き出す

42-3 あるかないかをあらわす？（クエスチョンマーク）

メタキャラクタの？（クエスチョンマーク）は、前の文字があるかどうかをあらわします。

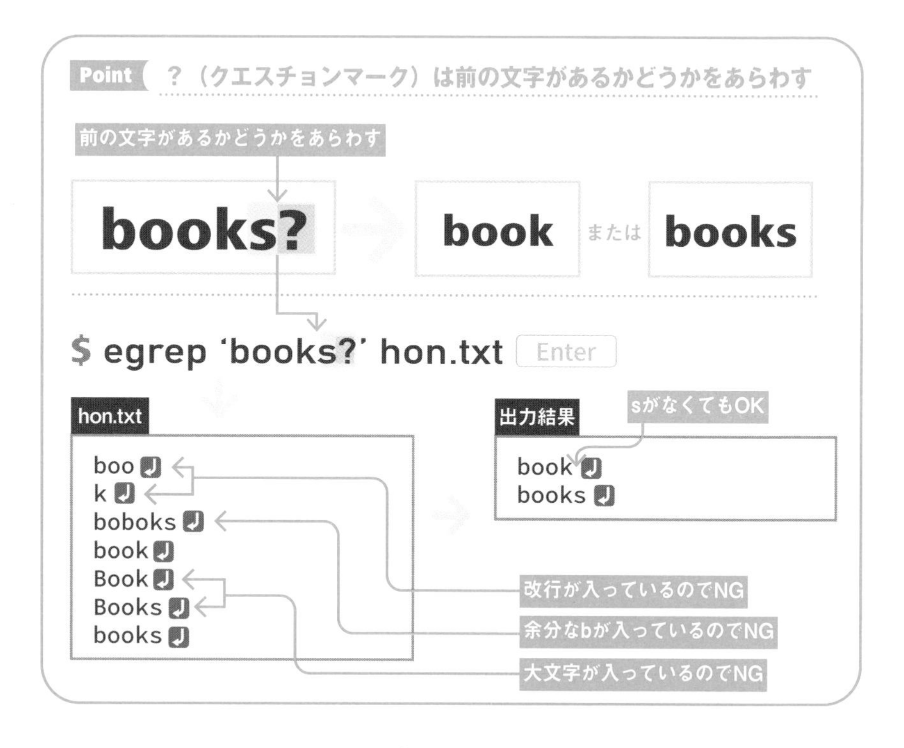

egrepコマンドもgrepコマンド同様、オプションの-i（小文字）を使えば、大文字小文字を区別しません。

```
$ egrep -i 'books?' hon.txt Enter
```
⬅ -iをつけてもう一度検索

```
book
Book
Books
books
```

42-4 半角1文字を肩代わりする .（ドット）

任意の半角1文字を肩代わりするのが .（ドット）です。どのような1文字でもかまいません。ただし、改行は入りません。

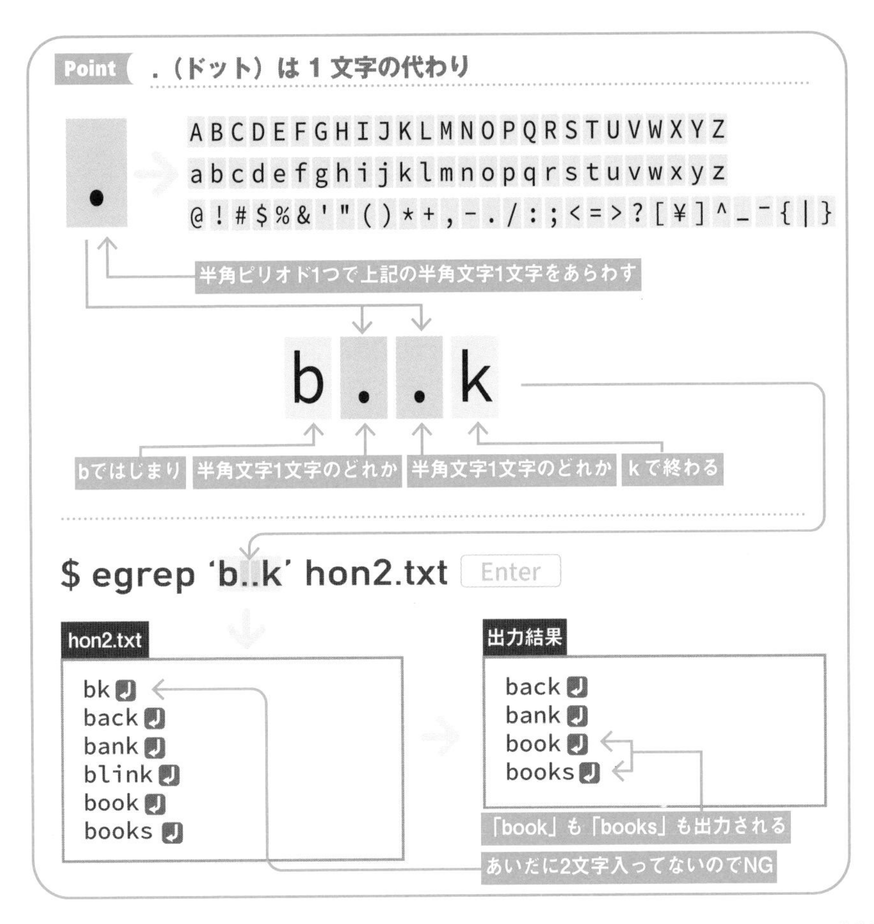

42-5 何文字でもOKの*(アスタリスク)

0個以上続く任意の半角文字を肩代わりするのが、*(アスタリスク)です。「0個」というところに注意してください。

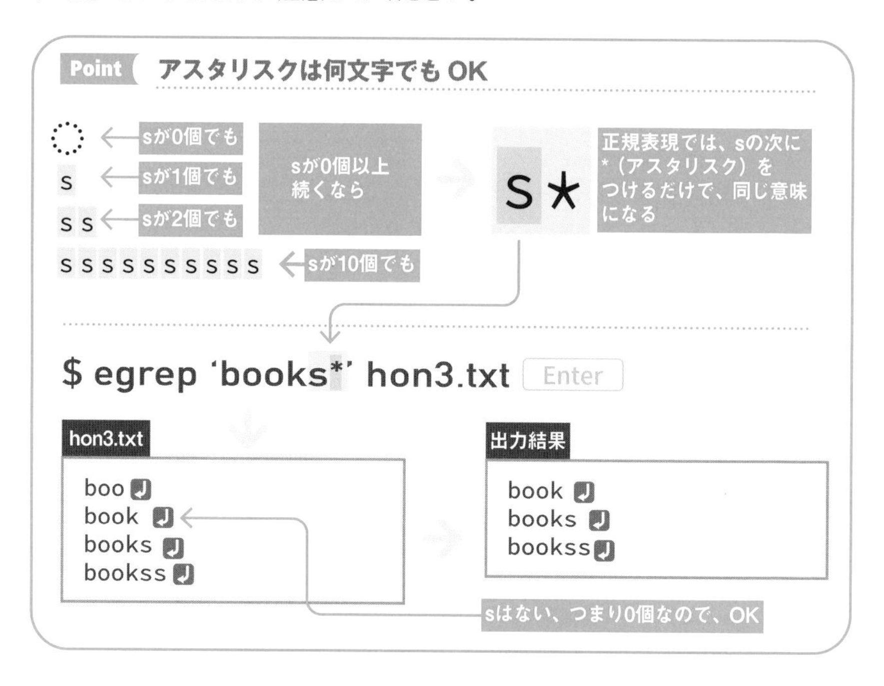

*を使うときには「0個以上」という点に注意します。

たとえば、「b」で始まり「s」で終わる「3文字以上」の文字列を検索する場合には、*ではなく+を使用して、次のコマンドを実行します。

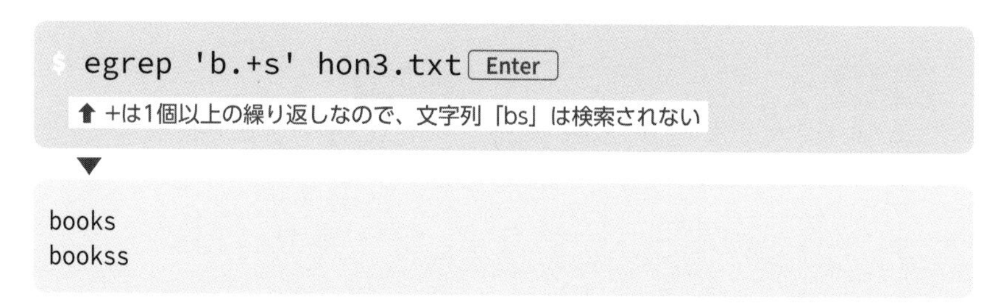

```
$ egrep 'b.+s' hon3.txt
```
Enter

⬆ +は1個以上の繰り返しなので、文字列「bs」は検索されない

▼

```
books
bookss
```

42-6 1文字の候補をまとめて指定する[ ](大カッコ)

1文字の候補がたくさんあるなら、候補をまとめて書いて、[ ](大カッコ)で囲みます。

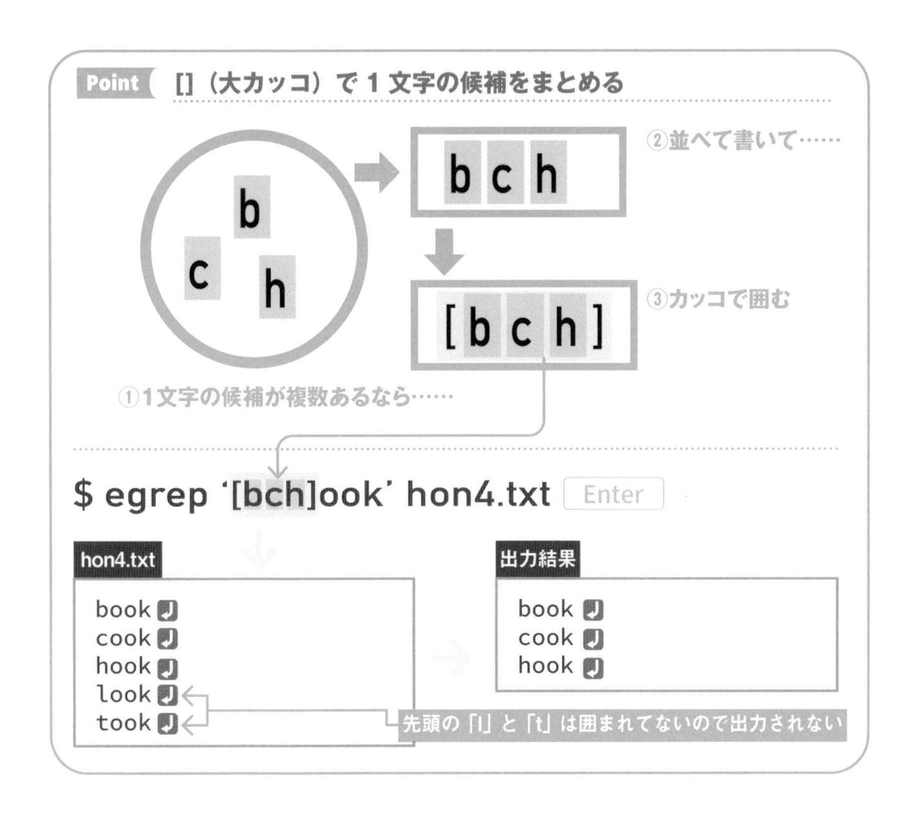

[ ]内の先頭に ^ (キャロット)をつけると、否定の意味になります。次の例では、「b でも c でも h でもない」ということです。

```
$ egrep '[^bch]ook' hon4.txt Enter
```

⬆ 1文字めが、bでもcでもhでもなく、あとに「ook」が続く文字列のある行を探す

▼

```
look
took
```
← 否定ではこの2つの行が出力された

42-7 1文字候補を省略して書く

1文字の候補は、いくつまとめてもかまいません。ただし、当たり前ですが、たくさん候補をまとめるほど見づらくなります。そこでよく使うパターンとして省略形が用意されています。

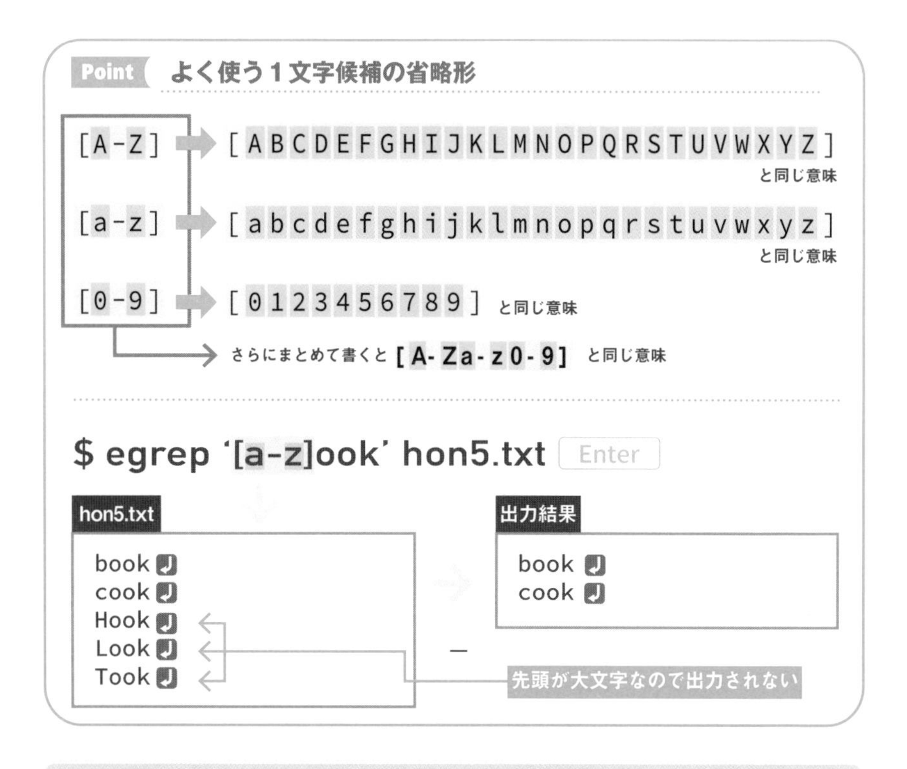


```
$ egrep '[A-Za-z]ook' hon5.txt
```
Enter

↑ 大文字を候補に入れると、hon5.txtの全行が出力される

42-8 単語候補をまとめて書く

最後に、単語の候補をまとめて書いてみましょう。候補の単語を｜（パイプライン）で区切って書いて、（ ）（小カッコ）で囲みます。

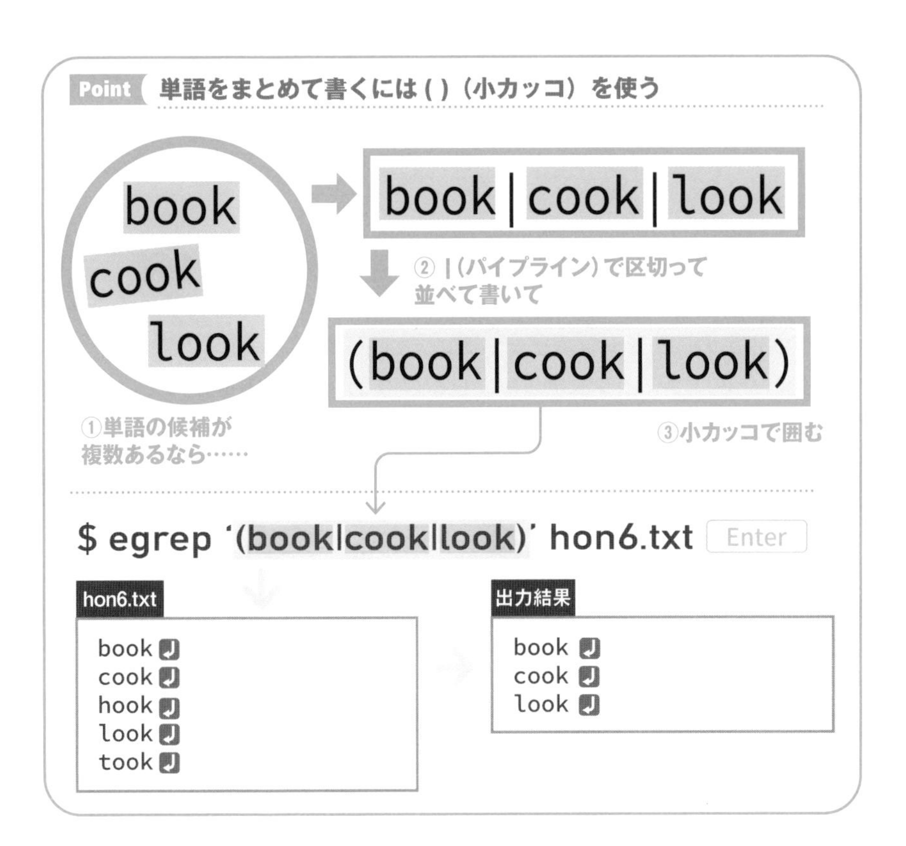

シンボリックリンク

Windows の「ショートカット」や macOS の「エイリアス」のように、ファイルに別名をつける機能を Linux ではリンクといいます。

43-1 ハードリンクとシンボリックリンク

Linux で扱うファイルには、すべて名前がついています。その名前ですが、実は、本名と別名の 2 つを使うことができ、ファイルの本名のことを**ハードリンク**、別名のことを**シンボリックリンク**と呼びます。

このハードリンクとシンボリックリンクは `ln` コマンドを使っていくつでもつくることができます。本名も別名も複数もつことが可能なのです。

そもそも、Linux のファイルシステムは、**i ノード**というファイルの情報を格納したもので管理されています。ハードリンクはこの i ノードを複製するリンクで、ファイル自体は複製しません。いずれの i ノードも示すのは同じファイルなので、ハードリンクのどれかを削除するとファイルを削除することになります。

ただし、本名であるハードリンクを複数使うには、実はいろいろやっかいな制限があります。そのため、現実には、別名であるシンボリックリンクを複数使うことが多いようです。本書でもシンボリックリンクの作成方法を解説します。

43-2 シンボリックリンクをつくる

シンボリックリンクをつくるには、ln コマンドにオプションの -s をつけて実行します。

シンボリックリンクを使ううえで最も重要なことは、リンク元のファイルの名前を変更しないことです。ついやってしまいがちなので、気をつけましょう。

```
$ ls -F file2.txt Enter  ← オプションの-Fを使って、lsで表示
▼
file2.txt@  ← ファイル名の末尾にシンボリックリンクをあらわす@が追加されている
```

シンボリックリンクは、Linuxのあらゆる場で活躍しています。Windowsでショートカットをつくると便利なシーンを想像してみてください。ファイルにアクセスしやすい、あるいは管理しやすいなどのメリットは、シンボリックリンクにもそっくりそのままあてはまるはずです。

シンボリックリンクのコピー・削除

シンボリックリンクをコピーすると、リンク元のファイルがコピーされます。

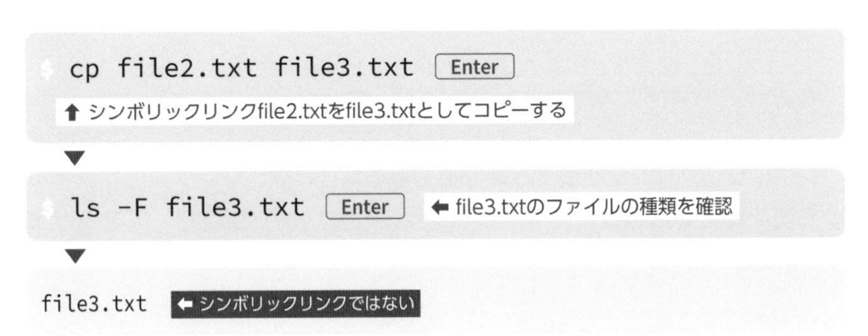

シンボリックリンクは、rmコマンドを使って削除します。シンボリックリンクを削除しても、リンク元のファイルには何も影響しません。

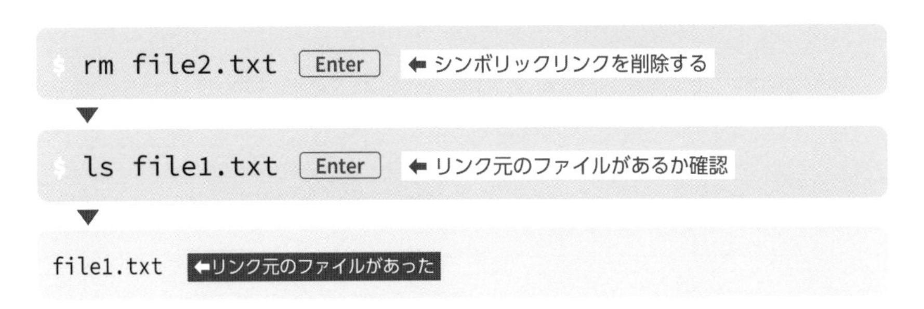

43-4 iノードと残数の確認方法

わたしたちはファイル名をつけることでファイルを認識していますが、カーネルは単純にファイルに番号をつけて区別しています。この番号のことを**iノード**（番号）といいます。

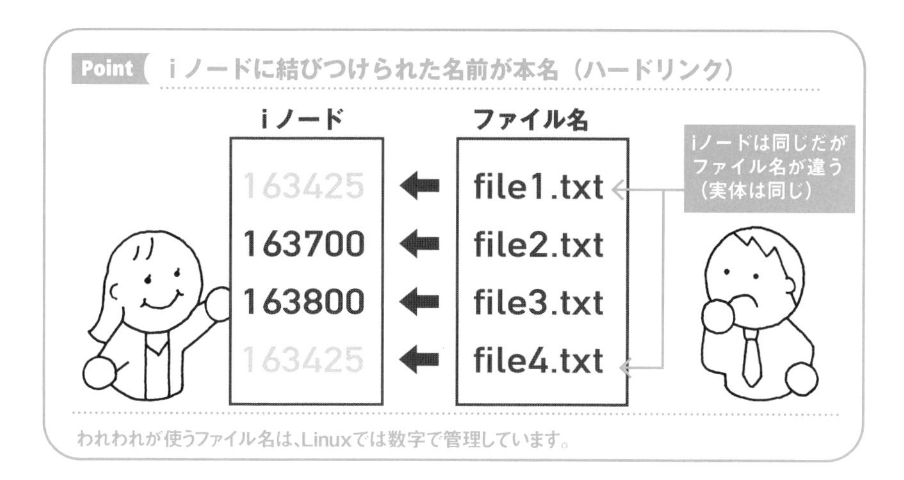

われわれが使うファイル名は、Linuxでは数字で管理しています。

Linuxではディスクに空き容量があっても、iノードの割り当て最大数を超えると、ファイル（ディレクトリやシンボリックリンクを含む）が作成できなくなります。その数を確認するには、`df`コマンドをオプションの`-i`をつけて実行します。

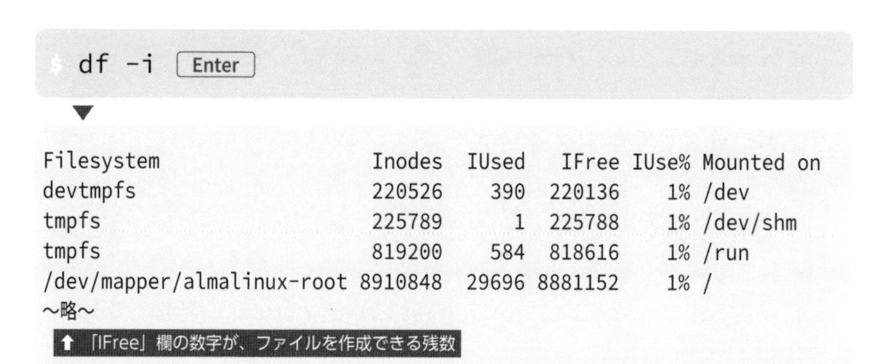

```
$ df -i Enter
```

```
Filesystem                    Inodes  IUsed   IFree IUse% Mounted on
devtmpfs                      220526    390  220136    1% /dev
tmpfs                         225789      1  225788    1% /dev/shm
tmpfs                         819200    584  818616    1% /run
/dev/mapper/almalinux-root   8910848  29696 8881152    1% /
～略～
```

↑「IFree」欄の数字が、ファイルを作成できる残数

44 アーカイブ・圧縮（tar・gzip）

Windows でも macOS でも、圧縮といえば zip ファイルが定番です。それでは、Linux の圧縮のしくみはどうなっているのでしょうか？

44-1 アーカイブと圧縮は違う

ファイルやフォルダをまとめて 1 つのファイルにすることを、**アーカイブ**するといいます。一方、ファイルのサイズを小さくすることを、**圧縮**するといいます。Linux ではアーカイブの代表的なコマンドは `tar`、圧縮の代表的なコマンドは `gzip` です。

Linux ではアーカイブと圧縮は分けて考えるのがふつうです。Windows や macOS で使われる zip は、アーカイブと圧縮を同時に実行します。

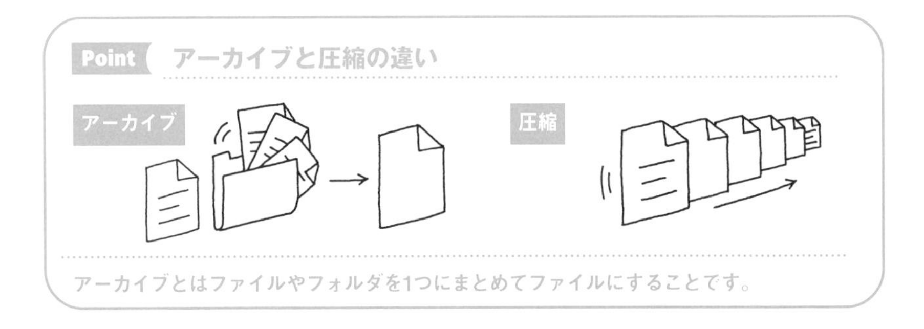

アーカイブとはファイルやフォルダを1つにまとめてファイルにすることです。

44-2 tar コマンドを使ってアーカイブする

`tar` コマンドを使ってファイルを圧縮してみましょう。`-cf` オプションをつけ、1 つにまとめるファイル（アーカイブファイルといいます）の名前を最初に指定し、アーカイブしたいファイル名やディレクトリ名はそのあとに書きます。

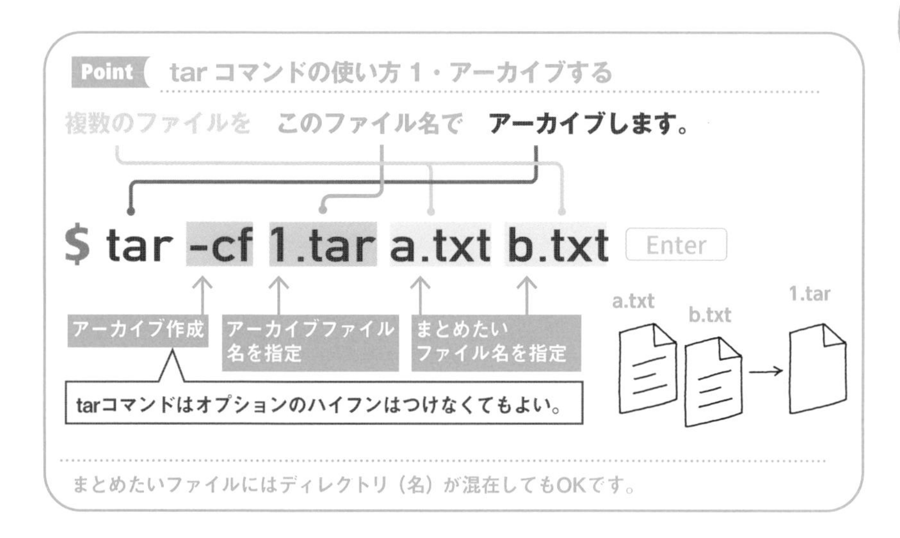

アーカイブファイルのなかみを見るには、tar コマンドに -tf オプションをつけて実行します。

```
$ tar -tf 1.tar Enter
```

⬆ オプションの-tfの次にアーカイブファイル名を指定する

▼

```
a.txt
b.txt
```

⬅ アーカイブのなかみを確認できる

作成したアーカイブファイルにさらにファイルを追加するには、-rf オプションをつけて次のように実行します。

```
$ tar -rf 1.tar 1.txt Enter
```

⬆ オプションの-rfの次にアーカイブファイルを指定する

tar コマンドは、ファイルのパーミッションやタイムスタンプなどのファイル属性もそのままアーカイブするので、バックアップに最適です。

44-3 tarコマンドで展開する

アーカイブしたファイルを元のファイルに戻すことを**展開**するといいます。展開にも tar コマンドを使います。-xf オプションで展開できます。

44-4 gzipコマンドで圧縮する

gzip コマンドはファイルを圧縮・展開するためのコマンドです。-d オプションで展開できます。

44-5 tarコマンドとgzipコマンドを組み合わせる

tar コマンド→ gzip コマンドの順に実行すればアーカイブと圧縮が可能ですが、tar コマンドのオプションの -z を利用すれば、アーカイブと圧縮を同時に実行できます。

tar コマンドのオプションの -z で圧縮したアーカイブファイルは、次のようにすれば展開できます。

```
$ tar -xzf 2.tar.gz Enter
```

⬆ .gzファイルを展開するにはオプションのzを追加する

練習問題

問題 1

ファイル名やディレクトリ名を検索したいときに使うコマンドはどれですか？

ⓐ `cat` コマンド
ⓑ `echo` コマンド
ⓒ `find` コマンド
ⓓ `grep` コマンド

問題 2

すでにあるファイルabc.txtの末尾に別のファイルxyz.txtを追加したい場合、コマンドラインからどのように入力するとよいですか？

問題 3

テキストファイルabc.txtのなかみを逆アルファベット順に並べ替えたい場合、コマンドラインからどのように入力するとよいですか？

問題4

テキストファイル xyz.txt のなかから、dog または dogs というキーワードを抽出するには、コマンドラインからどのように入力しますか？

問題5

カレントディレクトリ内にあるすべてのテキストファイル（拡張子が .txt）を mytxt.tar という 1 つのファイルにアーカイブするには、コマンドラインからどのように入力するとよいですか？

解答

問題1 解答

正解はⓒの `find` コマンド

ファイル名や文字列から、ファイルやディレクトリを探し出すことができます。

問題2 解答

正解は `cat xyz.txt >> abc.txt`

あるファイル abc.txt に別のファイル xyz.txt の内容を追加したい場合は、「cat xyz.txt >> abc.txt」とします。不等号の大きいほうから小さなほうへ、ファイルの末尾に追加できます。このとき不等号が 1 つだけだと abc.txt の内容は xyz.txt の内容に書き換えられてしまうので、注意が必要です。

問題 3 解答

正解は sort -r abc.txt

ファイルの並べ替えには、sort コマンドを使います。通常は昇順（A から Z、1 から 9）でソート（並べ替え）されますが、「sort -r abc.txt」とすると、降順（Z から A、9 から 1）でソートされます。

問題 4 解答

正解は egrep 'dogs?' xyz.txt

テキストファイルから正規表現で文字列を取り出すには egrep コマンドを使います。あるかないかをあらわすメタキャラクタ？を使って、dog と dogs を表現できます。

問題 5 解答

正解は tar -cf mytxt.tar *.txt

複数のファイルをまとめてアーカイブするには、tar コマンドを使います。またすべてのテキストファイルを選ぶにはワイルドカードを使って「*.txt」と指定します。

ソフトウェアとパッケージのきほん

RPMパッケージとrpmコマンド

Linuxでコマンドをインストールするには、パッケージを利用するのが簡単です。ここでは、パッケージについて見てみましょう。

45-1 本格的なインストールは敷居の高い作業

最初に、Linuxの正攻法のインストールの方法を説明します。これは、Linuxにソースコード（プログラム）からコマンドをインストールするのですが、ビギナーにはひじょうに敷居が高い作業です。

プログラムのソースコードをまとめたファイル（アーカイブファイル）を、配布先から「ダウンロード」して「展開」し、「configure」「make」「install」という作業をしていきます。configure で Makefile という設定ファイルを作成し、それを使って make でコンパイル、install はその名のとおりインストールを実行する作業です。

また、たとえば、Web プログラミング言語である PHP をインストールする場合、Web サーバーソフト Apache と「依存関係」にあるので、Apache もインストールずみでなければなりません。拡張機能の「ライブラリ」なども同様です。

さらには、コンパイル時の「オプション」の指定も案外複雑で、ついうっかりまちがえてやり直しになることも多いものなのです。

45-2 RPM パッケージを利用したインストール

簡単にインストールできるように、必要なファイルをひとまとめにして利用できるようにしたものが**パッケージ**です。

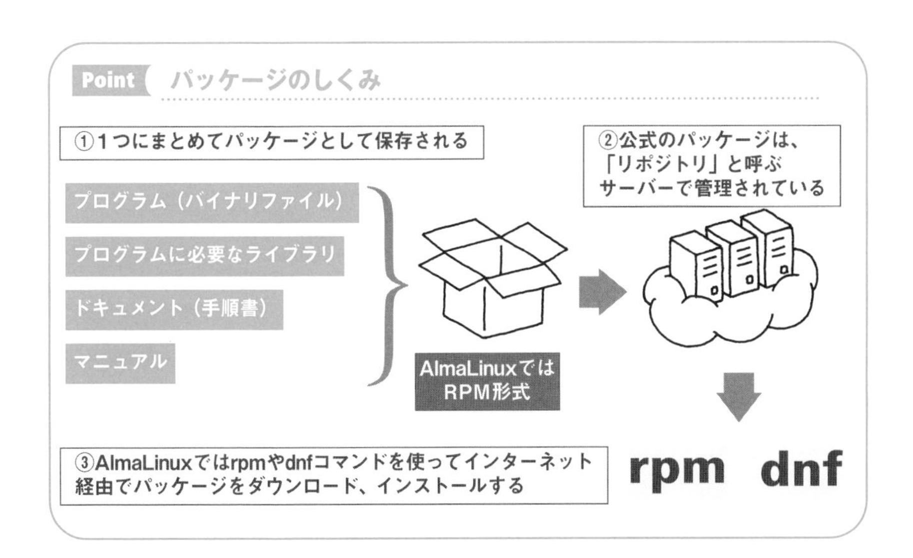

また、**RPM**（RPM Package Manager）パッケージとは、Red Hat 系ディストリビューションでのパッケージ（ソフトウェア）を管理するためのしくみで、`rpm` コマンドで扱うことができます。

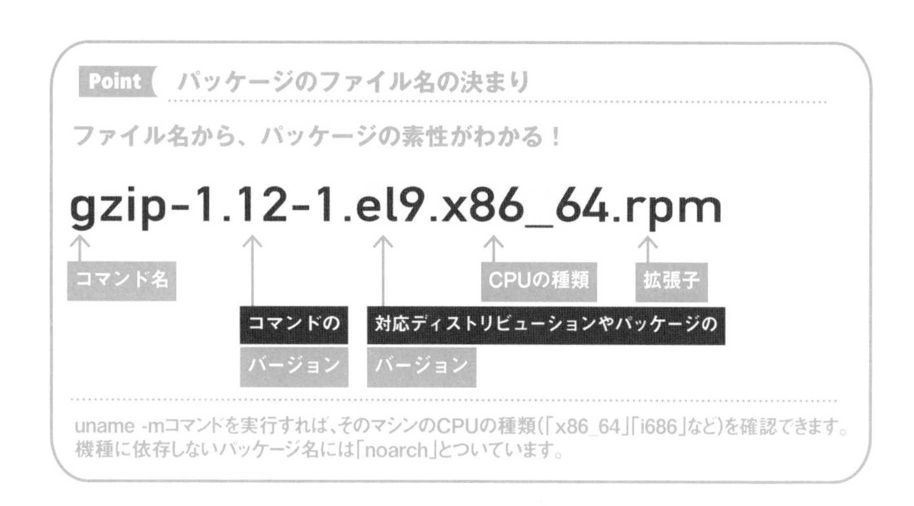

45-3 すべてのパッケージを一覧表示する

`rpm` コマンドにオプションの `-qa` をつけて実行すると、インストールずみのすべてのパッケージを一覧表示します。root の権限は必要ありません。

```
libgcc-11.4.1-2.1.el9.alma.x86_64
linux-firmware-whence-20230814-140.el9_3.noarch
crypto-policies-20230731-1.git940e2c.el9_3.1.noarch
～略～
```
↑ インストールずみのパッケージ名が次々と表示される

45-4 パッケージのくわしい情報を表示する

rpm コマンドにオプションの -qi をつけて実行すると、パッケージに関するくわしい情報を表示します。このとき、バージョン名や CPU の種類などは省略できます。root の権限は必要ありません。

```
$ rpm -qi gzip Enter
```

▼

```
Name        : gzip
Version     : 1.12
Release     : 1.el9
Architecture: x86_64
Install Date: Thu 11 Apr 2024 02:50:59 PM JST
Group       : Unspecified
Size        : 377005
License     : GPLv3+ and GFDL
～略～
```
↑ パッケージに関するくわしい情報が表示される

46 パッケージをdnfコマンドで管理する（AlmaLinux）

AlmaLinuxでは、rpmコマンドよりもっと高機能なdnfコマンドを使ったほうが何かと便利です。なお、パッケージをインストールするには管理者権限が必要なことをお忘れなく。

46-1 dnfコマンドでパッケージをインストールする

AlmaLinuxでは、パッケージのインストールや更新をするときは`dnf`コマンドを利用することが推奨されています。パッケージの情報を見るときに使った`rpm`コマンドでもインストールできるのですが、

dnfコマンドは依存関係のあるコマンドを自動的にインストールしてくれる

ので、作業がラクです。一方、`rpm`コマンドでは、依存関係は手動で解決しなければなりません。

また、`dnf`コマンド同様にパッケージを自動的にインストールしてくれる`yum`コマンドがあります。インターネットで調べてみても、`yum`コマンドのほうが`dnf`コマンドよりたくさんの情報であふれています。それでは、どうしてAlmaLinuxは`dnf`コマンドを推奨するのでしょうか？ それは、

dnfコマンドは、yumコマンドの後継バージョン

だからです。`yum`コマンドのサポートは続いていますが、積極的な開発や改良は`dnf`コマンドに引き継がれています。これによって、次のようなさまざまなメリットがあります。

- コマンドやライブラリをより速く上手に探し出し、アップグレードが可能
- アップグレード後、問題があっても、簡単に以前の状態に戻すことが可能

46-2 パッケージの一覧を表示する

dnf コマンドの使い方を見ていきましょう。パッケージの一覧を表示するには、次のようにします。

dnf コマンドの使い方・パッケージの一覧を表示

パッケージの一覧を表示します。

```
$ dnf list installed [Enter]
```

```
$ dnf list installed [Enter]
```

▼

```
Installed Packages
NetworkManager.x86_84                1:1.44.0-3          @anaconda
NetworkManager-libnm.x86_84          1:1.44.0-3          @anaconda
NetworkManager-team.x86_84           1:1.44.0-3          @anaconda
NetworkManager-tui.x86_84            1:1.44.0-5          @anaconda
acl.x86_84                           2.3.1-3.el9         @anaconda
almalinux-gpg-keys.aarch64           9.3-1.el9           @anaconda
almalinux-release.aarch64            9.3-1.el9           @anaconda
almalinux-repos.aarch64              9.3-1.el9           @anaconda
alternatives.aarch64                 1.24-1.el9
～略～
```

⬆ 実際にはlessコマンドを併用しないとスクロールして確認できない

46-3 パッケージのアップデートを確認する

世界中のどこかで日夜、パッケージはアップデートされています。インターネットを使えば、常に最新のRPMを利用できます。それでは、どのパッケージがアップデートされているのか、確認してみましょう。それには、check-update コマンドを使います。

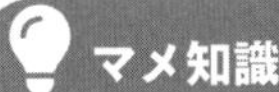

dnf コマンドの使い方・可能なアップデートを確認する

可能なアップデートを確認します。

```
$ dnf check-update [Enter]
```

マメ知識

確認することと、アップデートは違う

アップデートできるパッケージは「**dnf check-out**」で確認できましたが、「**dnf update**」で実際にアップデート作業をして、はじめて利用できるようになります（『46-4』参照）。

```
$ dnf check-update [Enter]    ← アップデートできるものを表示する
```

```
〜略〜
NetworkManager.x86_64              1:1.46.0-4.el9_4          baseos
NetworkManager-libnm.x86_64        1:1.46.0-4.el9_4          baseos
NetworkManager-team.x86_64         1:1.46.0-4.el9_4          baseos
NetworkManager-tui.x86_64          1:1.46.0-4.el9_4          baseos
acl.x86_64                         2.3.1-4.el9               baseos
almalinux-gpg-keys.aarch64         9.4-1.el9                 baseos
almalinux-release.aarch64          9.4-1.el9                 baseos
almalinux-repos.aarch64            9.4-1.el9                 baseos
audit.x86_64                       3.1.2-2.el9               baseos
〜略〜
```

↑ アップデートできるパッケージが表示された

注意

トラブルが起きたわけではない

AlmaLinux で「**dnf check-update**」を実行したとき、確認した日付と時刻を 1 行表示するだけでコマンドが終了することがあります。これは「アップデートできるパッケージが 1 つもない」ことを示しています。

46-4 パッケージをまとめてアップデートする

アップデートの確認はできましたか？ 今度はアップデートが可能なすべてのパッケージを、まとめてアップデートしてみましょう。ただし、アップデートするには管理者権限が必要です。

すべてのアップデートが終えるまで、時間がかかることもあります。

Point dnf コマンドの使い方・アップデート可能なすべてのパッケージをアップデートする

可能なパッケージをまとめてアップデートします。

```
# dnf update Enter
```

途中でアップデートを適用するかどうか確認してきます。ここでは、すべて y とタイプして、Enter キーを押してください。

```
# dnf update Enter
```

▼

```
~略~
Transaction Summary
================================================================================
Install  14 Packages
Upgrade 176 Packages

Total download size: 636 M
Is this ok [y/N]
```

← y をタイプして Enter キーを押し、続行する

何度も y をタイプするのが面倒ならば、オプションの -y をつけて実行してください。すべて yes として実行してくれます。

8 ソフトウェアとパッケージのきほん

```
# dnf -y update [Enter]
```

▼

```
～略～
Complete!
```
← yをタイプすることなく処理が終了する！

アップデートは定期的に

バージョンアップとは、不具合を修正したり、動作を最適化したり、あるいは機能を追加・拡張することを意味します。このため、アップデートを行わないでいると、何らかの障害や不便が発生しないとも限りません。

パッケージを個別にアップデートするには、`dnf update`に続けて、アップデートしたいパッケージのファイル名を指定します。

```
# dnf update vim [Enter]
```
↑ アップデートがなければ「Noting To Do. Complete」と表示され終了、プロンプトに戻る

パッケージの情報を確認する

インストールしているパッケージ、あるいはこれからインストールしたいパッケージの情報を見るには、`info`コマンドを使います。

Point dnfコマンドの使い方・パッケージの情報を見る

パッケージの　情報を見ます。

```
$ dnf info emacs [Enter]
```

↑ パッケージ名を指定する

emacsがインストールされていないと、表示されるまで少し時間がかかることがあります。

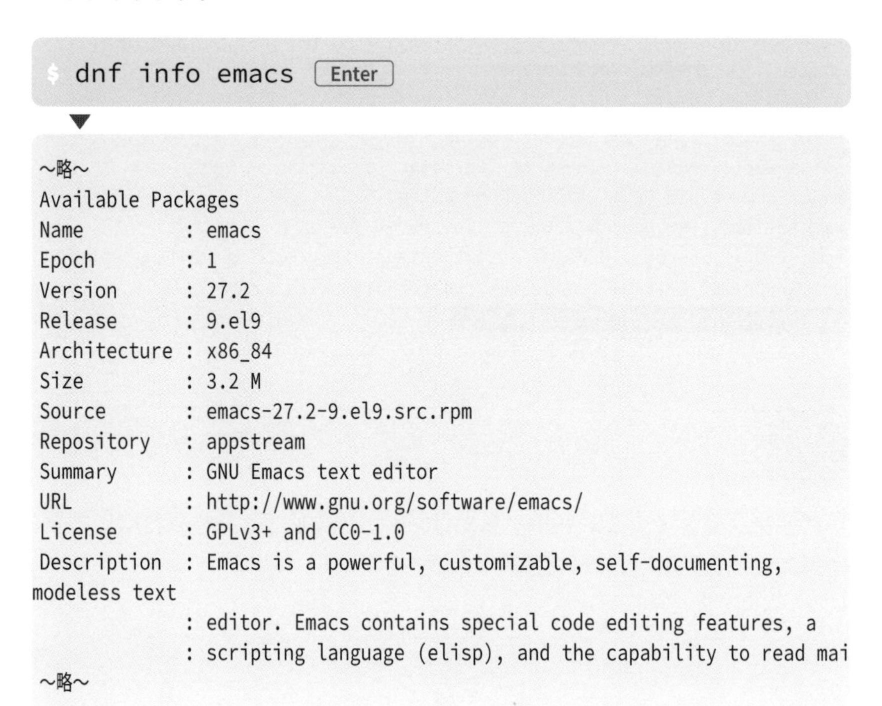

```
$ dnf info emacs Enter
```

```
～略～
Available Packages
Name         : emacs
Epoch        : 1
Version      : 27.2
Release      : 9.el9
Architecture : x86_84
Size         : 3.2 M
Source       : emacs-27.2-9.el9.src.rpm
Repository   : appstream
Summary      : GNU Emacs text editor
URL          : http://www.gnu.org/software/emacs/
License      : GPLv3+ and CC0-1.0
Description  : Emacs is a powerful, customizable, self-documenting,
modeless text
             : editor. Emacs contains special code editing features, a
             : scripting language (elisp), and the capability to read mai
～略～
```

46-6 インストールしたいパッケージを検索する

パッケージ検索したいときは、searchコマンドを使います。

```
$ dnf search emacs [Enter]
```

```
Last metadata expiration check: 0:05:50 ago on Tue 09 Apr 2024 10:26:17 AM JST.
==================== Name & Summary Matched: emacs =====================
emacs.x86_64 : GNU Emacs text editor
emacs-auctex.noarch : Enhanced TeX modes for Emacs
emacs-common.x86_64 : Emacs common files
emacs-filesystem.noarch : Emacs filesystem layout
emacs-lucid.x86_64 : GNU Emacs text editor with LUCID toolkit X support
emacs-nox.x86_64 : GNU Emacs text editor without X support
```

↑ パッケージ名にemacsとつくものが表示される

パッケージをインストールする

パッケージをインストールするには、installコマンドを利用します。インストールするには管理者権限が必要です。

オプションの -y を使うと、「依存性」をもつパッケージのインストールの確認をすべて省略できます。キーボードから、その都度 y キーを押す必要がなくなります。

マメ知識

パッケージ間の依存性とは？

Linux のプログラムは、他のプログラムやライブラリ（補助プログラム）のパッケージを必要とします。この関係を「依存性」といいます。dnf コマンドでは、依存性をもつパッケージを先にインストールし、さらに、プログラムの動作に必要な初期設定（セットアップ）を同時に行ってくれます。

複数のパッケージ名をスペースで区切って指定すると、一度にまとめてインストールできます。

```
# dnf -y install emacs httpd Enter
```

46-8 パッケージを削除する

パッケージを削除するには、remove コマンドもしくは erase コマンドを利用します。削除するには管理者権限が必要です。

46-9 パッケージの全文検索

本章の最後に、インストールしたいパッケージを全文検索する方法を紹介します。検索する方法には前出の`search`コマンドと`search all`コマンドがあり、`search`は通常の検索が、`search all`は説明文を含めた検索ができます。

Point dnfの使い方・パッケージの説明文まで含めて全文検索する

パッケージの説明文を検索します。

```
$ dnf search all httpd [Enter]
```

search all：パッケージ名と説明文を検索する
httpd：パッケージ名

```
$ dnf search all httpd [Enter]
```
← 全文検索を実行する

```
Last metadata expiration check: 0:16:30 ago on Tue 09 Apr 2024 10:26:17 AM JST.
========================== Name & URL Matched: httpd ===========================
httpd.x86_64 : Apache HTTP Server
============== Name & Summary & Description & URL Matched: httpd ===============
httpd-core.x86_64 : httpd minimal core
keycloak-httpd-client-install.noarch : Tools to configure Apache HTTPD as
                                     : Keycloak client
===================== Name & Summary & URL Matched: httpd ======================
python3-keycloak-httpd-client-install.noarch : Tools to configure Apache HTTPD
                                             : as Keycloak client
======================== Name & Summary Matched: httpd =========================
almalinux-logos-httpd.noarch : AlmaLinux-related icons and pictures used by
                             : httpd
～略～
```

第8章 練習問題

問題 1

インストールされている rpm パッケージを一覧表示するコマンドとオプションは、次のどれですか？

ⓐ rpm -i
ⓑ rpm -qa
ⓒ dnf i
ⓓ dnf -qa

問題 2

パッケージ xyz を dnf コマンドからインストールするには、どのようなコマンドを使いますか？

問題 3

不要なパッケージ xyz を dnf コマンドから削除するには、どのようなコマンドを使いますか？

解答

問題 1 解答

正解はⓑの `rpm -qa`

`-q` オプションをつけて `rpm` コマンドを実行すると、パッケージの詳細情報を表示できます。

問題 2 解答

正解は `dnf install xyz`

すでにインストールしてあるパッケージを新しいバージョンに更新するには、`dnf update`、またパッケージの情報を表示するには、`dnf info` と入力します。
パッケージのインストールには `rpm` コマンドを使うこともできますが、依存関係のあるパッケージを自動的に探してインストールするなど、より高度な機能をもつため、基本的に `dnf` コマンドを使うようにするとよいでしょう。

問題 3 解答

正解は `dnf remove xyz` または `dnf erase xyz`

パッケージをインストールしたり削除したりするには、管理者権限が必要です。

ファイルシステムのきほん

ファイルシステムは何をしている?

ファイルシステムはOSに備わっている重要な機能の1つです。Linuxにもファイルシステムが備わっています。奥が深いファイルシステムについて見ていきましょう。

47-1 ファイルシステムの仕事

ファイルとは、狭義ではコンピューターなどが扱えるデータやプログラムなどの「かたまり」のことです。ハードディスクにある画像や文書のデータもファイルですし、プログラムやアプリケーションと呼ばれるものもファイルです。このファイルを管理するためのシステムが**ファイルシステム**です。

ファイルシステムにはたくさんの種類があり、それぞれに特徴があります。たとえば、AlmaLinuxのファイルシステムはXFSです。他のディストリビューションでは、ext4やbtrfsなどのファイルシステムが使われています。そのほかにもWindowsではNTFSが、macOSではAPFSがファイルシステムとして使われることが多いようです。

47-2 ファイルシステムのしくみ

ファイルシステムは、ハードディスクなどのデバイスを管理するために、ファイルを「ブロック」または「クラスタ」と呼ばれる固定サイズの単位に分割します。ファイルの内容は1つ以上のブロックに保存され、ファイルシステムのテーブルがどのブロックが特定のファイルの一部であるかを追跡します。このテーブルによって、ファイルシステムはファイルのどの部分がどこにあるかを知り、必要に応じてデータを読み書きします。

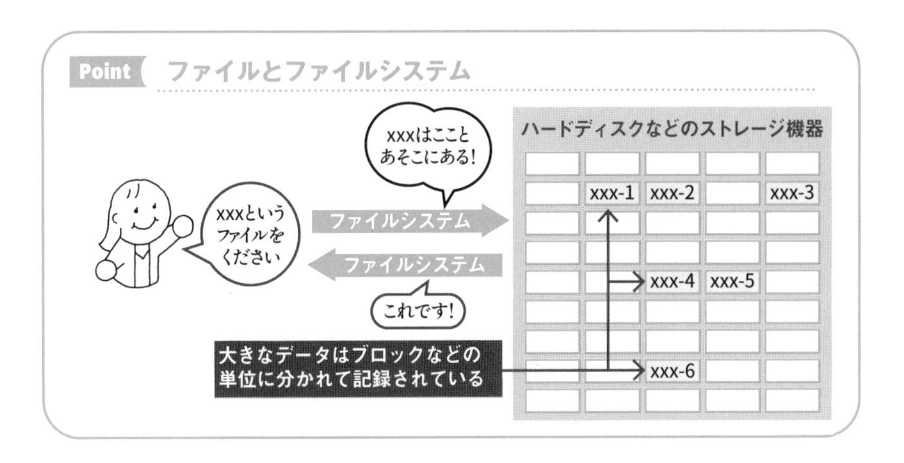

ファイルシステムが提供するのは、ファイルやディレクトリ（フォルダ）をハードディスクのなかに作成、移動、コピー、削除するために、ファイル

を適切に配置したり、ファイルを格納したり、ファイル名とファイルを関連づけたりする機能です。

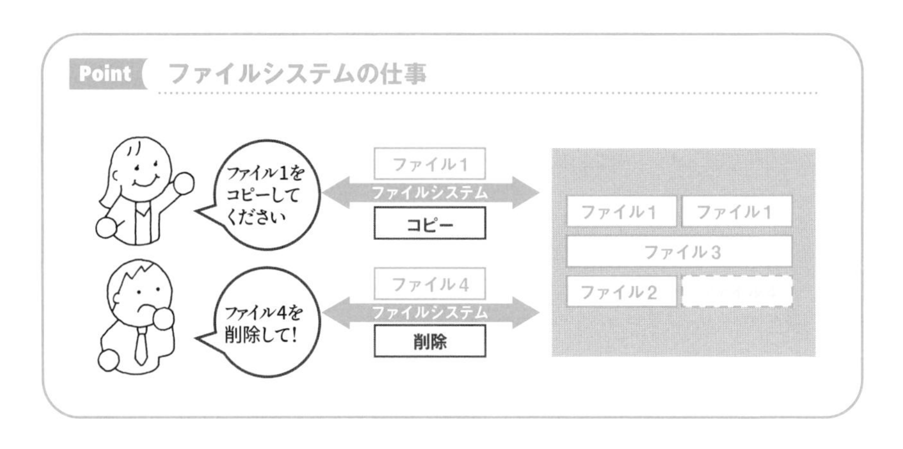

47-3 デバイスファイルという考え方

Linux ではファイルシステムが取り扱うファイルは、必ずしもハードディスクのような記憶装置内にある必要はありません。ネットワーク上のファイルはもちろん、プリンタ、入力装置、出力装置などすべてのデバイス（装置）もファイルとして扱います。このとき、ファイルとして扱われたデバイスのことを**デバイスファイル**と呼びます。わたしたちのイメージするファイルとはだいぶニュアンスが違うので、ご注意ください。

デバイス（装置）もすべてファイルとして扱い、デバイスファイルと呼ぶ

デバイスファイルは、Linux のデバイス管理の核心となる概念の 1 つです。「デバイスもファイルとして扱う」のですから、その操作法もファイルとなんら変わりません。ですから、外付けのメディアやプリンタも、コマンドを使ってファイルと同様に操作できます。

試しに `ls` コマンドを使って、デバイスファイルを見てみましょう。デバイスファイルは、/dev 以下にまとめられています。

```
$ ls -l /dev Enter
```

```
total 0
drwxr-xr-x. 2 root root          80 Apr  9 10:25 almalinux
crw-r--r--. 1 root root     10, 235 Apr  9 10:25 autofs
drwxr-xr-x. 2 root root         180 Apr  9 10:25 block
drwxr-xr-x. 2 root root          60 Apr  9 10:25 bsg
drwxr-xr-x. 3 root root          60 Jan  1  1970 bus
lrwxrwxrwx. 1 root root           3 Apr  9 10:25 cdrom -> sr0
drwxr-xr-x. 2 root root        2960 Apr  9 15:13 char
crw--w----. 1 root tty       5,   1 Apr  9 10:25 console
lrwxrwxrwx. 1 root root          11 Apr  9 10:25 core -> /proc/kcore
crw-------. 1 root root     10, 124 Apr  9 10:25 cpu_dma_latency
drwxr-xr-x. 8 root root         160 Apr  9 10:25 disk
brw-rw----. 1 root disk    253,   0 Apr  9 10:25 dm-0
brw-rw----. 1 root disk    253,   1 Apr  9 10:25 dm-1
drwxr-xr-x. 2 root root          60 Jan  1  1970 dma_heap
drwxr-xr-x. 3 root root         100 Apr  9 10:25 dri
crw-rw----. 1 root video    29,   0 Apr  9 10:25 fb0
crw-rw----. 1 root video    29,   1 Apr  9 10:25 fb1
lrwxrwxrwx. 1 root root          13 Apr  9 10:25 fd -> /proc/self/fd
crw-rw-rw-. 1 root root      1,   7 Apr  9 10:25 full
crw-rw-rw-. 1 root root     10, 229 Apr  9 10:25 fuse
crw-------. 1 root root    241,   0 Apr  9 10:25 hidraw0
crw-------. 1 root root    241,   1 Apr  9 10:25 hidraw1
～略～
```

b はブロックデバイス、c はキャラクタデバイス、
d はディレクトリ、l はシンボリックリンク

通常のファイルと同じように、デバイスファイルの情報の一覧が表示されました。このとき、先頭に「b」あるいは「c」がついています。これらは b がブロックデバイスを、c がキャラクタデバイスを意味しています。ハードディスクなどの記憶装置は**ブロックデバイス**で、キーボードや画面表示装置などは**キャラクタデバイス**に分類されます。

なお、USB メモリーや光学ドライブ、あるいは外付けハードディスクなどを接続する場合などは、デバイスファイル名を使ってコマンドを操作していきます（『49-3』参照）。

48 Linuxのファイルシステム

Linuxにおいて標準で使われているファイルシステムはextです。ファイルシステムはファイルを操作するだけではなく、ディレクトリを構成したり、ファイルやディレクトリを操作したりする機能をもっています。

48-1 Linuxで使うファイルシステム

ファイルシステムで長くLinuxで使われてきたのが、**ext**（extended file system）形式のファイルシステムです。extはバージョンアップを重ね、最新は**ext4**となっています。

ext形式以外にもXFSやbtrfs（バターファイエス）など、高機能のファイルシステムが開発されています。そしていまでは、こちらが主流になってきました。

ファイルシステム	理論上の最大ボリュームサイズ	理論上の最大ファイルサイズ	備考
ext4	1EiB	16TiB	16TBを超える規模のハードディスクに対応したファイルシステム
XFS	8EiB	8EiB	大規模なファイルシステムの構築や高速なデータアクセスに適している
btrfs	16EiB	16EiB	高度な機能をもち、個人ユーザーから企業まで多様なニーズに応える

EiB = 2^{60}バイト、TiB = 2^{40}バイト

ほかにも、**FAT**（File Allocation Table）と呼ばれる、MS-DOSなどで使われていたファイルシステムがよく使われています。FATはあまり大きな記憶装置には向いていないのですが、USBメモリーやSDカードなど、比較的小容量のメディアで使いやすい（いろいろなパソコンで扱える）ので、いまでも市販のUSBメモリーやSDカードはFAT系でフォーマットされていることが多いようです。ただし、こうしたメディアの容量も増大の一途をたどっているため、新しいexFATという規格に置き換わっています。

48-2 ディレクトリ構造とマウント

UNIX 系のファイルシステムでは、ディレクトリ構造はルート（/）をその名のとおり根元に置き、そこから分岐していくツリー構造を採用しています。このツリー構造は実際のディスク上の配置には関係なく、論理的なものです。

どういうことかというと、たとえば 2 つのハードディスクをもったサーバーがあり、1 つめの HDD1 はシステム用として、もう 1 つの HDD2 はユーザーのデータ（/home 以下）だけを収納するために使おうと決めます。この場合、「/home に HDD2 を割り当てる」という方法を取ります。これで、ユーザーは特にどちらのドライブにファイルが収納されているかを意識することなく、2 台のドライブを使うことができるわけです。

つまり、Linux のディレクトリ構造はハードウェアそのものとは切り離されているので、設定や拡張を柔軟に行うことができるのです。

このように、ディレクトリツリーにハードディスクなどのデバイスを結びつけることを**マウント**、外すことを**アンマウント**といいます。これは外付け機器などを Linux で扱う際にも必要な知識ですので、必ず覚えるようにしましょう。

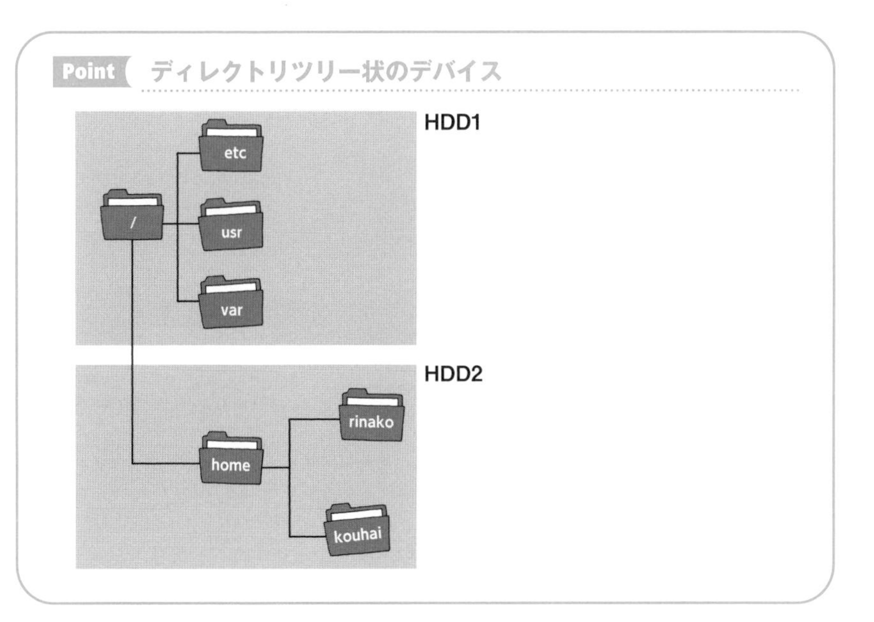

49 ファイルシステムの使い方

通常、ファイルシステムをユーザーが使用する場面はそんなにありません。ただし、管理者ユーザーであれば、ハードディスクの増設、交換などにファイルシステムの操作が必要になります。

49-1 パーティションを作成する

ハードディスクのような記憶装置は、いくつかの区画に分けて使用することができます。これを、**パーティション**といいます。

パーティションの作成には fdisk コマンドを使用します。fdisk コマンドは、対話的に処理が行われるシステムです。まず、ハードディスクを接続し、Linux を起動したら管理者ユーザーでログインして、次のようにします。

```
# fdisk /dev/sdb Enter
```

```
Command (m for help): n
Command action
   e   extended
   p   primary partition (1-4)
p
Partition number (1-4):1
First cylinder (1-767) :1
Last cylinder or +size or +sizeM or +sizeK: 300
Command (m for help): t
Partition number (1-4):1
Hex code (type L to list codes) : 83  ← Linux領域に設定
Command (m for help): w  ← 情報を書き込んで終了する
```

この操作で 1 つのパーティションが sdb に作成され、/dev/sdb1 という名前で操作できるようになります。sdb とは Linux でハードディスクなどに割り当てられるデバイス名です。システムが認識した順番に sda から sdb、sdc と割り当てられていきます。

49-2 ファイルシステムを作成する

ファイルシステムを作成するには、mke2fs コマンドを使用します。mke2fs コマンドの -t オプションのあとに ext2、ext3、ext4 などをつけることで、指定したファイルシステムが作成されます。

```
# mke2fs -t ext4 /dev/sdb1 Enter
```

```
mke2fs 1.35 (28-Feb-2004)
Filesystem label=
OS type: Linux
Block size=4096 (log=2)
Fragment size=4096 (log=2)
～略～
```

このようにすると、/dev/sdb1 が ext4 で利用できるようになります。

49-3 マウント、アンマウントする

ハードディスクなどを Linux のマシンで使うには、mount コマンドを使って**マウント**という操作が必要です。たとえば、デバイス名が「sdb1」という名前のハードディスク（1 番めのパーティション）をマウントするには、

```
# mkdir /datadisk1 Enter
# mount /dev/sdb1 /datadisk1 Enter
```

のようにします。「/datadisk1」というのがユーザーがアクセスするときの場所で、これを**マウントポイント**といいます。マウントポイントは、mkdir コマンドであらかじめつくっておく必要があります（存在しないディレクトリにはマウントできません）。

一時的に使用する光学ドライブや USB メモリーなどもマウントが必要です。

FAT でフォーマットされた USB メモリーやポータブル HDD/SSD などをマウントするには、/mnt 以下に usbmem1 や usbhdd のような名前でディレクトリを作成し、同様にマウントします。

```
# mkdir /mnt/usbmem1 Enter
# mount -t vfat /dev/sdf1 /mnt/usbmem1 Enter
```

注意

USB メモリー

USB メモリーがどのデバイスであるかは、システムやディストリビューションによって違います。

アンマウントするには、`umount` コマンドでマウントされているデバイスを指定するだけです。

```
# umount /mnt/usbmem1 Enter
```

49-4 fstab と自動マウント

システムとして使われるハードディスクや、AlmaLinux のインストール時に存在する光学ドライブなどは、あらかじめ「/etc/fstab」というファイルにその情報が書き込まれていて、ここに記述されていると、起動するときに自動的にマウントされるようになっています。次のコマンドを実行すれば、現在のマウント状態を確認できます。

```
# cat /etc/fstab Enter
```

Linux のシステムは、この /etc/fstab ファイルを先頭から順に読み込んで処理します。そのため、読み込んでほしい順番に内容を記述します。

練習問題

問題 1

Linux では記憶装置、ネットワーク、入出力機器といったインターフェースをどのようにして扱いますか？

ⓐ I/O 接続
ⓑ デバイスファイル
ⓒ デバイスドライバ
ⓓ 外部メモリ

問題 2

パーティション /dev/sdb1 をファイルシステム ext4 で使えるようにするには、どのようなコマンドで指定できますか？

問題 3

ファイルシステム FAT で作成された USB メモリが現在、/dev/sdf2 として識別されています。この USB メモリを /mnt/usbmem2 として Linux 上で使用するには、どのようなコマンドで設定できますか？ コマンドは 2 種類必要です。

解答

問題 1 解答

正解はⓑのデバイスファイル

Linux では情報をファイルに読み書きするのと同じ流れで、外部の記憶装置や入出力機器と情報の読み込みや書き込みを行います。

問題 2 解答

正解は `mke2fs -t ext4 /dev/sdb1`

オプションの `-t` ではファイルシステムの種類を指定します。何も指定しないと過去の Linux との互換性の高い ext2 ファイルシステムでファイルが作成されますが、この場合、最大ボリュームサイズが 8TB になるので、将来の拡張を考えると、ext3 や ext4 を使ったほうがよいでしょう。

問題 3 解答

正解は

```
mkdir /mnt/usbmem2
mount /dev/sdf2 /mnt/usbmem2
```

まず、`mkdir /mnt/usbmem2` でターゲットとなるディレクトリを作成します。次に `mount /dev/sdf2 /mnt/usbmem2` でファイルシステムをマウントします。Linux システム上で記憶装置を使用するには、記憶装置（パーティション）とディレクトリの位置を関連づける「マウント」と呼ばれる操作が必要になります。

プロセスとユニット、ジョブのきほん

50 プロセス、ユニットとは何か

コマンドは、プログラムのデータがハードディスクからメモリーに読み込まれて、はじめて実行することができます。

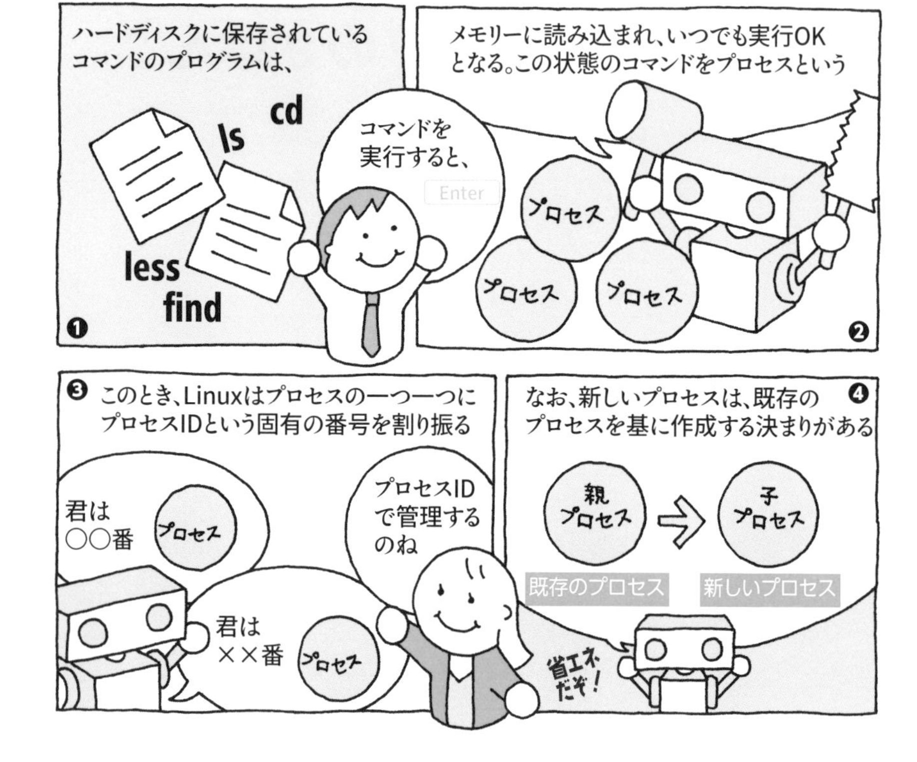

50-1 プロセスの定義

`ls` や `less` などのコマンドは、ふだんはハードディスクに実行ファイル（プログラム）として格納されて出番を待っています。出番が来ると、**カーネル**はコマンドのプログラムをメモリーに読み込み、それを CPU が処理していきます。コマンドは、メモリー上にあるときは、**プロセス**という呼び方に変わります。このプロセスを単位としてメモリーを確認・管理することで、Linux が現在、どういう作業をしているかがわかるようになっています。

50-2 psコマンドを使ってプロセスを見る

ps コマンドを使えば、実行中のプロセスの情報を一覧表示できます。

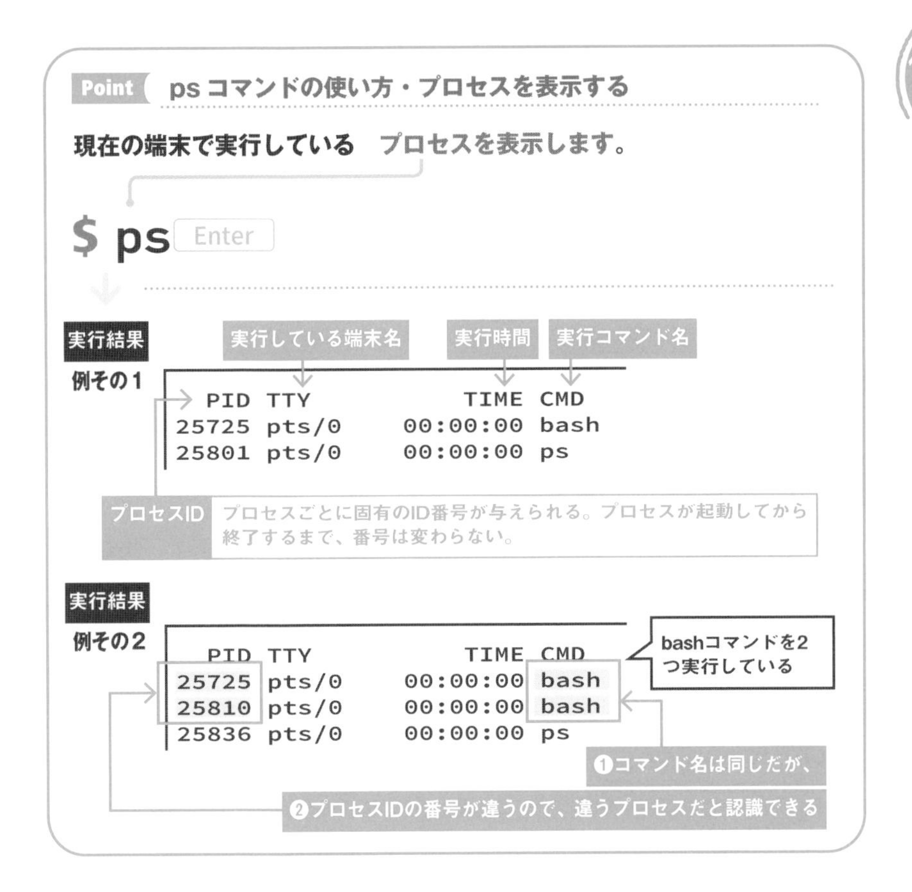

プロセスIDの数字は、1つのプロセスが起動してから終了するまでまったく変わりません。ですから、このプロセスIDを使ってプロセスを操作することになります。

またLinuxでは、ユーザーが実行しているプロセス以外にも、システムが実行しているコマンドなど、たくさんのプロセスが動いています。

```
$ ps -aux [Enter]
```

← オプションの-auxを使う

▼

```
USER       PID %CPU %MEM    VSZ   RSS TTY      STAT START   TIME COMMAND
root         1  0.0  0.4 173048 15580 ?        Ss   08:56   0:01 /usr/lib/syst
root         2  0.0  0.0      0     0 ?        S    08:56   0:00 [kthreadd]
root         3  0.0  0.0      0     0 ?        I<   08:56   0:00 [rcu_gp]
root         4  0.0  0.0      0     0 ?        I<   08:56   0:00 [rcu_par_gp]
root         5  0.0  0.0      0     0 ?        I<   08:56   0:00 [slub_flushwq
root         6  0.0  0.0      0     0 ?        I<   08:56   0:00 [netns]
root         8  0.0  0.0      0     0 ?        I<   08:56   0:00 [kworker/0:0H
root         9  0.0  0.0      0     0 ?        I    08:56   0:01 [kworker/u8:0
~略~
```

↑すべてのプロセスが詳細表示される

50-3 プロセスの終了

一般ユーザーにはその機会があまりなくても、管理者ユーザーの場合、プロセスを終了させなければならない場面に遭遇するものです。たとえば、プログラムに不具合があった場合などがそうです。処理が終了されずに無限ループに入ってしまうと、そのプログラムは「暴走」したとみなされます。そのプログラムを「強制終了」させるには、プロセスを終了させる以外に方法はありません。

プロセスを終了させるには`kill`コマンドを使い、終了させたいプロセス番号を指定します。

一般ユーザーの場合、終了できるプロセスは自分が実行したプロセスだけで、他人のプロセスを終了させる権限はありません。管理者ユーザーだけがその権限を有します。

このため、管理者ユーザーは、プロセス終了の作業を慎重に行う必要があります。誤った操作で対象外のプロセスを終了させてしまうと、システムに障害が発生することもあるからです。

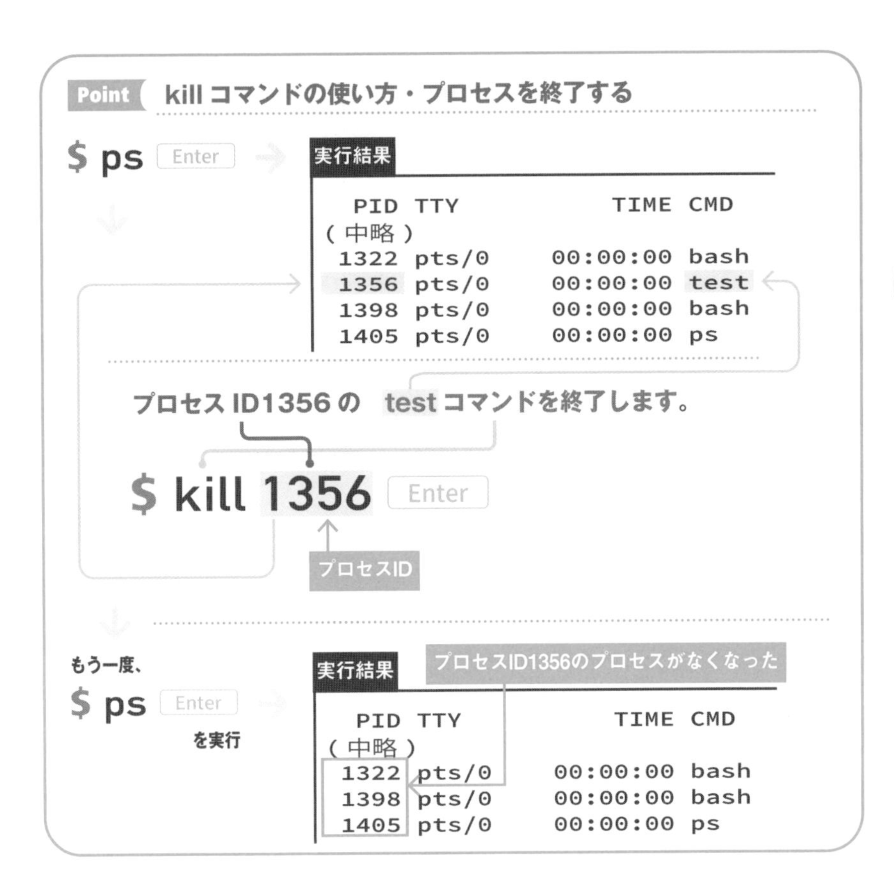

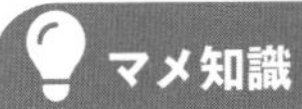

プロセスを一時停止させる場合

プロセスは、強制終了だけでなく、一時停止させることもできます。コマンドラインから「`kill -s SIGSTOP 123`」（123 はプロセス ID）を実行します。再開するには「`kill -s SIGCONT 123`」を実行します。

50-4 ユニットとサービス（デーモン）の管理

プロセスと同様、一般ユーザーにはあまり関係ありませんが、Linuxをサーバーとして使用する場合には、バックグラウンドで動くサービスあるいはデーモン、サーバーなどと呼ばれるソフトウェアの管理が必要になります。

第8章でパッケージのインストールを紹介しましたが、インストールしたパッケージでサービス（デーモン）として動かしたり停止したりする必要のあるものを、管理者ユーザーが操作します。

AlmaLinuxでは、サービスの管理はすでに紹介した`systemctl`コマンドを使用することが推奨されています。それは、`systemctl`コマンド1つで、操作できるからです。

もちろん、`systemctl`以外の別のコマンドを使っても管理は可能です。ひと昔前のやり方ですが、いまでもこれで管理する人もいます。

念のため、新旧の管理方法を表にまとめておきます。

操作	init.dやkillコマンドを使う（旧）	systemctlコマンドを使う（新）
起動	/etc/init.d/サービス名 start	systemctl start ユニット名
終了	/etc/init.d/サービス名 stop	systemctl stop ユニット名
強制終了	kill -9 プロセスID	systemctl kill -s 9 ユニット名
再起動	/etc/init.d/サービス名 restart	systemctl restart ユニット名
サービス（ユニット）一覧の表示	ls /etc/init.d	systemctl --type service

ユニット（Unit）を使うことで、従来のサービスでは必要だった起動・終了処理のスクリプトなどが必要なくなり、より洗練された起動・終了処理が可能になります。

上の表の強制終了のところでプロセスIDが出てきていますが、実はプロセスに関しても、`systemctl`コマンドの使用が推奨されています。たとえば強制終了するには、従来は`kill`コマンドを使って、

```
# kill -9 プロセスID Enter
```

としていたものが、

```
# systemctl kill -s 9 ユニット名 Enter
```

となりました。ユニット（サービス）もシステムとしてはプロセスで動作しているのでプロセスID（番号）で指定してもプロセス名で指定しても同じことなのですが、ユニット名のほうがわかりやすいということでしょう。

インストールされているユニットのユニット名を取得するには、次のようにします。

```
# systemctl -t service Enter
```

▼

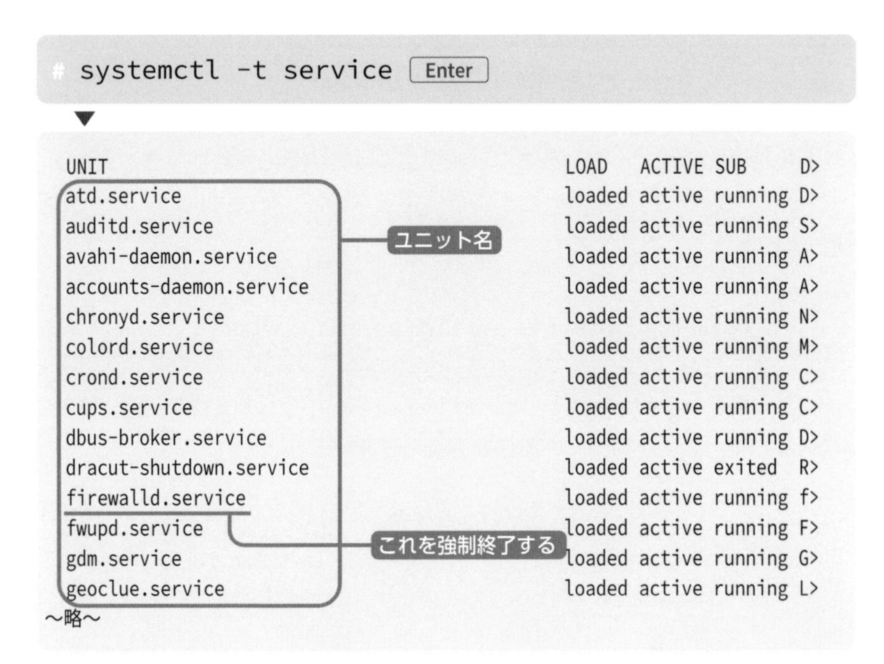

```
UNIT                                              LOAD   ACTIVE SUB     D>
atd.service                                       loaded active running D>
auditd.service                                    loaded active running S>
avahi-daemon.service                              loaded active running A>
accounts-daemon.service                           loaded active running A>
chronyd.service                                   loaded active running N>
colord.service                                    loaded active running M>
crond.service                                     loaded active running C>
cups.service                                      loaded active running C>
dbus-broker.service                               loaded active running D>
dracut-shutdown.service                           loaded active exited  R>
firewalld.service                                 loaded active running f>
fwupd.service                                     loaded active running F>
gdm.service                                       loaded active running G>
geoclue.service                                   loaded active running L>
～略～
```


このうち「UNIT」の下にあるのがユニット名なので、これを使って強制終了できます。ここでは、試しにファイアウォールのユニット（サービス）である「firewalld.service」を強制終了してみましょう。

```
# systemctl kill -s 9 firewalld.service Enter
```

再度、「systemctl -t service」を実行した結果を次に示します。

```
UNIT                                LOAD   ACTIVE SUB     D>
 accounts-daemon.service            loaded active running A>
 atd.service                        loaded active running D>
 auditd.service                     loaded active running S>
 avahi-daemon.service               loaded active running A>
 chronyd.service                    loaded active running N>
 colord.service                     loaded active running M>
 crond.service                      loaded active running C>
 cups.service                       loaded active running C>
 dbus-broker.service                loaded active running D>
 dracut-shutdown.service            loaded active exited  R>
●firewalld.service                  loaded failed failed  f>
 fwupd.service                      loaded active running F>
～略～
```

このユニットが止まった

firewalld.service というユニットが止まっているのがわかります。

ファイアウォールが止まったままだと不安なので、firewalld.service を再開しましょう。

```
# systemctl start firewalld.service Enter
```

もう一度、「systemctl -t service」を実行した結果を示します。firewalld.service が動いているのを確認できます。

```
UNIT                                LOAD   ACTIVE SUB     D>
 accounts-daemon.service            loaded active running A>
 atd.service                        loaded active running D>
 auditd.service                     loaded active running S>
 avahi-daemon.service               loaded active running A>
 chronyd.service                    loaded active running N>
 colord.service                     loaded active running M>
 crond.service                      loaded active running C>
 cups.service                       loaded active running C>
 dbus-broker.service                loaded active running D>
 dracut-shutdown.service            loaded active exited  R>
 firewalld.service                  loaded active running f>
 fwupd.service                      loaded active running F>
～略～
```

運転再開！

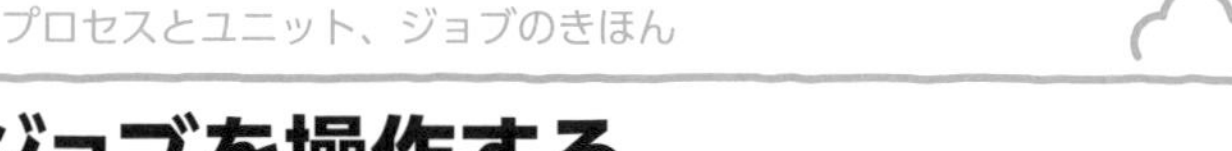

51 ジョブを操作する

プロセスやユニットよりも、もっと身近な処理単位が「ジョブ」です。ここでは、仕事（ジョブ）を中断したり、再開したりする操作を覚えましょう。

51-1 ジョブとは何か

プロセスとジョブの違いについて、まずは、「ほかのユーザーのプロセスは参照できても、ジョブは参照できない」と理解しましょう。もちろん自分の場合もこれは同様で、現在の手元のシェル環境以外（たとえば別の端末で接続した場合など）のジョブは参照できません。

51-2 ジョブを停止する

ジョブの「停止（中断）」と「終了（強制終了）」は異なります。停止は Ctrl + z キー、終了は Ctrl + c キーを押します。

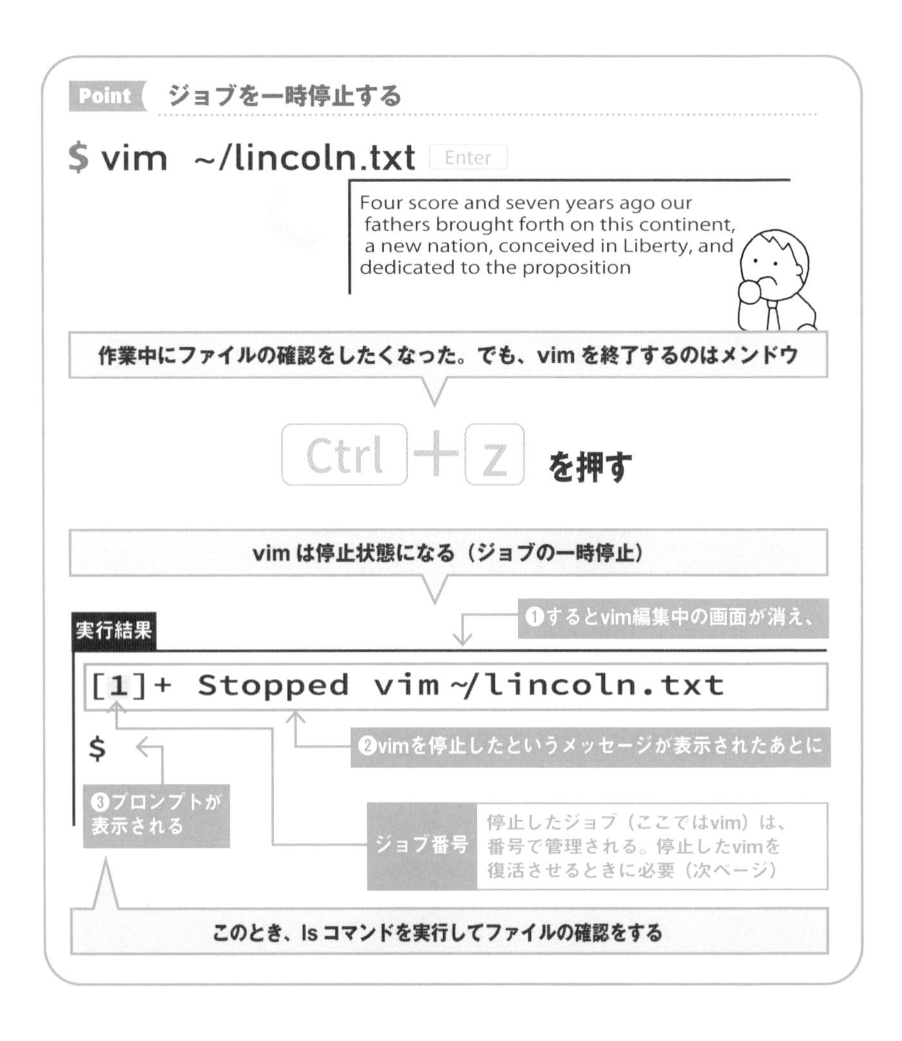

停止したジョブは再開することができます。のちほど紹介しますが、「フォアグラウンド」「バックグラウンド」のどちらでも再開できます。

ジョブの一覧を表示するには、次のように jobs コマンドを使います。

```
$ jobs Enter
```

▼

```
[1]-  Stopped                 vi a.txt
[2]+  Stopped                 vi b.txt
```

ジョブの状態は実行中（Running）、停止中（Stopped）、終了（Done）で表示されます。「+」はカレントのジョブ、「-」はその直前のジョブを示します。

51-3 ジョブをフォアグラウンドで再開（実行）する

停止したジョブを再開してみましょう。ここでは、fg コマンドを使って**フォアグラウンド**でジョブを再開（実行）する方法を紹介します。

マメ知識

フォアグラウンドとバックグラウンド

コマンドは通常、フォアグラウンドで実行されます。バックグラウンドでコマンドを実行させるには、コマンドの末尾に（スペースに続けて）「&」記号をつけます。

51-4 ジョブをバックグラウンドで再開（実行）する

プロンプトからコマンドを実行すると、処理（ジョブ）が終了するまで待つ必要があります。これを**フォアグラウンド**実行といいます。

一方、**バックグラウンド**実行では、処理の終了を待つ必要がなくなります。このとき利用するのが bg コマンドです。

参考までに、次の Point に 2 つの実行方法のイメージを示しておきます。

練習問題

問題 1

現在実行中のすべてのプロセスを詳細情報を含めて表示させるには、どのようなコマンドを使いますか？

問題 2

現在使用中のプログラムを終了はさせずにいったん中断するには、以下のどのようなキーボード操作を行いますか？

ⓐ Ctrl キーを押しながら x キーを押す
ⓑ Ctrl キーを押しながら z キーを押す
ⓒ Alt キーを押しながら c キーを押す
ⓓ Alt キーを押しながら z キーを押す

問題 3

現在、番号 1 から 3 までの 3 つのジョブが中断されています。このうち、1 番目のジョブを再開させたい場合は、どのようなコマンドを使いますか？

ⓐ `fg %1`
ⓑ `fg 1`
ⓒ `bg 1`
ⓓ `jobs`

解答

問題 1 解答

正解は ps -aux

プロセスを表示させるには ps コマンドを使いますが、オプションとして -a は全プロセスの表示、-u はプロセスのユーザー名と開始時刻を、-x は制御端末のない、すなわちユーザーが端末から指定したコマンド以外のプロセスも表示させます。またオプションの -f をつけると、プロセスの親子関係をツリー形式で表示します。

問題 2 解答

正解はⓑの Ctrl キーを押しながら z キーを押す

このときジョブは停止状態となり、まだメモリー上に残っていますが、処理はされていない状態になります。ジョブを強制的に終了させるときは、Ctrl キーを押しながら c キーを押します。

問題 3 解答

正解はⓐの fg %1

数字の 1 は表示されるジョブ番号になります。jobs コマンドを使うと、現在メモリー上で展開されているジョブを表示します。このとき -r オプションで実行中のジョブだけを、-s オプションで停止中のジョブだけをそれぞれ表示することもできます。

ネットワークのきほん

52 そもそもネットワークってLinuxと関係あるの?

UNIXはその初期の頃からネットワークと密接な関係にありました。現在でもLinuxはサーバーやネットワーク機器のなかで数多く使われています。そんなLinuxとネットワークの関係について学びましょう。

52-1 ネットワークとLinuxには深い関係がある

Windows や macOS のようなクライアント用の OS では、ネットワークの設定はほぼ自動的に行われ、ユーザーが設定する場面はあまり多くありません。Linux でもクライアント用のディストリビューションなら、ネットワークの設定はクライアント OS なみに自動的に設定が行われるものもあります。

しかし、Linux はサーバー用として多く使われる OS なので、自動的な設定だけでは不十分なことが多いのです。このため、Linux を扱ううえでは、ネットワークの知識、ネットワーク設定の知識が必須になります。

Linux を扱ううえで、ネットワークの基礎的な知識や設定の知識は必須です。

52-2 マシンが 2 台あればネットワークになる

コンピューターが他のコンピューターなどに接続されておらず、孤立した状態にあることを**スタンドアロン**といいます。

2 台以上のコンピューターがお互いにやり取り（通信）できるようになっていれば、**ネットワークを構成している**とみなすことができます。あるいは単にこの状態をネットワークと呼ぶこともあります。

Linux は、ネットワークに接続して使うケースがほとんどです。

53 プロトコルとTCP/IPのきほん

ネットワークを知るには、「プロトコル」を知る必要があります。ここでは、プロトコルとは何か、ネットワークでの役割は何かといったことについて理解しましょう。

53-1 プロトコルは階層構造

プロトコルの説明をするときに、必ず出てくるのが**階層**です。少し難しい概念ではありますが、階層に分けることによって、

- 1つの機械やソフトウェアで全階層を網羅しなくてすむ（つまり製造や開発がラク）
- ある階層だけを交換したり高機能化したりしても、他の階層はそのまま使える
- 同じ階層のソフトウェアやハードウェアならば交換可能なので、価格競争が起きて値段が低下する

などのメリットが出てきます。

階層の分け方にはいくつかありますが、ITU-Tなどが提唱した7階層の**OSI参照モデル**がよく使われます。Linuxで標準的に使われる**プロトコル**は**TCP/IP**ですが、これもOSI参照モデルに割り当てて説明できます。

OSI参照モデルのほかに、TCP/IPのTCPとIPの2階層にアプリケーション層とネットワークインターフェース層を加えた、4階層のモデルもよく使われます。

マメ知識

「階層」はイメージ

「階層」は概念的な存在です。実際の製品では複数の階層にまたがるプロトコルや、1つの階層に複数のプロトコルが存在することもあります。

IP アドレスとサブネットのきほん

TCP/IP の設定や運用をするうえで、IP アドレスの知識は不可欠です。10 進数や 2 進数が出てきて難しそうに思えますが、慣れればあまり頭を悩ませずに使えるようになります。

IP アドレス

Linux マシンのネットワークインターフェースに割り当てられている IP アドレスは、ip コマンド（『59-1』参照）で調べることができます。

では、この IP アドレスはどのようにして決めるのでしょうか？

IP アドレスや TCP/IP について説明をすると、それだけで何冊もの本ができてしまうので、本書では最小限のことだけを紹介しましょう。

まず、**IP アドレス**というのは、インターネットなどのネットワークにおいて、サーバーやルーターなどの機器に割り当てられた一意の番号です。

この「一意の」、つまり重複のない番号というのが肝心です。これによって、世界中の機器のなかから目的のマシンへ到達できるのです。

IP アドレスは世界で唯一の番号です。

マメ知識

グローバル IP アドレス

IP アドレスは唯一の番号ですが、後述するようにサブネット内などで自由に使うためのプライベート IP アドレスというものがあります。プライベート IP アドレスと区別をするために、本来の IP アドレスを「グローバル IP アドレス」あるいは単に「グローバルアドレス」と呼ぶことがあります。

IP アドレスは、32 ビットであらわされる値ですが、わかりやすくするために、aaa.bbb.ccc.ddd のように 3 桁の 10 進数の数値をドットで区切って表示します。

それぞれの数字は 32 ÷ 4、すなわち 8 ビットの長さがあります。8 ビットというのは、10 進数で表記すると 0 ～ 255 までの値となります。つまり 8 ビットでは 256 個の値が表現できるともいえます。

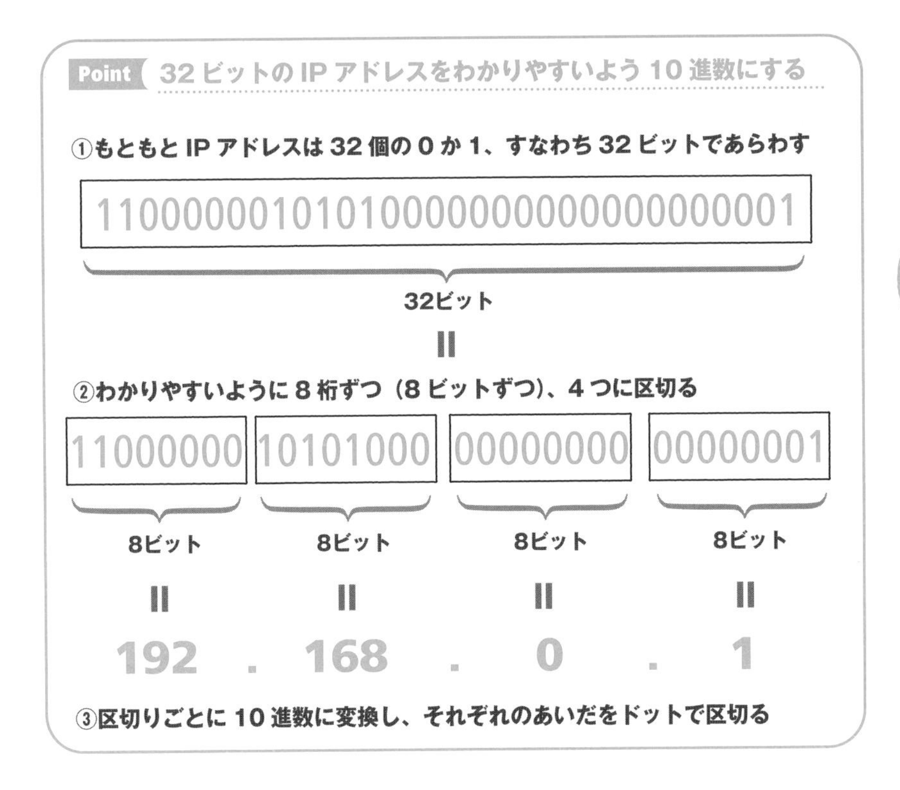

10 進数に直した IP アドレスは、最小の 0.0.0.0 から最大の 255.255.255.255 までの値を取ります。256 以上の値やマイナスが IP アドレスに使われることはありません。

8 ビットで 256 個の値を表現できたように、32 ビットは、2 の 32 乗＝約 43 億種類の値を表現できます。つまり、約 43 億個の IP アドレスが表記できることになります。

実際には、将来のために予約されていたり、特定の用途に使われていたりするため、約 43 億個のすべての IP アドレスが使えるわけではありません。また、後述するようにネットワークを分割する際などにも IP アドレスは使われるので、約 43 億個といえども枯渇することが心配されるようになりました。これが、「IP アドレスの枯渇問題」です。

いままで単に IP アドレスと書いてきましたが、aaa.bbb.ccc.ddd のように表記されるバージョン 4 の IP アドレスは、**IPv4** と呼ばれます。これに対して、128 ビットと大幅に拡張された次世代の IP アドレスが登場しています。こちらはバージョン 6 なので、**IPv6** といいます。

IPv6 はメジャーな OS ではかなり実装されており、もちろん Linux でも利用できます。

IPv4 と IPv6、どちらを選ぶ？

日本では、現実的には IPv4 を選ぶことが一般的です。もちろん IPv6 も普及してきており、将来的にはインターネットの主流になることは間違いありませんが、完全な移行にはまだ時間がかかりそうです。

54-2 IP アドレスとサブネット

TCP/IP で運用されるネットワークでは、それぞれの機器に IP アドレスが割り当てられます。IP アドレスは一意の番号ですが、0 から順々に割り振っていくと管理がしにくいので、通常はネットワークを小さな単位（セグメント）に分割して使用します。

たとえば、会社単位や部署単位で 1 つのネットワークを構成したとすると、これを単に**ネットワーク**、あるいは**サブネット**などといいます。一般名詞としての「ネットワーク」と紛らわしいので注意してください。ネットワークやサブネットは無数に存在し、相互に接続されています。インターネットは多くのサブネットが集まった巨大なネットワークということもできます。

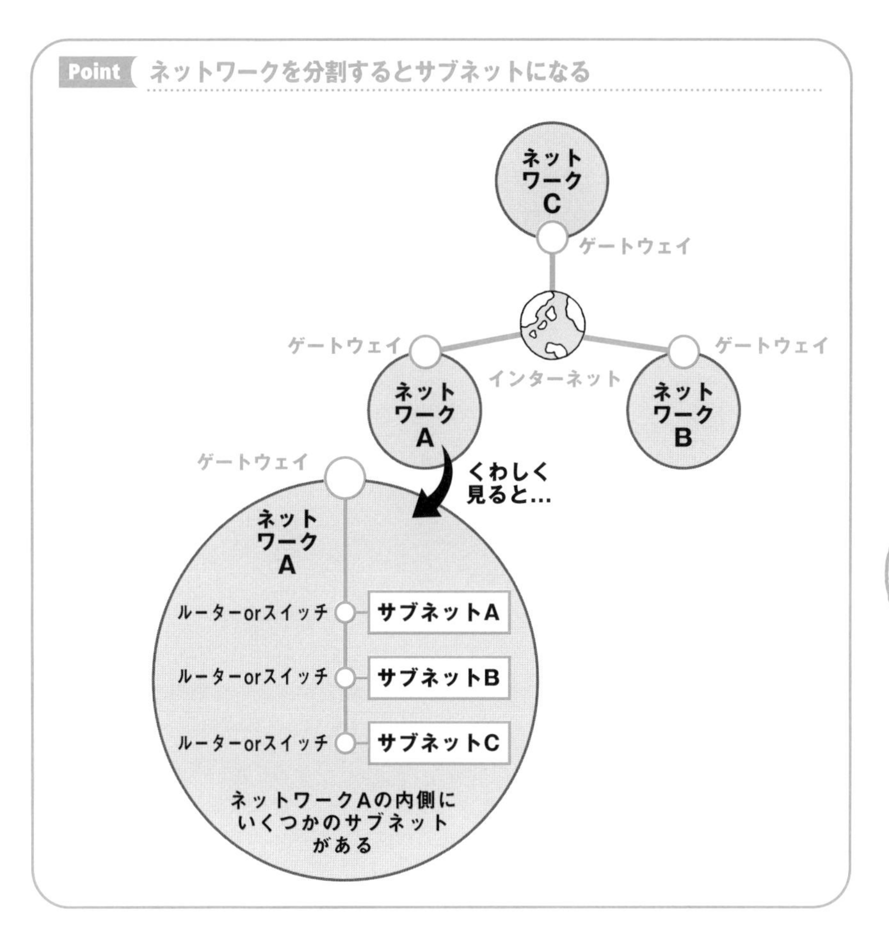

サブネットのなかにあるマシンは、相互に直接やり取りができます（できないようにすることも可能です）。一方、サブネットの外にある別のネットワークや機器と通信を行うには、出入り口を通過していくようなしくみが必要です。これを、**ゲートウェイ**といいます。

通常の構成であれば、サブネット（ネットワーク）の外に出て行く出入り口は 1 つなので、ゲートウェイも 1 つだけというパターンがほとんどです。

標準で使われるゲートウェイを、**デフォルトゲートウェイ**と呼ぶこともあります。ゲートウェイが 1 つならば、それがデフォルトゲートウェイになります。

54-3 クラスとCIDR

ネットワークをサブネットのような小さな単位に分割する手段としては、かつては**クラス**という概念が使われていました。ネットワークをその規模によってA、B、Cといった種類に分け、クラスAなら16,777,216個、クラスBなら65,536個、クラスCなら256個のIPアドレスを利用できるようにした方法です。このほかにクラスDとクラスEもありますが、特殊な用途向けです。

クラスごとのIPアドレスの範囲

クラス	アドレスの範囲	割当可能なホストの個数
クラスA	0.0.0.0 ～ 127.255.255.255	16,777,214
クラスB	128.0.0. ～ 191.255.255.255	65,534
クラスC	192.0.0.0 ～ 223.255.255.255	254

注意

クラスA、B、Cのいずれも、ネットワークの識別のためにアドレスを1つ使い（ネットワークアドレス）、ネットワーク内のデバイスに通信を送るためにアドレスを1つ使います（ブロードキャストアドレス）。このため、すべてのアドレスが自由に使えるわけではありません（『54-5』参照）。

ただし、この分け方にはムダが多いという問題もあって、いまでは使われなくなっています。これに代わり、より精緻な**CIDR**という分割方法が主流になりました。

CIDRは32ビットのIPアドレスを**ネットワーク部**と**ホスト部**に分けて使用するというシンプルなものです。クラス単位で割り当てるのに比べると、効率的にIPアドレスを運用することができます。

たとえば、あるネットワークで400個のIPアドレスが必要になった場合、クラス表記ではクラスBを1つ割り当てるしかなかったのですが、CIDRであれば、23ビットのネットワーク部を設定することで、512個を割り当てられます（ただし、400個がすべて同じサブネット内に存在する必要があるケースの場合）。

Point CIDRで分割すると効率がいい

①ネットワーク部8ビットとホスト部24ビットに分割した例

X	X	X	X	X	X	X	X		X	X	X	X	X	X	X	X		X	X	X	X	X	X	X	X		X	X	X	X	X	X	X	X

ネットワーク部 ／ ホスト部

32ビット

②ネットワーク部20ビットとホスト部12ビットに分割した例

X	X	X	X	X	X	X	X		X	X	X	X	X	X	X	X		X	X	X	X	X	X	X	X		X	X	X	X	X	X	X	X

ネットワーク部 ／ ホスト部

32ビット

③ネットワーク部23ビットとホスト部9ビットに分割した例

X	X	X	X	X	X	X	X		X	X	X	X	X	X	X	X		X	X	X	X	X	X	X	X		X	X	X	X	X	X	X	X

ネットワーク部 ／ ホスト部

32ビット

ネットマスクとプレフィックス表記

ネットワーク部とホスト部を分ける際などに使われる特殊なアドレスが、**ネットマスク**や**サブネットマスク**などと呼ばれる数値です。IPアドレスと同じ表記方法で使用されます。

ネットマスクは、ネットワーク部のビットがすべて1で、ホスト部が0という構造をしています。次の23ビットのケースでは255.255.254.0がネットマスクです。あるいはプレフィックス表記という表記方法だと、「/23」などと書いたりします。

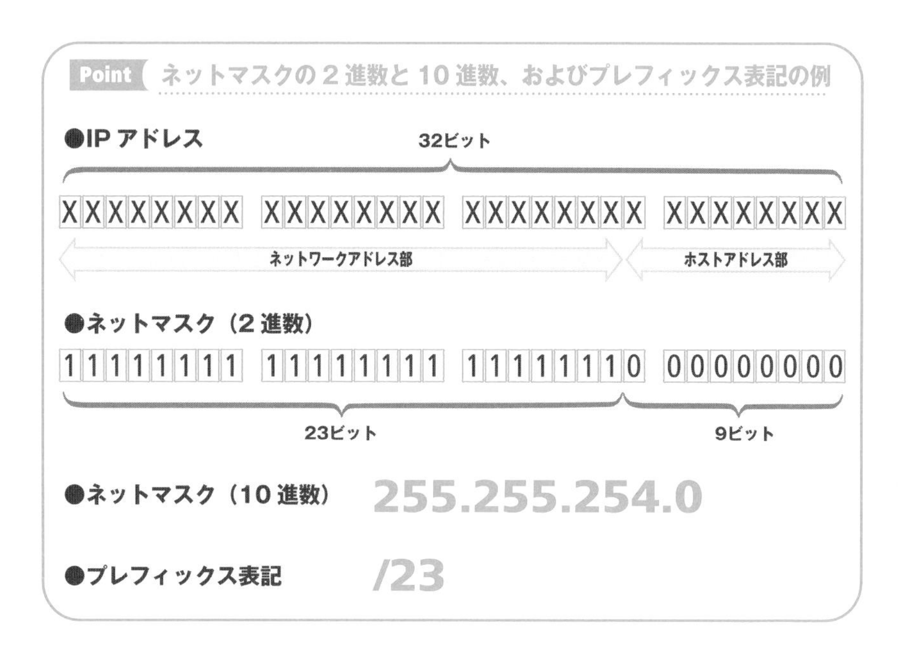

プレフィックス表記を使うと、ネットワークアドレス（後述）といっしょに「192.168.1.0/23」などと表記できます。ただし、Linuxの運用や設定では、プレフィックス表記ではないx.x.x.xの形式で入力を求められることも多いので、どちらの表記でもまごつかないように、両方の表記方法を覚えたほうがいいでしょう。

54-5 サブネットとIPアドレスの制限

ところで、サブネットに分割されたIPアドレスは、そのすべてを使えるわけではありません。

たとえば192.168.0.0/24によって割り当てられた、256個のIPアドレスがあったとします。このうち最大である192.168.0.255と最小である192.168.0.0は、ユーザーは使えません。前者は**ブロードキャストアドレス**、後者は**ネットワークアドレス**と呼ばれる、予約されたアドレスだからです。

また、一般的にネットワークから外に出て行くための出入り口（ゲートウェイ）にもIPアドレスを割り振るので、結果としてこの場合には256-3=253個のIPアドレスが、ユーザーが使用できるIPアドレスの数になります。

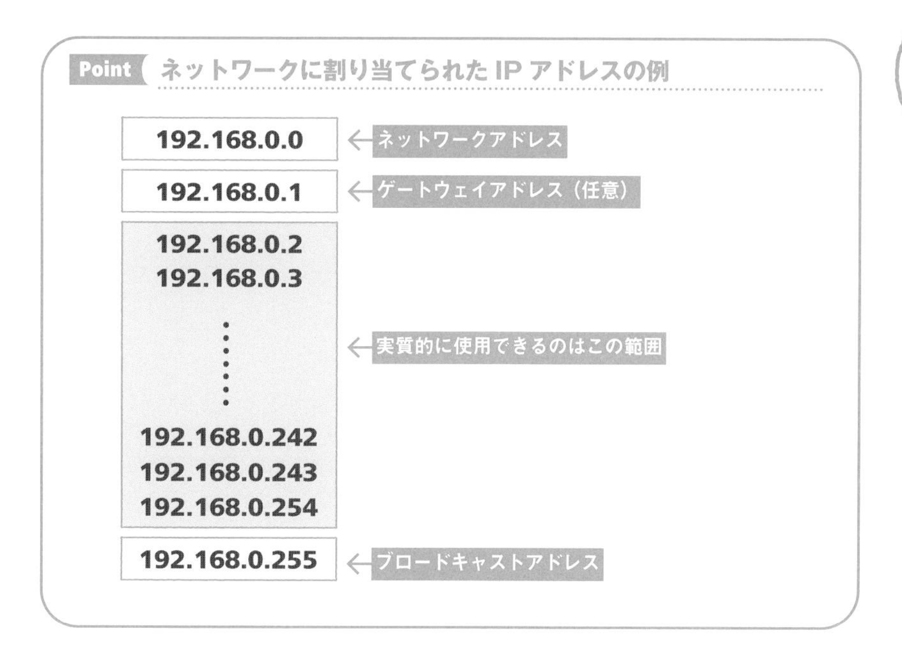

ブロードキャストアドレスは、そのサブネット（ネットワーク）のすべての機器に対してパケットを送信するときに使用します。また、ネットワークアドレスは、そのサブネット全体をあらわすためのもので、プレフィックス表記とともに、ネットワークの規模とIPアドレスの範囲を示すときなどに使

用します。

このように、サブネット（ネットワーク）ごとに少なくとも3つのIPアドレスが必要になるため、あまりに細かくネットワークを分割するのは効率が悪いといえます。

プライベートIPアドレス

IPアドレスは世界中で1つしかない一意の番号です。しかし、全部で約43億個という上限があるため、野放図に割り当てるわけにはいきません。そこで、組織の内部などでは**プライベートIPアドレス**を使うことが推奨されています。ネットワークの内部で使うものなので、どんなIPアドレスを使用してもよさそうなものですが、このアドレスはインターネット上には転送されないので、実在するIPアドレスを使用するよりも安全です。

プライベートIPアドレスは、ブロックごとに定められています。

プライベートIPアドレスの範囲（RFC1918より）

名称	アドレス範囲
24ビットブロック	10.0.0.0 ～ 10.255.255.255
20ビットブロック	172.16.0.0 ～ 172.31.255.255
16ビットブロック	192.168.0.0 ～ 192.168.255.255

マメ知識

RFC

RFC（Request For Comments）は、インターネットなどで使われるさまざまな決まりごとをまとめた規格です。

それぞれのブロックはクラスA、クラスB、クラスCに対応しています。ルーターなどには16ビットブロックのプライベートIPアドレスが設定ずみのことも多いようです。ルーターの設定やネットワーク関連の書籍のIPアドレスの例で「192.168」ではじまるIPアドレスをよく見かけるのは、このプライベートIPアドレスの範囲を使用しているためなのです。

54-7 固定的IPアドレスとDHCP

ルーターやサーバーのように外部からアクセスをする機器では、その機器に割り当てられるIPアドレスがコロコロ変わってしまっては困ります。IPアドレスを変更しても**DNSサーバー**に適切に設定すればアクセスができるようになるのですが、DNSサーバーは世界中にあるので、津々浦々に伝わるにはかなりの時間がかかります。

このため、インターネットに公開するサーバーマシンにつけるIPアドレスは固定されたものでなくては困ります。このように運用されるIPアドレスを**固定的IPアドレス**（固定IP）と呼ぶことがあります。

変更されては困るIPアドレスには、固定的IPアドレスを使用します。

なお、インターネットに公開するサーバーマシンでなければ、固定的IPアドレスである必要はありません。固定的IPアドレスの一番多い例が、インターネットサービスプロバイダー（ISP）から割り当てられるIPアドレスです。この場合のIPアドレスはグローバルIPアドレス（これは固定的IPアドレス）であることが多い（ISPによってはプライベートIPアドレスの場合もある）のですが、限られたIPアドレスを有効に使うため、ユーザーが使用していないときはISPがそのIPアドレスを回収します。

IPアドレスは、DHCPサーバーが空いているアドレスのなかから割り当てるため、いつも同じとは限りません。IPアドレスが変わる可能性があります。このようなIPアドレスは**動的IPアドレス**あるいはダイナミックIPアドレスと呼ばれます。固定的なIPアドレスが必要な場合には、別途料金が発生したりします。

動的IPアドレスは、IPアドレスが変わる可能性があります。

一般的に、プライベートIPアドレスを割り当てる機器については、それぞれの機器にいちいち設定する手間を考えると、自動的に割り振るようなしくみを使ったほうが効率的です。

そのようなしくみが**DHCP**（Dynamic Host Configuration Protocol）というもので、要求に応じてIPアドレスを割り振るサーバーを**DHCPサーバー**といいます。通常、DHCPサーバーが割り振るのはプライベートIPアドレスです（グローバルIPアドレスを使う場合もあります）。DHCPサーバーが与えるIPアドレスは、空いている順番に割り当てられるので、ネットワークに接続する順序によってはいつも同じIPアドレスになるとは限りません。

DHCPサーバーはLinuxマシンで運用することもできますが、一般的にはルーターに内蔵されています。DHCPサーバーがあれば、ネットワークに新しい機器をつなげるたびにIPアドレスの設定をする必要がなくなり、即座に機器を使えるようになります。

パケットとルーティングのきほん

TCP/IPでは、データはすべてパケットという単位でやり取りされます。実際にパケットを操作するようなことはほとんどないのですが、ネットワークの基礎知識として知っておくと、トラブルの解決などがラクになります。

55-1 データ通信のきほんはパケット

TCP/IPによる通信では、データは小さなかたまりに分けて送られます。このかたまりのことを**パケット**といいます。

アプリケーションやサーバーなどで発生したデータは、プロトコルの階層を下のほうに進むかたちで送られ、物理層まで達したあとは、ネットワークケーブルや無線などを使ってネットワークを伝わっていきます。目的の機器に達すると、今度は物理層からプロトコルの階層を上がっていき、最後に最上位であるアプリケーションやサーバー（アプリケーション層）のデータとして復元されます。

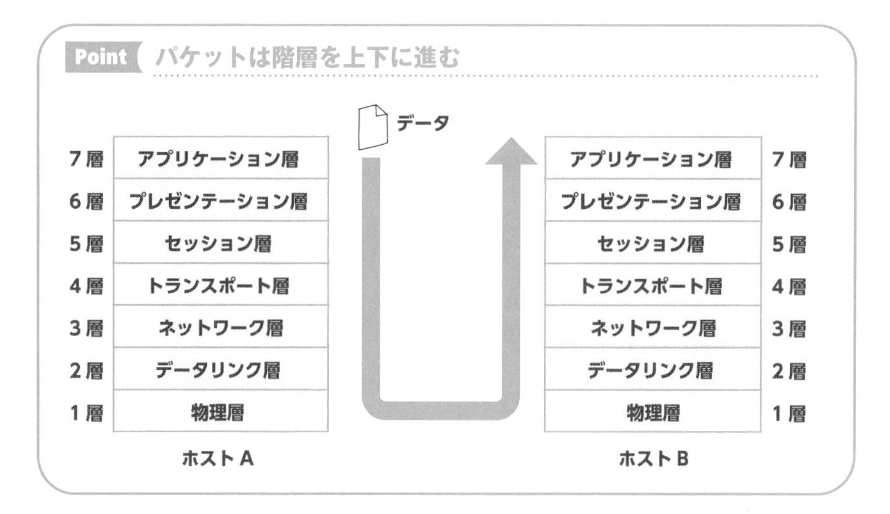

55-2 パケットを送信してネットワークを診断する

Linuxを操作するうえでパケットの存在を意識するのは、`ping`コマンドや`tracepath`コマンドでパケットを送信し、それに応答する様子でネットワークの状態を**診断**する場合です。

Point ネットワーク接続の診断のきほん

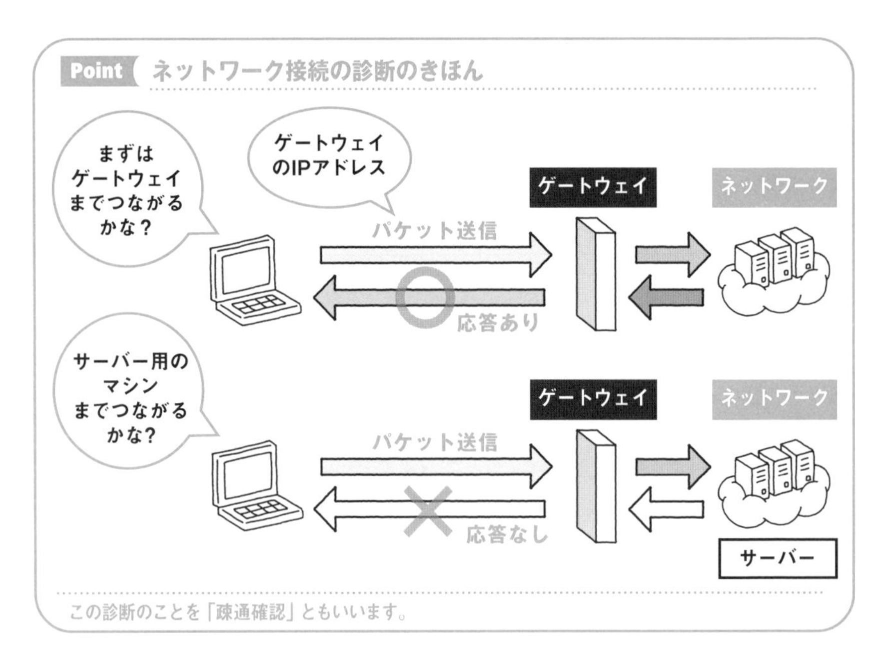

この診断のことを「疎通確認」ともいいます。

サブネットのなかのマシン（のIPアドレス）であれば、パケットはそのマシンに直接送られます。一方、サブネット外の機器に対しては経路がわからないので、通常は**ルーティングテーブル**（Routing Table）というIPアドレスの一覧表を参照します。

ここに目的のIPアドレスまでの経路があれば、そのネットワークのゲートウェイに対してパケットを送ります。

もし、どこにも経路が記述されていない場合には、デフォルトで指定されたゲートウェイ、すなわちデフォルトゲートウェイに送られます。

ゲートウェイとは、多くの場合、実際の運用現場ではルーターのことを指します。ルーターはパケットの宛先を見て、そのIPがあると思われるネットワークにパケットを転送します。もしわからなければ、上位のルーターにそのまま転送します。こうして転送されていったデータはやがて目的のネットワークのゲートウェイ（ルーター）に到着し、サブネット内にある送信相手の機器までデータが届くのです。こうした処理を**ルーティング**と呼びます。

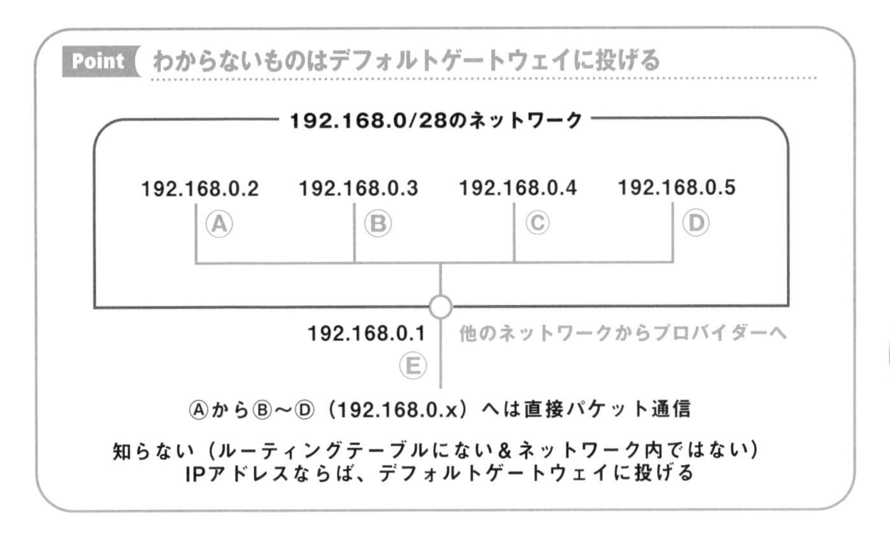

名前解決のきほん

インターネット上のWebサーバーは、ふつう、IPアドレスの代わりにドメイン名でアクセスできるようになっています。実際にはIPアドレスが割り当てられているのですが、この対応を司るのが名前解決というしくみです。

ドメイン名とIPアドレス

インターネット上にあるWebサーバーやメールサーバーなどには、一般的にドメイン名がつけられています。**ドメイン名**はIPアドレスと同様に重複しない一意の名前で、IPアドレスのように覚えにくい数値ではなく、たとえばlinux.orgのように誰でも覚えやすい名前が使われます。

ドメイン名にドットを加えて、www.example.orgのようにサブドメイン名をつけ、これをWebサーバーに割り当てるというような使われ方をします。wwwの部分は**サブドメイン名**とも呼ばれます。同様に、メールサーバーであればmbox.example.org、ftpサーバーであればftp.example.orgのようにいくつものホストに割り当てることができます。

こうして割り当てた各ホストには、当然のことながらIPアドレスが割り振られています。

このIPアドレスとドメイン名を対応させるのが、**名前解決**というしくみです。名前解決には**DNS**（Domain name system）と呼ばれるシステムを利用します。DNSは、これ自体もサーバーとして存在するので、**DNSサーバー**、あるいは単に**ネームサーバー**などと呼ばれることもあります。

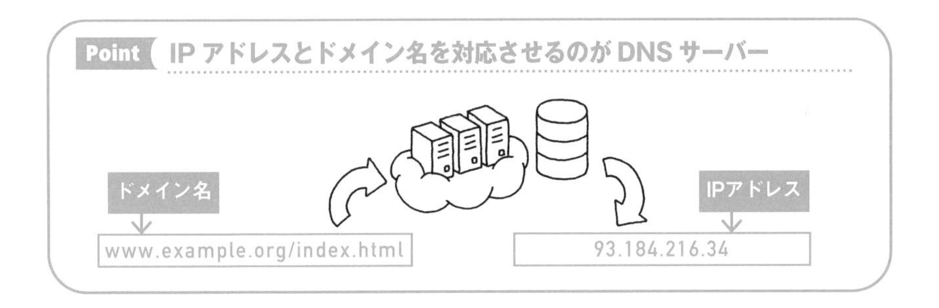

56-2 DNSサーバーは何をするのか

DNSサーバーは、ユーザーが「このドメインに対応するIPアドレスは？」と問い合わせると、自分自身のデータベースに照らし合わせ、IPアドレスがわかったらそれを返答します。これを**正引き**といいます。逆に、IPアドレスから問い合わせることもあります。これは**逆引き**と呼ばれます。

自分のデータベースに該当するドメインの情報が存在しない場合には、DNSサーバーはより上位のDNSサーバーに問い合わせを行います。DNSサーバーはツリー構造になっていて、上位でもわからなければ、さらに上位に…というようにツリーをたどっていきます。ツリーの最上位のサーバーはルートサーバーと呼ばれ、世界で13台のルートサーバーが稼働しています。

ポート番号のきほん

さまざまなタイプのデータ転送のサービスを交通整理するのが、ポート番号です。同じタイプのサービスでも番号が異なれば、まったく別の接続の扱いとなります。

サーバーとポート番号

Web サーバーやメールサーバー、または複数の Web サーバーが 1 台のサーバーのなかに混在しているようなケースは珍しくありません。

外部からこうしたサーバーにアクセスするには、ドメイン名や IP アドレスを使用しますが、その際、1 つのサーバーマシンが Web サーバーとメールサーバー、または複数の Web サーバーを兼用していた場合、どうすればいいのでしょうか？

これを識別するのが**ポート番号**です。ポート番号は、代表的なサービスについては番号が決まっています。たとえば、Web サーバーであれば 80 番、SFTP であれば 22 番が標準的に利用されています。こうしたポート番号のことを**ウェルノウン（Well-Known）ポート**といい、0 ～ 1023 までの番号が該当します。

ウェルノウンポート番号の一例

番号	用途
22	セキュアシェル（SSH）
23	Telnet（平文ベースのテキスト通信プロトコル）
25	メール送受信（SMTP）
80	Web サーバー（HTTP）
110	メール受信（POP3）
123	Network Time Protocol（NTP）
143	IMAP（メールの受信と管理に使用されるプロトコル）
443	HTTPS（安全にウェブサイトを閲覧するためのプロトコル）

このしくみによって、たとえばブラウザのURL欄に「www.linux.org:80」などと入力しなくても、末尾に「:80」をつけないときと同じようにアクセスできます。

57-2 ルーターでも使われるポート番号

もう1つ、ポート番号が使われる例として覚えておきたいのが、ルーターです。

多くのルーターには、**NAT**（Network Address Translation）あるいは**NAPT**（Network Address Port Translation）と呼ばれるアドレス変換のしくみが搭載されています。

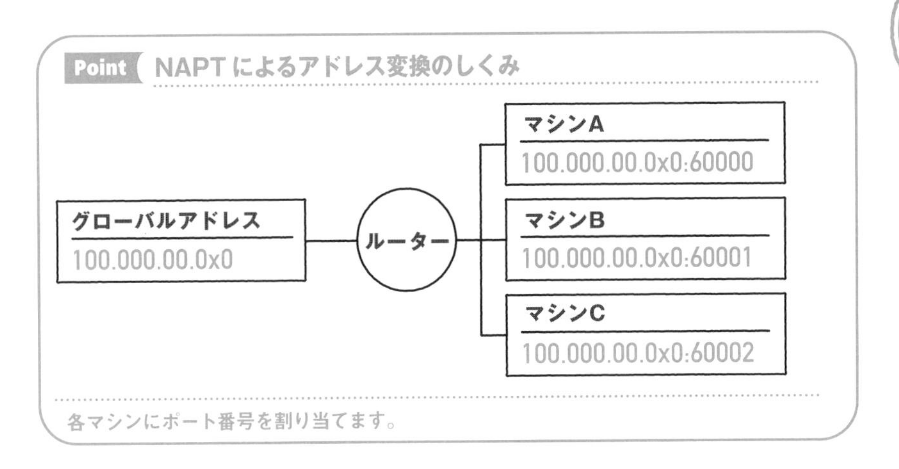

各マシンにポート番号を割り当てます。

NATとは、ルーターに割り当てられたグローバルIPをプライベートIPアドレスに変換するしくみです。しかし、ただ変換しただけでは一対多の関係になるのでうまくいきません。そこで、ポート番号を利用することで、たくみに複数のプライベートIPアドレスを割り当てることができるNAPTが主流になりました。いまでは、NAPTの意味でNATと呼ぶこともあります。

58 ネットワーク設定のきほん

従来、Linuxではコマンドを使用したり、設定ファイルを書き換えたりしてネットワークの設定を行ってきました。しかし、AlmaLinuxでは統一されたコマンドが導入され、より設定がしやすくなりました。

58-1 ネットワークとマシンのきほん的な構成

サーバーとして使うにせよデスクトップとして使うにせよ、Linuxマシンをネットワークに参加させるには、参加するネットワークの情報とそのマシンに設定するいくつかの情報が必要になります。

Linuxサーバーなどをインストールしたマシンをネットワークに参加させる場合、そのマシンにはIPアドレスが必要になります。IPアドレスは、そのマシンに備わっているハードウェア機器と一体になって、通信に使われます。

ハードウェア機器とは、具体的には有線LANのポートのようなネットワークカードや無線LANカード（Wi-Fiカード）などのことをいいます。ここではカードといいましたが、現在ではマシン本体に機能として備わっていることも多くなっています。これらをまとめて**ネットワークインターフェース**といったり、有線LANの場合には**イーサネットインターフェース**といったりすることもあります。

サーバーの場合、IPアドレスやネットワークインターフェースが複数あることも珍しくありません。たとえば、複数のIPアドレスを1台のマシンで使うケースとしては、レンタルサーバーの共有サーバーがあげられます。高性能な1台のサーバーに複数のIPアドレスを割り当て、それぞれのユーザーにIPアドレスを1つずつ提供します。この場合、ネットワークインターフェースの数が必ずしもIPアドレスと同数である必要はありません。1台のマシンで、「100個のIPアドレス、1ネットワークインターフェース」という構成もあり得るのです。

一方、複数のネットワークインターフェースを1台のサーバーやマシンに搭載するケースとしては、ネットワーク同士を接続するブリッジという機器やルーター、ファイアウォールなどがあります。これらはいずれも2つの異なるネットワークを接続し、さらに内容のチェックやルーティングなどの処理を行うための機器です。これらは単体の機器として売られていることが多いのですが、内部でLinuxが動いていることも多く、頑張ればLinuxサーバーで自作することもできます。

しかし、最も多く使われているのは、1台のマシン（サーバーなど）に1つのIPアドレス、1つのネットワークインターフェースというケースでしょう。本書でも、この構成で設定を見ていきます。

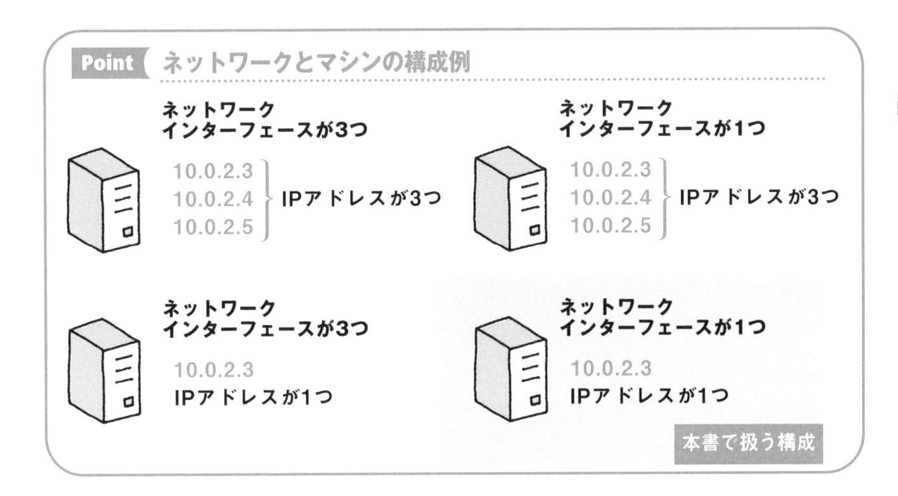

ネットワークを設定する際には、この他に**ゲートウェイ**（ルーター）、**ネットマスク（サブネットマスク）**、**ネームサーバー**などの情報も必要です。IPアドレスも含めたこれらの情報は、マシンを設置するネットワークの管理者が把握しています。現場で設定する際には、管理者に情報提供をしてもらう必要があります。

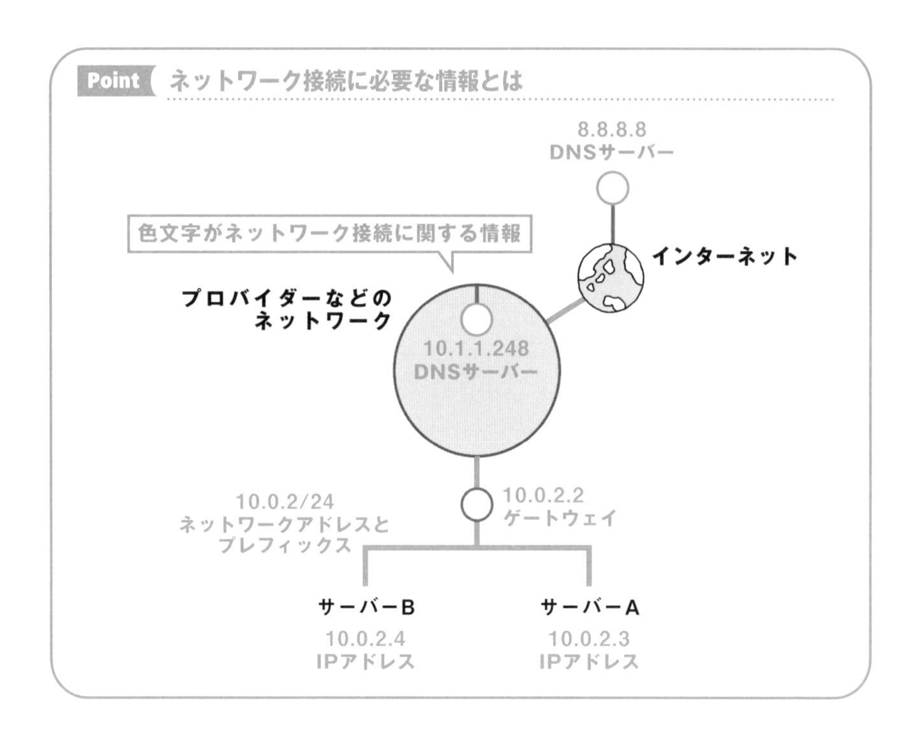

58-2 ipコマンドでネットワークインターフェースを確認する

AlmaLinuxでは、システム管理やネットワーク管理に新しいコマンドが取り入れられています。これらのコマンドを使うことにより、Linuxのセキュリティやパフォーマンスが向上し、ユーザーは、より直感的に操作できるようになるのです。

たとえば、古いディストリビューションでは`ifconfig`コマンドでネットワークインターフェースの状態を確認していましたが、AlmaLinuxでは`ip`コマンドを使うようになっています。

Point ipコマンドの使い方・ネットワークインターフェースの状態を表示する

ネットワークインターフェースの状態を　**表示します。**

$ ip a show Enter

aはaddrを略した表記です。

このコマンドは、ネットワークインターフェースに割り振られたIPアドレスやネットマスク、ゲートウェイなどの情報を表示します。

```
$ ip a show Enter
```

▼

```
1: lo: <LOOPBACK,UP,LOWER_UP> mtu 65536 qdisc noqueue state UNKNOWN
group default qlen 1000
    link/loopback 00:00:00:00:00:00 brd 00:00:00:00:00:00
    inet 127.0.0.1/8 scope host lo
       valid_lft forever preferred_lft forever
    inet6 ::1/128 scope host
       valid_lft forever preferred_lft forever
2: enp0s3: <BROADCAST,MULTICAST,UP,LOWER_UP> mtu 1500 qdisc pfifo_
fast state UP group default qlen 1000
    link/ether 08:00:27:83:3c:10 brd ff:ff:ff:ff:ff:ff
    inet 10.0.2.15/24 brd 10.0.2.255 scope global noprefixroute
dynamic enp0s3
       valid_lft 86219sec preferred_lft 86219sec
    inet6 fe80::76f6:8bf0:28b4:8f57/64 scope link noprefixroute
       valid_ift forever preferred_lft forever
```

この結果は最も一般的な、搭載された1つのネットワークインターフェースにIPアドレスを割り当てているケースです。インターフェースには1、2と番号が振られています。

1番の「lo」は**ループバックネットワークインターフェース**と呼ばれる、論理的なインターフェースです。事実上、そのマシン自身を示すものといえます。**ローカルループバック**と呼ばれることもあります。

loには決まったIPアドレスが割り振られます。これは「127.0.0.1～127.255.255.254」の範囲のアドレスで、これを**ループバックアドレス**と呼びます。ほとんどの場合、「127.0.0.1」が割り当てられます。ループバックアドレスは、ネットワークの動作確認などの用途で使われます。

マシンに搭載されたネットワークインターフェースは、2番にある「enp0s3」です。ここで2番に何もなければ、ネットワークインターフェース自体が認識されていない、搭載されていない、壊れているなどの問題が考えられます。「enp0s3」のようにネットワークインターフェースが確認できるものののIPアドレスが割り当てられていない場合は、ネットワークインターフェースのアクティベーション（起動）が行われていない、IPアドレスが設定されていないか設定がうまくいっていない、などのケースが考えられます。

本書の学習環境のAlmaLinuxでは、enp0s3にあらかじめ「10.0.2.x/24」というIPアドレスが割り当てられています。VirtualBox側で「NAT」に設定していると、「10.0.x.0/24」という仮想環境のネットワークが設定されるためです。これは8ビットのネットワークなので、ブロードキャストアドレスは10.0.2.255になります。

enp0s3のIPアドレスは、初期状態では10.0.2.xのxが15などの数値になっていると思います。このxの値は、特別な意味をもつ0、1（ルーターに使われる。ほかの数値のこともある）、255以外の値に交換できます。

- 参考：Oracle VM VirtualBox User Manual
  9.8.1. Configuring the Address of a NAT Network Interface
  https://www.virtualbox.org/manual/ch09.html#nat-address-config

58-3 ネットワークインターフェースを有効化する

ネットワークの設定は、`nmtui`コマンドで**ネットワークマネージャー**（Network Manager）を利用して行います。

あとでシステムの設定変更を行うので、まずは`su -`コマンドで管理者ユーザーになり、続けて`nmtui`コマンドを実行しましょう。

```
$ su - Enter
password:        ← 管理者ユーザーのパスワードを入力して Enter
# nmtui Enter
```

▼

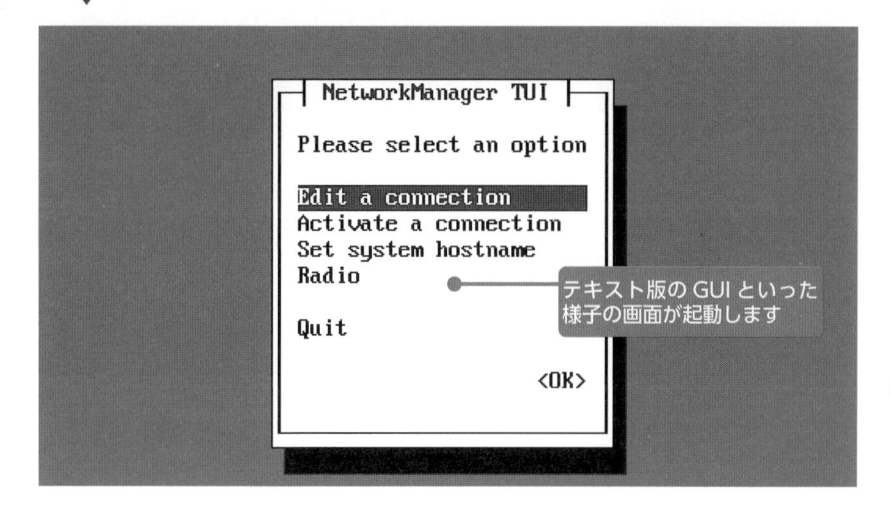

では、ネットワークインターフェースが動いているかどうかを確認してみましょう。1つ下の「Activate a connection」に ↑ ↓ ← → キーでカーソルを移動させて、 Enter キーを押します。

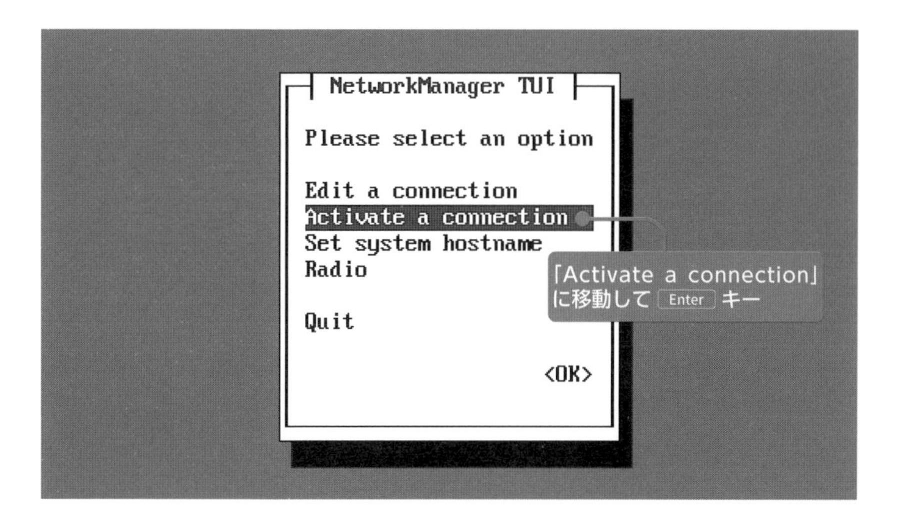

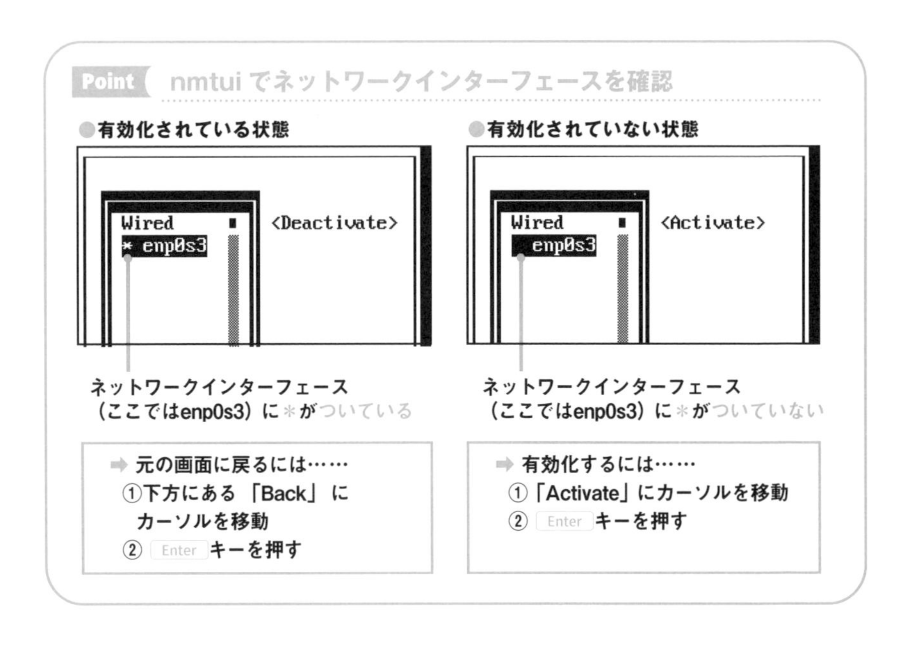

無効化されていたものを有効化した場合、nmtui の設定を実際に反映させるには、コマンドラインで systemctl コマンドを実行する必要があります。nmtui のトップページから「Quit」にカーソルを移動させて Enter キーを押し、nmtui を終了します。コマンドラインに戻ったら、次の systemctl コマンドでネットワーク機能をリスタートさせます。

```
# systemctl restart NetworkManager Enter
```

これで、nmtui の設定が無事に反映されるはずです。

58-4 nmtui で固定的 IP アドレスを設定する

本書付属の学習用の AlmaLinux は、マシンに IP アドレスを「Automatic（自動）」で振るように設定しています。自動にしておくと、特に指定しなくても「10.0.2.15」のような IP アドレスとその他の情報を得ることができ、とても便利です。これは、多くの家庭用ルーターと同様のしくみです。

しかし、マシンを Linux サーバーとして使用する場合などには、マシンに IP アドレスを明示的に設定する必要があります。自動で振るように設定しておくと何かのタイミングで IP アドレスが変わってしまい、サーバーとしてはこれでは困るからです。

ネットワークの設定は、外部のネットワーク構成なども影響するので、とても多くの情報が必要になります。本書の目的から外れてしまうため、ネットワーク設定の詳細については、本書では説明を省きます。ここでは、マシンに固定的 IP アドレスを設定する方法についてだけ説明します。

先にも述べたように、本書の学習用の AlmaLinux では VirtualBox から 10.0.x.0/24 の IP アドレスが振られるようになっているので、この範囲で固定的IPアドレスを振れば、ネットワークの動作に影響はありません。ここでは、試しに次の表にある値を設定してみましょう。

設定に必要な情報	設定する値
マシンに与える IP アドレス	10.0.2.80
マシンの所属するネットワーク	10.0.2/24
ゲートウェイ	10.0.2.2
DNS サーバー	8.8.8.8

初期設定、つまり automatic で与えられるものから変更しているのは、「マシンに与える IP アドレス」と「DNS サーバー」の値です。DNS サーバーの 8.8.8.8 は google が提供するオープンな DNS サーバーです。覚えやすいのでよく使われます。

これらを nmtui で設定してみましょう。

① nmtui を起動します。

```
# nmtui Enter
```

②「Edit a connection」にカーソルを移動させて、Enter キーを押します。

③ ネットワークインターフェースにカーソルを移動させて、Enter キーを押します。

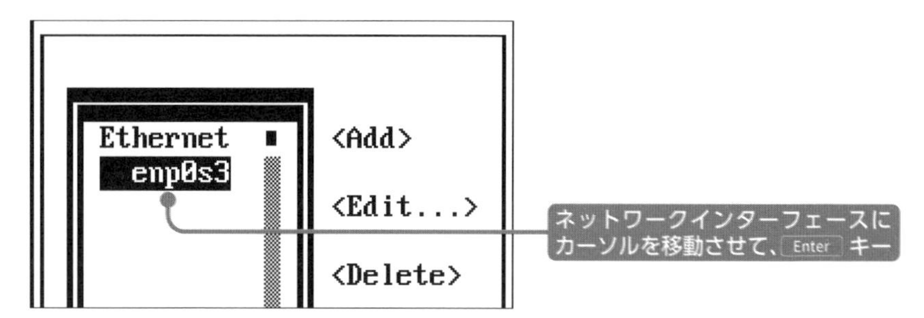

④ 次の画面で、「IPv4 CONFIGURATION」の右にある「Automatic」にカーソルを移動させ Enter キーを押します。

⑤ 表示された項目のなかから「Manual」にカーソルを移動させ、Enter キーを押します。

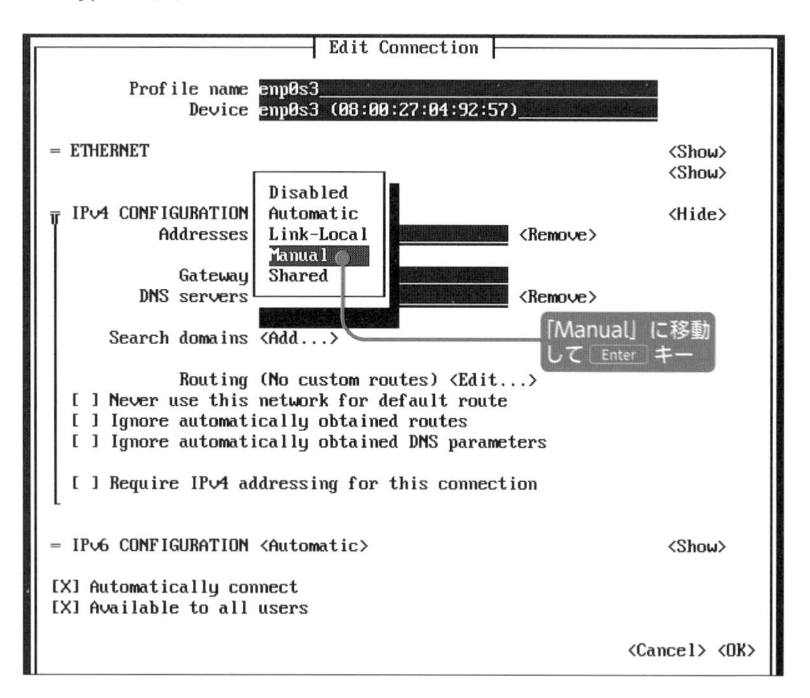

⑥「IPv4 CONFIGURATION」の行の右端に「Show」と表示されている場合は、カーソルを「Show」に移動して Enter キーを押します。

⑦ 各項目の「Add」にカーソルを移動して Enter キーを押すと、値を入力できるようになります。

⑧ 図を参考に 値を入力します。

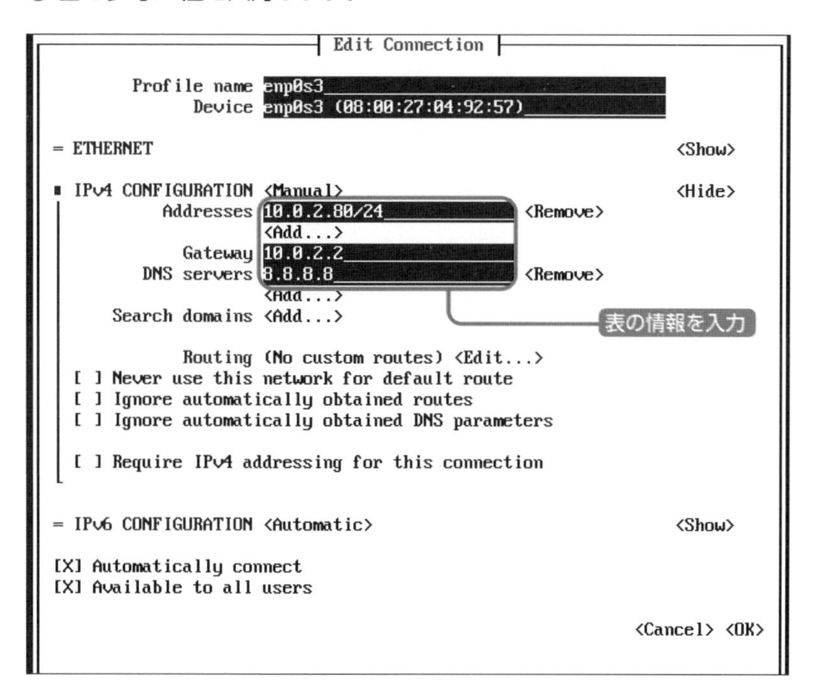

⑨ 入力が終わったら右下にある「OK」にカーソルを移動し、Enter キーを押します。

⑩ 次の画面で「Back」を選択してトップページに戻り、念のためもう一度「Activate a connection」でネットワークインターフェースが有効化されているかどうかを確認します。無効化されていたら有効化します。

⑪コマンドラインに戻り、nmtui で行った設定を反映させます。

```
# systemctl restart NetworkManager Enter
```

では、ネットワークインターフェースがどうなっているか、確認してみましょう。IP アドレスが変わっていれば成功です。

```
# ip a show Enter
```

▼

```
1: lo: <LOOPBACK,UP,LOWER_UP> mtu 65536 qdisc noqueue state
UNKNOWN
group default qlen 1000
    link/loopback 00:00:00:00:00:00 brd 00:00:00:00:00:00
    inet 127.0.0.1/8 scope host lo
       valid_lft forever preferred_lft forever
    inet6 ::1/128 scope host
       valid_lft forever preferred_lft forever
2: enp0s3: <BROADCAST,MULTICAST,UP,LOWER_UP> mtu 1500 qdisc
pfifo_fast state UP group default qlen 1000
    link/ether 08:00:27:04:92:57 brd ff:ff:ff:ff:ff:ff
    inet 10.0.2.80/24 brd 10.0.2.255 scope global noprefixroute
enp0s3
       valid_lft forever preferred_lft forever
    inet6 fe80::1f69:7f1c:3c49:e185/64 scope link noprefixroute
       valid_lft forever preferred_lft forever
```

nmcli コマンドで IP アドレスを設定する

固定的 IP アドレスは **nmcli** コマンドでも設定可能です。ここでは **nmcli** コマンドでの設定方法を簡単に紹介しましょう。

一般ユーザーでログインしていた場合は、まずは su - コマンドで管理者ユーザーになります。

```
$ su - Enter
password: ← 管理者ユーザーのパスワードを入力して Enter
```

固定的 IP アドレスを設定するには、次のようにします。" 内の最初の数字はマシンに設定する固定的 IP アドレス / プレフィックス（ネットワークの大きさ）、2 番めの数字はゲートウェイのアドレスです。

```
# nmcli c mod enp0s3 ipv4.method manual ipv4.addre
sses "10.0.2.80/24" ipv4.gateway "10.0.2.2" Enter
```

次に、DNSサーバーについても設定しましょう。

```
# nmcli c mod enp0s3 ipv4.dns "8.8.8.8" Enter
```

どちらも長いコマンドですが、1行で済むので、ヒストリー機能を利用しつつ試行錯誤する場合には便利です。

Point nmcliコマンドの使い方・固定的IPアドレスとゲートウェイのIPアドレスを設定する

デバイスに　固定的IPアドレス・ゲートウェイのIPアドレスを割り当てます。

```
# nmcli c mod enp0s3 ipv4.method manual      ← 1行で書く
  ipv4.addresses "10.0.2.80/24" ipv4.gateway "10.0.2.2" Enter
```

cはconnection、modはmodifyを略した表記です。

Point nmcliコマンドの使い方・DNSサーバーのIPアドレスを設定する

デバイスに　DNSサーバーのIPアドレスを割り当てます。

```
# nmcli c mod enp0s3 ipv4.dns "8.8.8.8" Enter
```

cはconnection、modはmodifyを略した表記です。

設定を反映するには、次の`systemctl`コマンドでネットワーク機能をリスタートさせます。

```
# systemctl restart NetworkManager [Enter]
```

次のように、デバイス単位で無効化したあとに有効化してもかまいません。

```
# nmcli c down enp0s3 [Enter]
# nmcli c up enp0s3 [Enter]
```

58-6 nmcliコマンドでデバイスを表示する

マシンに搭載されているインターフェースは ip コマンドで確認できますが、デバイスについては nmcli コマンドで確認できます。

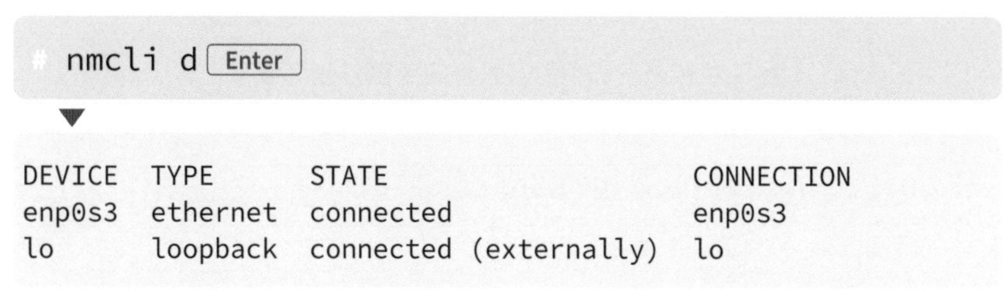

```
# nmcli d [Enter]
```

```
DEVICE  TYPE      STATE                    CONNECTION
enp0s3  ethernet  connected                enp0s3
lo      loopback  connected (externally)   lo
```

結果がごちゃごちゃしていないので、わかりやすいですね。

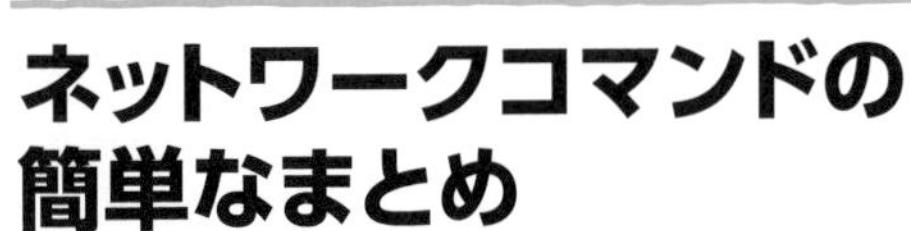

ネットワークコマンドの簡単なまとめ

AlmaLinuxにはネットワーク系のコマンドが用意されています。いくつか見ていきましょう。

ipコマンドでネットワークを管理する。使い方に注意

`ip`コマンドは、ネットワーク設定を管理するための強力なツールです。主な機能をまとめてみます。

機能	説明	コマンドの具体例
インターフェースを管理する	コンピューターがネットワークに接続するために必要なネットワークインターフェースの状態を調べたり、ネットワーク接続をオンまたはオフにします。	`ip link show` (インターフェースの状態を表示する)
アドレスを設定する	ネットワークインターフェースにIPアドレスを割り当てたり、あるいは削除します。	`ip addr add 192.168.1.100/24 dev eth0` (新しいIPアドレスをインターフェースに割り当てる)
ルーティングテーブルを管理する	データパケットが送信するための道順を示すルーティングテーブルを管理する	`ip route add 192.168.2.0/24 via 192.168.1.1` (ルートを追加する)
ARPテーブルを管理する	IPアドレスをネットワークの物理アドレスに対応づけるARPテーブルを管理する	`ip neigh show` (ARPテーブルを表示する)
ネットワーク統計	ネットワークインターフェースのデータ送受信の統計を表示する	`ip -s link` (トラフィックの統計を表示する)

設定に誤りがあると、ネットワーク接続に大きな問題が生じてしまいます。`ip`コマンドを使う前に、何度も設定を確認するようにしましょう。

59-2 pingコマンドで応答があるかどうかを確認する

pingコマンドは、指定したIPアドレスに特殊なパケットを投げて、応答があるかどうかでそのIPアドレスのマシンが存在するか、動作しているかを判断するものです。IPアドレスではなく、名前解決ができる環境であればドメイン名を指定することもできます。

ネットワークの問題を解決するための基本中の基本のコマンドですが、過信は禁物です。最近の傾向として、外部からのpingには応答しないサーバーやネットワーク機器が増えているからです。あくまでも調べるための手段の1つと考えてください。

```
$ ping -c 3 10.0.2.2 Enter
```

⬆ -cオプションでパケットを送る回数を指定（ここでは「-c 3」で3回）

▼

```
PING 10.0.2.2 (10.0.2.2) 56(84) bytes of data.
64 bytes from 10.0.2.2: icmp_seq=1 ttl=64 time=0.192 ms
64 bytes from 10.0.2.2: icmp_seq=2 ttl=64 time=0.494 ms
64 bytes from 10.0.2.2: icmp_seq=3 ttl=64 time=0.609 ms

--- 10.0.2.2 ping statistics ---
3 packets transmitted, 3 received, 0% packet loss, time
2000ms
rtt min/avg/max/mdev = 0.192/0.431/0.609/0.177 ms
```

59-3 tracepathコマンドで経路を確認する

ネットワーク上のルーターやWebサーバーなどのネットワーク機器にアクセス可能かどうかを調べるためのコマンドには、tracerouteコマンドやtracepathコマンドがあります。どちらも指定した機器のIPアドレスやURLをもとに、そこに至るまでの経路や到達時間を表示できます。このため、問題が発生した際に、原因がどこにあるのかを知る手がかりを得ることができます。

tracerouteコマンドは基本的に管理者権限で使用しますが、tracepathコマンドはどのユーザーでも使用可能であるため、最近ではこのコマンドを搭載するディストリビューションが増えています（本書の仮想マシンにも搭載されています）。

ただし、インターネットは多くの機器を経由するため、途中で通信が途切れてしまったり、最終的に目的の機器まで到達できなかったりすることがあります。また、セキュリティ上の理由から、問い合わせ自体に応答しない機器も存在します。そのため、うまく情報を得られない場合もあります。

```
$ tracepath 8.8.8.8
```

▼

```
 1?: [LOCALHOST]           pmtu 1500
 1:  _gateway                          0.738ms
 1:  _gateway                          2.430ms
 2:  192.168.0.1                       6.201ms asyumm 64
～略～
```

59-4 nmcliコマンドはいろいろ確認できる

nmcliコマンドは、表に示すようにさまざまな使い方ができるコマンドです。ipコマンドと重複するところもあります。

コマンド例	説明
nmcli c[onnection]	コネクションの情報を見る
nmcli d[evice]	デバイスの情報を見る
nmcli g[eneral]	全般的な情報を見る
nmcli n[etworking]	ネットワークの情報を見る

※ [] 内は省略可能

練習問題

問題 1

TCP/IP の 4 階層モデルの正しい組み合わせはどれですか？

ⓐ TCP →アプリケーション層、IP →ネットワークインターフェース層
ⓑ TCP →アプリケーション層、IP →トランスポート層
ⓒ TCP →トランスポート層、IP →ネットワークインターフェース層
ⓓ TCP →トランスポート層、IP →インターネット層

問題 2

インターネットでは IP アドレスと呼ばれる数字で個々のサーバーが識別されますが、この数字を直接入力しなくても、「XXX.com」といったようなアドレスで特定のサーバーに接続することができます。このような、名前から IP アドレスを指定するしくみを何と呼びますか？

問題 3

SSH で使用するポート番号は、次のどれですか？

ⓐ 22
ⓑ 23
ⓒ 25
ⓓ 110

問題 4

ネットワークの状態や基本情報を調べるコマンドは、次のどれですか？

ⓐ `ip`
ⓑ `ip config`
ⓒ `ip link show`
ⓓ `ping`

解答

問題 1 解答

正解はⓓの TCP →トランスポート層、IP →インターネット層

TCP/IP のプロトコル（通信のための連絡手続き）は、インターネット層で動作する IP と、トランスポート層で動作する TCP で通信します。

問題 2 解答

正解は DNS (Domain Name System)

このようなしくみを DNS (Domain Name System) といいます。DNS サーバーには、ドメイン名と IP アドレスの組み合わせのデータベースが保持されています。DNS サーバーは階層上に配置されていて、最初のサーバーで名前解決ができない場合は、より上位のサーバーへ照会します。ツリー構造の最上位には大元になる 13 台のルートサーバーが稼働しています。

問題 3 解答

正解はⓐの 22

SSH（Secure Shell）は、安全なリモートログインおよび他のネットワークサービスのためのプロトコルで、デフォルトではポート番号 22 を使用します。ポート番号 23 は Telnet、ポート番号 25 は SMTP、ポート番号 110 は POP3 に使用されます。

問題 4 解答

正解はⓒの `ip link show`

コンピュータが接続されているネットワークの状態や設定情報、送受信したパケット数などを調べることができます。より詳細な統計情報が必要なときは、**`ip -s link`** を使います。

レンタルサーバー、仮想サーバー、クラウドのきほん

レンタルサーバーから仮想サーバー、クラウドへ

本書は主にLinuxを直接操作する方法を解説してきました。しかし、実際のサーバー管理の現場では、さまざまなリモート環境で操作することも少なくありません。そこで本書の最後に、インフラエンジニアなどを目指すなら知っておいたほうがいい知識を簡単に紹介しておきます。

60-1 レンタルサーバーとは

従来、サーバーはサーバーを管理する人の近くにあり、管理者はサーバーを直接、あるいは自分のPCからリモートで接続して操作していました。

しかし、小さな組織や会社でもメールやWebサービスを提供するのが当たり前になってくると、「サーバーを誰が管理するのか」という問題が発生します。小さな会社で専任のサーバー管理者を置くのは難しいからです。

たとえ、運よく社員の誰かにスキルがあってサーバーの操作ができたとしても、通常業務に加えてサーバーやネットワークのメンテナンスまで担当するのは、負担が大きすぎます。

そこで登場したのが、さまざまなサーバー機能を提供する**レンタルサーバー**という業態です。

レンタルサーバーは、いろいろなサービスを提供しています。

- ドメイン
- メール
- Webサーバー

など

これらの機能は個別に契約したり、いくつかをパックにして契約したりすることができます。また、サーバーを1台丸ごと専有して、LinuxやWindowsをインストールし、その上に好きなサーバープログラムをインストールする、という方法もあります。

こうしたレンタルサーバーを操作するには、最近ではWebブラウザを通じて行うケースが増えていますが、リモート接続によってターミナル画面で操作できるレンタルサーバーも多くあります。

後者の場合、リモート接続にはSSHというプロトコルを使います。通信速度にもよりますが、自分のマシンでLinuxを動かしているのと変わらない操作環境が得られます。

特に1台を専有し、OSをインストールした状態で借りる場合は、さまざまな作業をリモートで行う必要があるので、SSH接続は必須です。

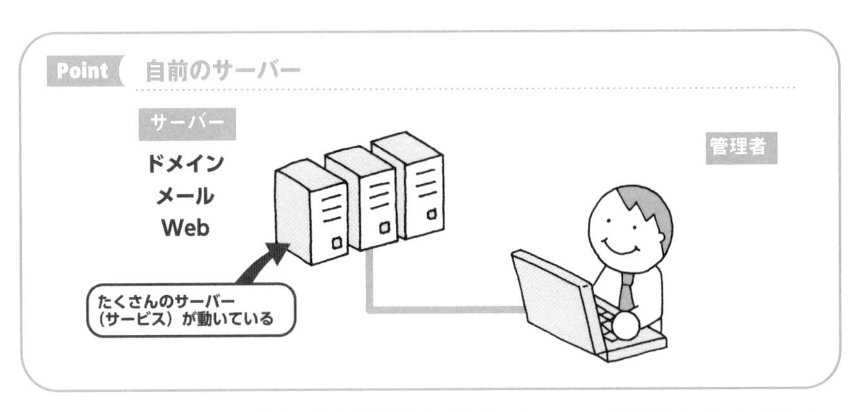

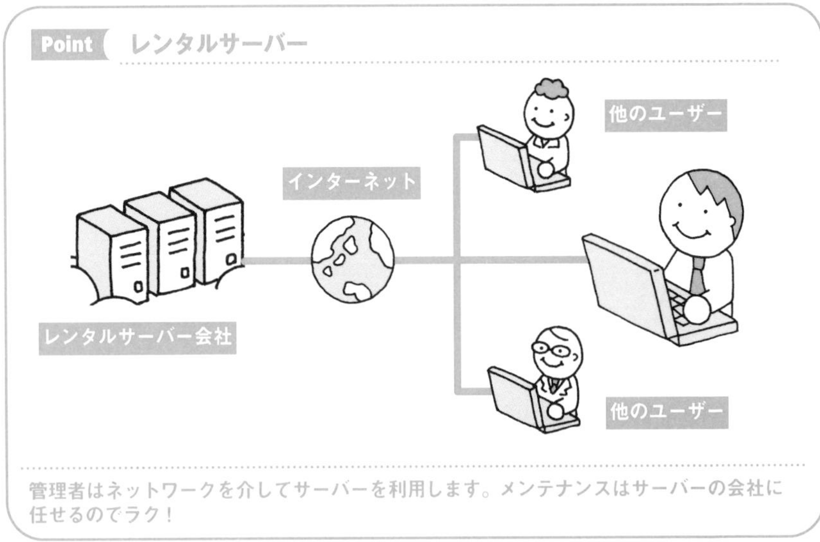

管理者はネットワークを介してサーバーを利用します。メンテナンスはサーバーの会社に任せるのでラク！

60-2 仮想サーバーとは

専用サーバーは自由度が高い反面、１台をまるごと使うため、それなりにコストがかかります。

もう少し安い費用で、自由度の高いレンタルサーバーはないか……そんな要望に応えたのが、**VPS**（Virtual Private Server）です。

VPSは**仮想化技術**というものを使い、1台のサーバーのなかで仮想的に何台ものサーバーを動かすしくみです。それぞれのサーバーは独立して動作するので、ユーザーは専用サーバーを使っているのと変わりない自由度・操作感を得られます。そして、1台のサーバーを複数のサーバーとして提供できるので、コストも安くすむというわけです。

こうしたサービスを実現できるようになったのは、サーバーに使われるマシンの性能向上とネットワーク環境の高速化、というのが背景にあります。

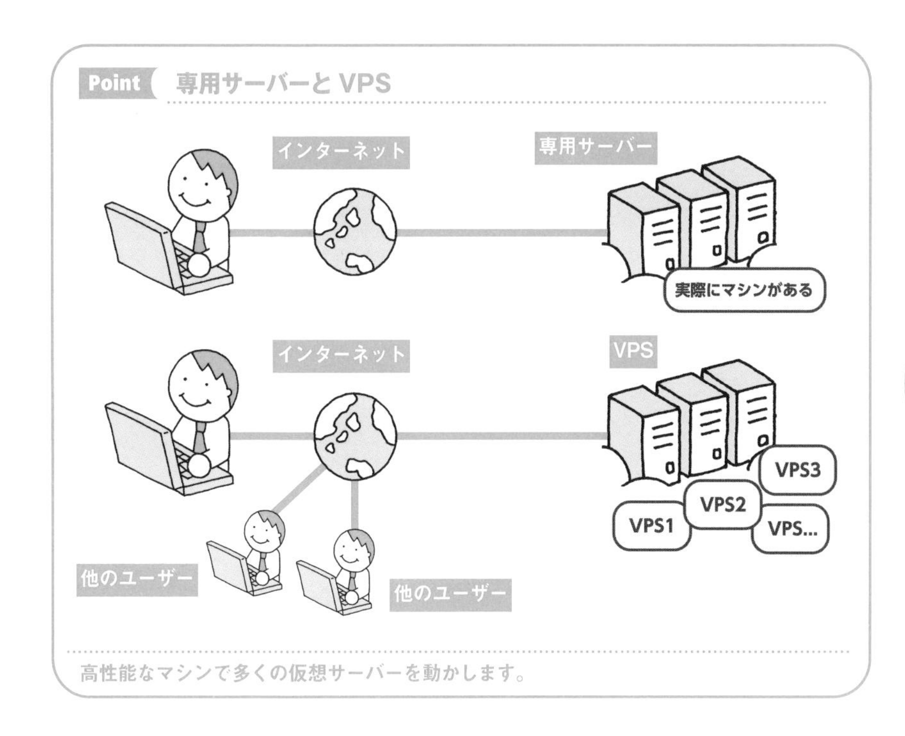

高性能なマシンで多くの仮想サーバーを動かします。

ところで、本書のAlmaLinuxを動かすのに使用しているVirtualBoxも、仮想化技術を利用しています。Windowsで動作するVirtualBoxのなかに、AlmaLinuxをインストールして操作しています。

本書でのVirtualBoxの使い方とVPSとの違いは、サーバーに接続されたコンソール（キーボード）から直接操作しているか否かだけです。もし、他のPCからVirtualBoxをリモート接続できるように設定すれば、そのままVPSのように使用することも可能です。

60-3 VPSからクラウドへ

VPSは比較的安い費用で使うことができますが、使用している・いないにかかわらず料金が発生します。また、使いたい機能が増えたり、契約している容量に近づいたりして手狭になったら新しいサーバーに乗り換える必要があり、ビジネスの変化に伴って使い勝手が悪くなることもあります。

一方、仮想化技術の進化はますます進み、仮想化サーバーに対して、メモリ、HDD（ハードディスク）やSSD（ソリッドステートドライブ）といったストレージ、CPUパワーといったサーバーの機能（リソース）を細かく割り振ることができるようになりました。こうした技術を応用したのが**クラウド**（Cloud）というサービスです。

クラウドでは、一般にリソースを選べます。ここが重要なのですが、クラウドでは「リソースをあとから変更することもできる」のです。

たとえば、「スタート時点ではどれくらいのアクセスがあるのかわからないサービスを実験的にはじめる」というケースを考えてみましょう。クラウドを使えば、最初は少ないリソースで契約しておき、アクセスが多いようならCPUやメモリを段階的に増やす、ということが可能になります。

管理者はサーバー乗り換えの手間をかけずにビジネスの変化に対応でき、費用の面で考えても最適なコストで運用できるのです。

VPSやクラウド上で動かしている仮想サーバーを**インスタンス**と呼びますが、サーバーがいらなくなったらインスタンスを止めることもできます。

クラウドではインスタンスが稼働していないと、費用があまりかからないことが多いようです。このため、常時提供する必要のない、たとえば季節ごとのプロモーションなどはインスタンスを保存しておき、必要なときにインスタンスを稼働させる、といった使い方ができます。柔軟な運用が可能なことも、クラウドのいいところです。

Point クラウド

クラウドはリソースを自由にいつでも変えられます。

このように、よいところばかりのクラウドですが、注意しなければならない点もあります。注意点の代表例が、「リソースは使用料に応じて増える」という料金体系になっている場合です。この場合、自社が利用したい、または提供したいサービスについて「いくらかかるのかわからない」「予算が立てられない」といった問題が生じることがあります。

練習問題

問題 1

VPS で使われている、1 台のサーバーのなかで仮想的に何台ものサーバーを動かすしくみのことを何といいますか。

問題 2

VPS やクラウド上で稼働している仮想サーバーを何といいますか。

解答

問題 1 解答

正解は仮想化技術

VirtualBox でも仮想化技術は使われています。

問題 2 解答

正解はインスタンス

クラウドを使うことのメリットに、このインスタンスの存在があります。サービスや契約内容によりますが、必要のないときはインスタンスを停止し、費用を抑えるといった運用が可能です。

さくいん

著者プロフィール

河野 寿（かわの ことぶき）

小学生のときは、秋葉原で電子キットなどを買い求め、ラジオやブザーなどをつくる、普通の少年だった。その後、理系の学校でコンピューターとは良好な関係を保ちつついろいろなものに手を出し、今に至る。

●著書：「玄箱PROの本」、「Cygwinコンパクトリファレンス」、「図解で明解 メールのしくみ」（以上、毎日コミュニケーションズ）、「いっきにわかるパソコン購入のツボ」（宝島社）他。

装幀／イラストレーション　　MORNING GARDEN INC.

イラストでそこそこわかるLinux（リナックス） 第2版
コマンド入力からネットワークのきほんのきまで

2024年 6月25日 初版 第1刷発行

著　　者　河野 寿（かわの ことぶき）
発 行 人　佐々木 幹夫
発 行 所　株式会社翔泳社（https://www.shoeisha.co.jp/）
印刷・製本　日経印刷株式会社

本書へのお問い合わせについては，2ページに記載の内容をお読みください。

造本には細心の注意を払っておりますが、万一、乱丁（ページの順序違い）や落丁（ページの抜け）がございましたら、お取り替えします。03－5362－3705までご連絡ください。

ISBN978-4-7981-8197-4　　Printed in Japan